发电生产"1000个为什么"系列书

燃煤电厂超低排放与节能改造

1000问

周武仲 编著

U0246629

中国电力出版社
CHINA ELECTRIC POWER PRESS

内 容 提 要

本书分为燃煤电厂超低排放和节能改造技术两大部分。超低排放部分共八章,即概述、烟尘的控制、二氧化硫的控制、氮氧化物的控制、一体化协同脱除技术、燃煤机组超低排放的安装和调试、燃煤机组超低排放的运行管理、燃煤机组超低排放的异常运行。节能改造技术部分共七章,即概述、电气节能技术、风机和泵节能技术、锅炉节能技术、汽轮机节能技术、冷却水系统的经济运行与改造、新建机组的优化和先进发电技术。

本书内容丰富、通俗易懂,可供有关管理人员、技术人员、运行人员、检修人员使用,也可供高等院校相关专业师生参考使用。

图书在版编目(CIP)数据

燃煤电厂超低排放与节能改造1000问/周武仲编著.—北京:中国电力出版社,2018.6
(发电生产"1000个为什么"系列书)
ISBN 978-7-5198-1952-1

Ⅰ.①燃… Ⅱ.①周… Ⅲ.①燃煤发电厂—烟气排放—问题解答 Ⅳ.① TM621-44

中国版本图书馆 CIP 数据核字(2018)第 076358 号

出版发行:中国电力出版社
地　　址:北京市东城区北京站西街 19 号(邮政编码 100005)
网　　址:http://www.cepp.sgcc.com.cn
责任编辑:徐　超(010-63412386)　马雪倩
责任校对:太兴华
装帧设计:赵姗姗
责任印制:蔺义舟

印　　刷:三河市航远印刷有限公司
版　　次:2018 年 6 月第一版
印　　次:2018 年 6 月北京第一次印刷
开　　本:880 毫米×1230 毫米　32 开本
印　　张:12.125
字　　数:349 千字
印　　数:0001—2000 册
定　　价:49.80 元

前　言

我国是世界上最大的煤炭生产国和消费国，约占世界煤炭总消耗量的 50%，由此带来了严重的环境污染，也制约了我国经济的发展。我国 SO_2 排放量的 90%、CO_2 排放量的 80%、NO_x 排放量的 67%、烟尘排放量的 67% 来自于煤炭燃烧。因此，节能减排成为我国当前十分重要的任务。

2014 年，国家发布了《煤电节能减排升级与改造行动计划（2014—2020 年）》；2015 年，由环境保护部、国家发展改革委和国家能源局联合发布了《全面实施燃煤电厂超低排放和节能改造工作方案》（简称方案），方案指出全面实施燃煤电厂超低排放和节能改造是一项重要的国家专项行动，既有利于节能减排，促进绿色发展，增添民生福祉，也有利于扩大投资，促进煤电产业转型升级，相关装备制造企业走出去。要求各有关部门，地方及企业应高度重视此项工作。

方案要求到 2020 年，全国所有具备改造条件的燃煤电厂力争实现超低排放（即在基准氧含量 6% 条件下，烟尘、二氧化硫、氮氧化物排放浓度分别不高于 10、35、50mg/m³）。全国新建燃煤发电项目原则上要采用 60 万 kW 及以上超超临界机组，平均供电煤耗低于 300g/kWh，到 2020 年，现役燃煤发电机组改造后平均供电煤耗低于 310g/kWh。

本书采用问答的方式，对有关燃煤电厂的节能减排的技术问题进行较全面的阐述，以便读者能较全面和深入地对节能减排技术有一个概括的了解，从而有计划和有方向地进行节能减排工作。

由于时间仓促，编者水平有限，错漏之处难免，敬请读者批评指正并提出宝贵意见。

编者

2018 年 1 月

目　录

12

13

第二部分　燃煤电厂的节能改造技术

19

第一部分

燃煤电厂的超低排放

第一章 概　述

第一节　燃煤电厂烟气污染物的生成

1. 煤炭中的主要化学成分是什么？

答：煤炭的主要化学成分有：

(1) 碳（C）。这是煤中含量最多的元素，无烟煤中碳的含量高达90%。

(2) 氢（H）。煤中氢含量为3%～6%。

(3) 氧（O）和氮（N）。煤中含氧量最高达40%，而氮含量一般只有0.5%～2.0%。

(4) 硫（S）。煤中硫的含量为1%～2%。

(5) 水分（H_2O）。煤中水分（H_2O）含量为2%～5%。

(6) 灰分。煤中灰分含量为10%～50%。

2. 煤炭燃烧产生哪些有害物质？

答：煤炭燃烧产生下列有害物质：二氧化硫（SO_2）、氮氧化物（NO、NO_2）、汞（Hg）、砷（As）、氟（F）、多环芳烃（PAHs）、可吸入颗粒物及细颗粒物（PM10、PM2.5）等。

3. 什么是二氧化硫？

答：二氧化硫（SO_2）又称亚硫酸酐，是最常见的硫氧化物，为硫酸原料气的主要成分。二氧化硫是无色气体，有强烈刺激性气味，是大气主要污染物之一，许多工业生产中会产生二氧化硫，由于煤和石油都含有硫化物，因此燃烧时会生成二氧化硫。当二氧化硫溶于水中，会形成亚硫酸（酸雨的主要成分）。若在催化剂（如二氧化氮）的存在下，SO_2 进一步氧化，便会生成硫酸（H_2SO_4）。

4. 常用的 SO_2 检测仪器有哪些？

答：检测仪器：便携式二氧化硫检测仪、泵吸式二氧化硫检测仪、在线式二氧化硫检测报警器等。

5. 什么是氮氧化物？

答：氮氧化物包括多种化合物，如一氧化二氮（N_2O）、一氧化氮（NO）、二氧化氮（NO_2）、三氧化二氮（N_2O_3）等。除二氧化氮外，其他氮氧化物均极不稳定，遇光、湿或热变成二氧化氮及一氧化氮，一氧化氮又变成二氧化氮。因此，环境中接触的是几种气体混合物，称为硝烟（气），主要为一氧化氮和二氧化氮，并以二氧化氮为主。

6. 如何测量氮氧化物？

答：测量方法：采用抽取采样法，分析仪内置 NO_2 转换器时，NO_x 浓度值即为烟气中 NO 和 NO_2 浓度之和；分析仪中没有 NO_2 转换器时，则 NO_x 浓度输出即为烟气中 NO 浓度。

7. 什么是颗粒物？

答：颗粒物又称尘，即大气中的固体或液体颗粒状物质。颗粒物可分为一次颗粒物和二次颗粒物。一次颗粒物是由天然污染源和人为污染源释放到大气中直接造成污染的颗粒物，例如土壤粒子、海盐粒子、燃烧烟尘等；二次颗粒物是由大气中某些污染气体组分（如二氧化硫、氮氧化物、碳氢化合物等）之间，或这些组分与大气中的正常组分（如氧气）之间通过光化学氧化反应、催化氧化反应或其他化学反应转化生成的颗粒物，例如二氧化硫转化生成硫酸盐。

8. 如何测量颗粒物?

答:总悬浮颗粒物(TSP)的测定采用抽气动力抽取一定体积的空气通过已恒重的滤膜,空气中的悬浮颗粒物被阻留在滤膜上,根据采样前后滤膜质量之差及采样体积,即可算出 TSP 的浓度。

9. 什么是烟气黑度?

答:用林格曼黑度来评价烟尘和废气浓度。林格曼黑度是用视觉方法对烟气黑度进行评价的一种方法。共分为六级,分别是0、1、2、3、4、5 级,5 级为污染最严重。

10. 如何测量烟气黑度?

答:采用林格曼黑度计,该仪器采用双目棱镜望远系统,在望远镜分划板上制有相应于林格曼 1~5 级烟气浓度的灰度阶梯块,全透明部分为 0 级,观测者通过望远镜左侧目镜将烟尘目标与该灰度阶梯块比较,从而测定烟气黑度标准等级。

11. 颗粒物有什么危害性?

答:颗粒物中 1μm 以下的微粒沉降速度慢,在大气中存留时间久,在大气动力作用下能够吹到很远的地方。所以颗粒物的污染往往波及很大区域。粒径为 0.1~1μm 的颗粒物,与可见光波长相近,对可见光有很强的散射作用,这是造成大气能见度降低的主要原因。由二氧化硫和氮氧化物化学转化生成的硫酸盐和硝酸盐微粒是造成酸雨的主要原因。大量的 1μm 以下的颗粒物落在植物叶子上影响植物的生长,落在建筑物和衣服上能起沾污和腐蚀作用。粒径在 2μm 以下的颗粒物,能被吸入人的支气管和肺泡中并沉积下来,引起或加重呼吸系统的疾病。大气中大量的颗粒物,干扰太阳和地面的辐射,从而对地区性甚至全球性的气候发生影响。

此外,肺癌与局部地区的空气污染颗粒也有明显的关联。

12. 二氧化硫有什么危害性?

答：二氧化硫是一种有毒气体，在空气中，二氧化硫常常跟大气中的飘尘结合在一起，进入人和其他动物的肺部。引起呼吸道疾病和死亡。

二氧化硫在高空中与水蒸气结合成酸性降水（酸雨），对人和其他动植物造成危害。它被吸附在材料的表面，具有很强的腐蚀作用，会使金属设备、建筑物等遭受腐蚀，降低使用寿命。所以要时刻警惕二氧化硫的污染。

13. 氮氧化物有什么危害性?

答：氮氧化物是一种主要的大气污染物，它的危害性表现在下列几个方面：促进酸雨（高含量的硝酸雨）的生成；增加近地层大气的臭氧浓度，产生光化学烟雾，影响能见度；对人体有强烈的刺激作用，引起呼吸道疾病，严重时会导致死亡。

14. 汞有什么危害性?

答：气态单质汞难溶于水，它随烟气排入大气，汞沉降到地面，侵入环境，通过水及食物被人体吸收积累，造成人体各个部位受损。高含量的汞对人的神经系统和生长发育产生影响。

15. 砷 (As) 有什么危害性?

答：我国煤的砷含量为 $0.4\sim10\mu g/g$，少数煤中砷含量达$40\sim450\mu g/g$。在燃烧过程中砷被气化，随飞灰迁移和转化，进入大气、水和土壤中，通过接触进入人体，形成砷中毒。

16. 氟有什么危害性?

答：我国多数煤的氟含量在 $20\sim100\mu g/g$，少数煤中氟含量达到 $400\sim800\mu g/g$。氟为易挥发性的有害元素，煤中的氟以 HF 或以 SiF_4、CF_4 等气态形式排入大气，人吸入含氟气体将形成氟牙症和氟骨症，植物长期接触氟，其叶子产生伤痕、落叶、枝条枯死等症状。

17. 多环芳烃有什么危害性？

答：煤中含有多环芳烃，煤在燃烧过程中高温裂解会产生多环芳烃，它随烟气及灰渣侵入环境，通过呼吸系统和食物链进入人体或被植物吸收，对人体有致癌和致突变隐患。

第二节 超低排放的标准

18. 2011 年国家环境保护部颁布的《火电厂大气污染物排放标准》（GB 13223—2011）的主要内容和规定是什么？

答：（1）自 2014 年 7 月 1 日起，现有火力发电锅炉及燃气轮机组执行表 1-1 规定的烟尘二氧化硫氮氧化物和烟气黑度排放限值。

（2）自 2012 年 1 月 1 日起，新建火力发电锅炉及燃气轮机组执行表 1-1 规定的烟尘二氧化硫氮氧化物和烟气黑度排放限值。

（3）自 2015 年 1 月 1 日起，燃烧锅炉执行表 1-1 规定的汞及其化合物污染物排放限值。

（4）重点地区的火力发电钴炉及燃气轮机组执行表 1-2 规定的大气污染物特别排放限值。

表 1-1 火电发电锅炉及燃气轮机组大气污染物排放浓度限值

（mg/m^3，烟气黑度除外）

序号	燃料和热能转化设施类型	污染物项目	适用条件	限值	污染物排放监控位置
1	燃煤锅炉	烟尘	全部	30	烟囱或烟道
		二氧化硫	新建锅炉	100 / 200[1]	
			现有锅炉	200 / 400[1]	
		氮氧化物（以 NO_2 计）	全部	100 / 200[2]	
		汞及其化合物	全部	0.03	

续表

序号	燃料和热能转化设施类型	污染物项目	适用条件	限值	污染物排放监控位置
2	以油为燃料的锅炉或燃气轮机组	烟尘	全部	30	烟囱或烟道
		二氧化硫	新建锅炉及燃气轮机组	100	
			现有锅炉及燃气轮机组	200	
		氮氧化物（以 NO_2 计）	新建燃油锅炉	100	
			现有燃油锅炉	200	
			燃气轮机组	120	
3	以气体为燃料的锅炉或燃气轮机组	烟尘	天然气锅炉及燃气轮机组	5	
			其他气体燃料锅炉及燃气轮机组	10	
		二氧化硫	天然气锅炉及燃气轮机组	35	
			其他气体燃料锅炉及燃气轮机组	100	
		氮氧化物（以 NO_2 计）	天然气锅炉	100	
			其他气体燃料锅炉	200	
			天然气燃气轮机组	50	
			其他气体燃料燃气轮机组	120	
4	燃煤锅炉，以油、气体为燃料的锅炉或燃气轮机组	烟气黑度（林格曼黑度，级）	全部	1	烟囱排放口

注 1. 位于广西壮族自治区、重庆市、四川省和贵州省的火力发电锅炉执行该限值。

2. 采用 W 形火焰炉膛的火力发电锅炉，现有循环流化床火力发电锅炉，以及 2003 年 12 月 31 日前建成投产或通过建设项目环境影响报告书审批的火力发电锅炉执行该限值。

表 1-2　　　　　　　　大气污染污特别排放限值

（mg/m³，烟气黑度除外）

序号	燃料和热能转化设施类型	污染物项目	适用条件	限值	污染物排放监控位置
1	燃煤锅炉	烟尘	全部	20	烟囱或烟道
		二氧化硫	全部	50	
		氮氧化物（以 NO_2 计）	全部	100	
		汞及其化合物	全部	0.03	
2	以油为燃料的锅炉或燃气轮机组	烟尘	全部	20	
		二氧化硫	全部	50	
		氮氧化物（以 NO_2 计）	燃油锅炉	100	
			燃气轮机组	120	
3	以气体为燃料的锅炉或燃气轮机组	烟尘	全部	5	
		二氧化硫	全部	35	
		氮氧化物（以 NO_2 计）	燃气锅炉	100	
			燃气轮机组	50	
4	燃煤锅炉，以油、气体为燃料的锅炉或燃气轮机组	烟气黑度（林格曼黑度，级）	全部	1	烟囱排放口

19. 2014 年国家发展改革委、环境保护部、国家能源局联合发布的《煤电节能减排升级与改造行动计划（2014—2020 年）》对减排目标做出什么规定？

答：在该计划中明确了新建煤电机组的减排目标，东部地区新建燃煤发电机组大气污染物排放浓度基本达到燃气轮机组排放限值，中部地区新建机组原则上接近或达到燃气轮机组排放限值，鼓励西部地区新建机组接近或达到燃气轮机组排放限值。到 2020 年，东部地区现役 30 万 kW 及以上公用燃煤发电机组、10 万 kW 及以上自备燃煤发电机组和其他有条件的燃煤发电机组，改造后大气污染物排放浓度基本达到燃气轮机组排放限值。

20. 什么是燃气轮机组排放限值？

答：燃气轮机组排放限值为：在基准氧含量 6% 条件下，烟尘、二氧化硫、氮氧化物排放浓度分别不高于 10、35、50mg/m³。它比 2014 年颁布的燃气轮机排放限值要严格很多。

21. 制定基准氧含量的目的是什么？

答：所谓基准氧含量是对判断排放性能是否达标做一个规定，以折算为基准氧含量后的浓度为准，经过折算能够标准化污染物的排放值，使数值具有可比性。

在固定污染源排气监测中，规定基准氧含量主要是为了消除燃烧设备运行工况差异和人为因素的影响，必须用标准规定的基准氧含量或过量空气系数进行计算，以避免基准氧含量或过量空气系数过小造成"浓缩"，使排放浓度"增加"，或因基准氧含量值或过量空气系数过大造成"稀释"，使排放浓度"降低"，造成达标排放的假象，所以只有通过折算为基准氧含量下的排放浓度才能进行合理的评价。

22. 什么是大气污染物基准氧含量排放浓度？如何折算？

答：实测的火电厂烟尘二氧化硫氮氧化物和汞及其化合物排放浓度，应执行《固定污染源排气中颗粒物测定与气态污染物采样方法》（GB/T 16157—1996）规定，按下列公式折算为基准氧含量排放浓度，见表 1-3。

$$c = c' \times \frac{21 - O_2}{21 - O'_2}$$

式中　c——大气污染物基准氧含量排放浓度，mg/m³；

　　　c'——实测的大气污染物排放浓度，mg/m³；

　　　O'_2——实测的氧含量，%；

　　　O_2——基准氧含量，%。

序号	热能转化设施类型	基准氧含量（O₂）（％）

表 1-3　　　　　　　　　　基准氧含量

序号	热能转化设施类型	基准氧含量（O_2）（％）
1	燃煤锅炉	6
2	燃油锅炉及燃气锅炉	3
3	燃气轮机组	15

23. 燃煤锅炉烟气的基准氧含量是多少？

答：燃煤锅炉的烟气氧含量理想为 6％，最高不超过 8％，这是在运行工况比较差的情况下控制的最高数值，如果再高了，排烟热损失就太高了。

24. 燃煤锅炉烟气氧含量和基准氧含量有什么区别？

答：锅炉氧含量指的是实际氧含量，基准氧含量是 6％，是用实际氧含量来折算的基准。用基准氧含量折算出标准烟气量，然后用这个烟气量折算烟气各项指标的浓度。在热工和环保检测中都用基准氧含量来折算，而不是实测值用作检测标准数值。

第三节　超低排放的控制技术

25. 简述烟尘排放的控制技术。

答：我国燃煤电厂烟气除尘技术经历由初级到高级的发展过程。由初期旋风除尘器、多管除尘器、水膜除尘器等到 20 世纪 80 年代起的静电除尘器，近年来随着袋式除尘器滤袋材料性能的改进和排放标准的提高，布袋除尘器和电袋复合式除尘器得到了应用。

燃煤电厂普遍采用的高效除尘器装置有静电除尘器、布袋除尘器和电袋复合式除尘器，目前仍以静电除尘器为主，约占 82％，布袋除尘器约占 6％，电袋除尘器约占 7％，其他除尘器约占 5％。随着我国环保要求的提高和排放标准的严格，烟尘治理逐步向袋式除尘电袋除尘技术发展。

26. 简述二氧化硫排放的控制技术。

答： 二氧化硫控制技术可分为三类：燃料脱硫（即燃前脱硫）、燃烧过程脱硫和燃后脱硫（即烟气脱硫）。

烟气脱硫（FGO）是目前世界上应用最广最有效可适用于各种机组和燃煤状况的二氧化硫控制技术。我国 2000 年开始治理二氧化硫，采用炉内喷钙、流化床添加石灰石进行炉内脱硫，采用石灰石湿法半干法及干法进行烟气脱硫，也有使用氨法活性炭进行烟气脱硫。其中石灰石-石膏湿法脱硫效率高，已成为国内外的主流脱硫技术。目前各种烟气脱硫方法中以石灰石-石膏湿法为主，约占 92.7%，烟气循环流化床法占 3.2%，海水法占 2%，干（半干）法占 0.8%，氨法占 0.6%，其他占 0.7%。

27. 简述氮氧化物排放的控制技术。

答： 氮氧化物控制技术分为两类：低氮氧化物燃烧技术，在燃烧过程中控制氮氧化物的生成；烟气脱硝技术，从烟气中脱除生成的氮氧化物。

低氮氧化物的主要技术有：空气分级燃烧、燃料分级燃烧、烟气再循环、低过量空气燃烧、浓淡燃烧和低氮氧化物燃烧等。

烟气脱硝技术主要有：选择性催化还原技术（SCR）、选择性非催化还原技术（SNCR）、（SCR/SNCR）联合烟气脱硝技术、活性炭吸附法、电子束法、脉冲电源法、液体吸收法、液膜法、微波法及微生物法等。

目前现役燃煤机组主要采用低氮燃烧技术或 SCR 烟气脱硝技术。已投运的烟气脱硝机组中，据 2016 年统计，SCR 法占 98.4%，SNCR 法占 1.5%，SCR/SNCR 法占 0.1%。而低氮燃烧技术则得到了广泛的应用。

28. 简述烟气脱汞的控制技术。

答：（1）静电除尘器脱汞。烟气中的颗粒态的固相汞可以经过静电除尘器去除，但这部分汞占煤燃烧中汞排放的比例较低，对大部分的亚微米级汞颗粒的去除能力较差，故静电除尘器去除汞的能力有限。

（2）布袋除尘器脱汞。布袋除尘器能够脱除高比电阻粉尘和细颗粒，由于细颗粒上富集了大量的汞，因此布袋除尘器能去除70％的汞，但由于布袋寿命短压力损失大，运行费用高，故限制了其使用。

（3）脱硫设施脱汞。这是目前汞去除最有效的净化设备，在湿法脱硫系统中，由于 Hg^{2+} 易溶于水，容易与石灰石或石灰吸收剂反应，故能去除90％的 Hg^{2+}。

（4）脱硝设施脱汞。脱硝的工艺也可以同时进行脱汞。

由上所述，燃煤电厂通过配套完善除尘脱硫脱硝的协同作用，脱汞率可达70％～85％，最后的汞排放浓度为 $0.01mg/m^3$，低于 $0.03mg/m^3$ 的限值。

29. 简述烟尘协同控制。

答：燃煤电厂烟尘的来源有两个，一个是煤燃烧产生的烟尘，另一个是脱硫过程硫酸钙、石膏及其他颗粒物。对于燃烧产生的烟尘，可以采用电除尘器、脱硫塔、湿式电除尘器协同收集。对于脱硫过程产生的颗粒物，使用脱硫塔、湿式电除尘器协同收集。从而除去烟气中包括 PM2.5 等细颗粒物酸雾石膏微液滴汞等污染物，使排放浓度达到 $5mg/m^3$ 以下。

30. 简述氮氧化物的协同控制。

答：氮氧化物控制由低氮燃烧技术和烟气脱硝技术协同构成。对于燃用优质烟煤，采用低氮燃烧技术可使 NO_x 浓度达到 $160mg/m^3$ 左右，再采用 SCR 烟气脱硝技术使 NO_x 达到排放限值。对于燃用无烟煤，可使用低氮燃烧技术 SNCR、烟气脱硝技术 SCR（多层催化剂）、烟气脱硝技术协同控制烟气氮氧化物。

31. 简述电厂烟气污染物控制协同技术。

答：根据我国 2014 年的要求，烟气污染物排放限值为烟尘 $10mg/m^3$、二氧化硫 $35mg/m^3$、氮氧化物 $50mg/m^3$。要达到这个要求，采用一种技术很难控制污染物排放达到限值，需要一整套技术进行协同，如图 1-1 所示。

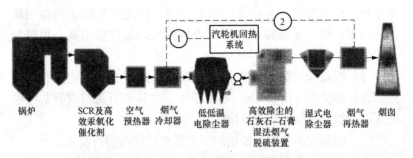

锅炉　　SCR及高　空气　烟气　低低温　高效除尘的　湿式电　烟气　烟囱
　　　　效汞氧化　预热器　冷却器　电除尘器　石灰石-石膏　除尘器　再热器
　　　　催化剂　　　　　　　　　　　　　　湿法烟气
　　　　　　　　　　　　　　　　　　　　　脱硫装置

图 1-1　燃煤电厂烟气污燃物协同控制典型超低排放系统

注：当不设置烟气再热器（FGR）时，烟气冷却器处的换热量按上图①所示回收至汽轮机回热系统；当设置烟气再热器时，烟气冷却器处的热量按上图②所示至烟气再热器。

第二章

烟 尘 的 控 制

第一节 烟尘的特性

32. 烟尘有哪些特性?

答:(1)烟尘中包括二氧化硫、氮氧化物、二氧化碳、水等气体和飞灰颗粒物。

(2)烟尘特性包括飞灰粒径分布、质量浓度、密度、飞灰成分、比电阻、吸湿性、附着性等。

33. 什么是飞灰粒径和飞灰粒径分布?

答:飞灰粒径是指飞灰颗粒尺寸的大小,用通过某种尺寸的筛孔目的飞灰质量占飞灰总筛分样质量百分比表示。

飞灰粒径分布是指飞灰样中各种飞灰粒径与该粒径的飞灰质量占飞灰样质量百分比的关系。

34. 什么是 PM10 和 PM2.5?

答:PM10 是指粒径在 $2.5\sim10\,\mu m$ 之间的颗粒物,又称为可吸入颗粒物。它在环境空气中持续的时间很长,对人体健康和大气能见度影响都很大。一些颗粒物来自污染源的直接排放,另一些则是由环境空气中的硫氧化物、氮氧化物、挥发性有机化合物及其他化合物互相作用形成的细小颗粒物。

PM2.5 是指粒径小于或等于 $2.5\,\mu m$ 的颗粒物,也称为可入肺颗粒物。它含有大量的有毒有害物质且在大气中的停留时间长,输送距离短,对人体健康和大气质量影响更大。

越细小的颗粒物对人体危害越大,粒径超过 $10\,\mu m$ 的颗粒物可被鼻毛阻留,也可通过咳嗽排出人体,而粒径小于 $10\,\mu m$ 的可吸入颗粒物可随人的呼吸沉积到肺部，损伤肺泡和黏膜，导致肺心病，加重哮喘病，严重的可危及生命。

35. 煤粉炉在脱硫、脱硝、除尘的前后飞灰粒径有什么不同？

答：煤粉炉脱硫、脱硝、除尘前：飞灰粒径大多为 5～10μm，PM2.5 占总质量的 5%～10%；PM10 占总质量的 20%～40%；粒径为 10～100μm 的占总质量的 55%；大于 100μm 的粒径占总质量的 10%左右。

煤粉炉在脱硫、脱硝、除尘后：从其质量分布浓度可见，飞灰粒径小于 1μm 占总质量的 13%；飞灰粒径为 1～2.5μm 占总质量的 44%；飞灰粒径 1～2μm 的占总质量的 31%；飞灰粒径 10～100μm 的占总质量的 12%。其中 PM10 和 PM2.5 所占的个数分布浓度和质量分布浓度均有所提高。

36. 什么是飞灰的比电阻？

答：与一般的材料不同，飞灰的比电阻是指单位面积单位厚度的飞灰电阻。可按下式计算：

$$\rho = (A/\delta)(V/I) = (A/\delta)R = KR$$

式中 ρ——飞灰比电阻，$\Omega \cdot cm$；

A——粉尘的截面积，cm^2；

δ——粉尘厚度，cm；

V——施加在粉尘层上的电压，V；

I——通过粉尘层的电流，A；

K——测定装置的电极系数。

37. 飞灰比电阻和除尘效率有什么关系？

答：按比电阻的大小，可分为低比电阻（小于 $10^4 \Omega \cdot cm$）；中比电阻（$1 \times 10^4 \sim 5 \times 10^{10} \Omega \cdot cm$）；高比电阻（大于 $5 \times 10^{10} \Omega \cdot cm$）三类。它和除尘效率的关系如图 2-1 所示。无论是低比电阻飞灰还是高比电阻飞灰对除尘器除尘效率的影响是显著的。当比电阻小于 $10^4 \Omega \cdot cm$ 时，粉尘颗粒到达收尘极表面后，会立即丧失电荷和获得正电荷，与阳极板相斥，形成二次扬尘；当飞灰比电阻由 10^{10} 增大到 $5 \times 10^{11} \Omega \cdot cm$ 时，除尘效率将大幅度下降。由 98% 降至 81%（见图 2-1）；当飞灰比电阻超过 $10^{12} \Omega \cdot cm$ 时，将出现粉尘排放超标现象。

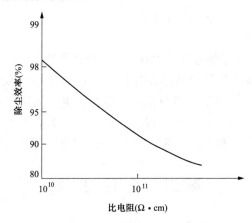

图 2-1 飞灰比电阻与除尘效率的关系

38. 飞灰的成分是什么?

答：飞灰成分包括矿物成分和化学成分。飞灰矿物成分的组成见表 2-1。

表 2-1   飞灰的矿物成分组成

矿物名称	莫来石	石英	一般玻璃体	磁性玻璃体	碳
分布值（%）	11.3～30.6	3.1～15.9	42.2～72.8	0～21.0	1.2～23.6
平均值（%）	20.7	6.4	59.7	4.5	8.2

注　一般玻璃体包括密实玻璃体和多孔玻璃体；磁性玻璃体为包括有磁铁矿、赤铁矿晶体的富铁玻璃珠。

飞灰的化学成分主要为氧化硅和氧化铝，两者总含量在 60% 以上。其他的化学成分的分布范围见表 2-2。

表 2-2   飞灰化学成分分布范围   （%）

SiO_2	Al_2O_3	Fe_2O_3	CaO	MgO	SO_3	K_2O	C
33.9～59.7	16.5～35.4	0.5～15.4	0.8～10.4	0.7～1.8	0～1.1	0.7～3.3	0.0～23.5

39. 飞灰的可燃物特性是什么？

答：飞灰的可燃物特性主要是指飞灰的含碳量，我国燃煤电厂的飞灰含碳量在5%～10%，飞灰中的碳有利于比电阻的降低，当含碳量超过10%时，飞灰的比电阻下降明显。但飞灰含碳量的升高说明锅炉燃烧效率的下降。

40. 烟尘中细颗粒物（PM2.5）的特性是什么？

答：燃煤电厂排放的细颗粒物分为球形和非球形颗粒，其表面不光滑，布满了纳米级细颗粒，能吸附更小的颗粒物。故细颗粒物具有更大的比表面积，容易富集重金属等有害物质。控制细颗粒物的排放有利于减少烟气中重金属污染的排放量。

第二节　电除尘器

41. 试述电除尘器的除尘原理。

答：电气除尘器也称为静电除尘器。它的功能是将燃煤或燃油锅炉排放烟气中的颗粒烟尘加以清除，从而大幅度降低排入大气层中的烟尘量。它的工作原理是：在除尘器的阴阳极间施加高压直流电，烟气中的灰尘尘粒通过电除尘器的高压静电场时，与电极间的正负离子和电子发生碰撞而荷电，带上电子和离子的尘粒在电场力的作用下向异性电极运动并附在异性电极上，通过振打的方式使具有一定厚度的烟尘在自重和振动的双重作用下跌落在电除尘器结构下方的灰斗中，从而达到清除烟气中烟尘的目的。

42. 影响电除尘器性能有哪些因素？

答：影响电除尘器性能的因素很多，大致为烟气性质、粉尘特性、设备状况和操作条件4个方面。这4个方面因素可单独起作用，也可相互影响。

对静电除尘器性能影响最为显著的是粉尘和烟气特性（如粉尘比电阻大，排烟温度高），除尘器本体故障，振打强度不够，电气问题等。

43. 燃煤对电除尘器性能有哪些影响？

答：燃煤对电除尘器性能的影响主要是灰分、水分和硫分。

（1）灰分。煤中的灰分决定了烟气中的含尘浓度，灰分越高，烟气含尘浓度越高，当含尘浓度高到一定程度后，会产生电晕封闭，电除尘器的除尘效率大幅降低。

（2）水分。煤中的水分对电除尘有促进作用，有利于电除尘器效率的提高。

（3）硫分。煤中的硫分对除尘效率有影响，硫分低于 1.5% 时，硫分的增加对除尘效率的提高较为显著，超过 1.5% 时，提高的作用不明显。

44. 简述电除尘器的结构和分类。

答：电除尘器是由电晕电极、集（收）尘电极、气流分布装置、振打清灰装置、外壳和供电设备等部分组成。

（1）按照电极清灰方式可分为干式电除尘器和湿式电除尘器。干式电除尘器是将沉积在收尘极上的粉尘用机械振打清灰；湿式电除尘器是将沉积在收尘极上的粉尘用水喷淋方法在收尘极表面形成一层水膜，使沉积在收尘极上的粉尘和水一起流到除尘器下部排出。

（2）按照气体在电场内的运动方向可分为立式电除尘器和卧式电除尘器。图 2-2 所示为卧式电除尘器的结构图。

（3）按照收尘极的形式可分为管式和板式电除尘器，其中板式电除尘器应用较广。

45. 电除尘器的特点是什么？

答：（1）电除尘器的优点：除尘效率高，达到 99% 以上，对微小粉尘（0.1μm 以上）除尘效率也很高；压降低，一般不大于 200Pa；能耗低；处理气量大；可处理高温含尘气体，温度为 350～500℃。

（2）电除尘器的缺点：应用范围受到粉尘比电阻限制，比电阻太小不适用；钢材耗量较大；制造、安装和操作要求较高。

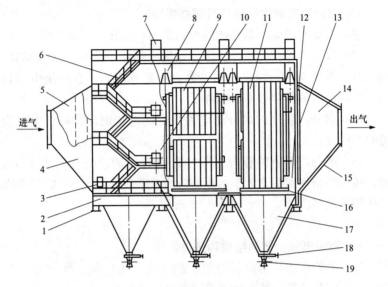

图 2-2 卧式电气除尘器的结构图

1—支座；2—外壳；3—人孔门；4—进气烟道；5—气流分布板；6—梯子平台栏杆；
7—高压电源；8—电晕极吊挂；9—电晕极；10—电晕极振打；11—收尘极；
12—收尘极振打；13—出口槽型板；14—出气烟箱；15—保温层；
16—内部走台；17—灰斗；18—插板箱；19—卸灰阀

46. 电除尘器有哪些新技术？

答： 电除尘器的新技术包括采用低低温换热器、高效电源、转动电极和烟气调质等。

47. 低低温电除尘的工作原理是什么？

答： 低低温电除尘器的工作原理是：通过热回收器（又称烟气冷却器）或烟气换热系统（包括热回收器和再加热器）降低电除尘器入口烟气温度至酸露点以下，一般在 90℃ 左右，使烟气中大部分 SO_3 在热回收器中冷凝成硫酸雾并展附在粉尘表面，降低粉尘比电阻，避免反电晕现象；同时，烟气温度的降低使烟气流量减小并有效提高电场运行时的击穿电压，从而大幅度提高除尘效率，并去除大部分 SO_3。

48. 低低温电除尘器有什么特点？

答：（1）除尘效率高。其粉尘比电阻在高效收尘的区域，避免了反电晕现象，提高了除尘效率；击穿电压上升，排烟温度的下降使击穿电压上升；烟气温度降低使烟气流量减小，增加了粉尘在电场的停留时间，提高了除尘效率。

（2）去除烟气中大部分 SO_3。气态的 SO_3 冷凝成液态的硫酸雾，黏附在粉尘表面。去除率为 $80\%\sim95\%$。

（3）提高湿法脱硫系统协同除尘效果。电除尘器出口粉尘平均粒径增大，脱硫出口烟气浓度明显降低。

（4）节能效果明显。由于烟气温度降低，节约系统的水耗量，使风机电耗荷脱硫系统用电率减小。

（5）二次扬尘有所增加。粉尘比电阻降低使粉尘的静电黏附力减弱，导致二次扬尘增加，可采取措施加以控制。

（6）具有更优越的经济性。比电阻的大幅降低使电场数量减少，运行功耗降低，热回收器可回收热量，具有节能效果。

49. 什么是酸露点？

答：锅炉燃用煤、石油及天然气等都含有一定量的硫分，故烟气中就含有一定量的水蒸气和 SO_3，当烟气温度降到某一临界温度时，SO_3 与水蒸气凝结生成硫酸雾，此临界温度即为烟气的酸露点。

50. 什么是灰硫比？

答：灰硫比即粉尘浓度（mg/m^3）与 SO_3 浓度（mg/m^3）之比，用下式进行计算

$$c_{D/S}=c_D/c_{SO_3}$$

式中 c_D——热回收器入口粉尘浓度，mg/m^3；

c_{SO_3}——热回收器入口 SO_3 浓度，mg/m^3。

51. 试述低低温除尘器的低温腐蚀及应对措施。

答：当烟气温度降至酸露点以下，SO_3 在热回收器中冷凝，形

成具有腐蚀性的硫酸雾，并吸附在烟尘表面上。当灰硫比大于 100 时，一般不存在低温腐蚀问题；而灰硫比小于 100 时，硫酸雾可能未被完全吸附，则应考虑低温腐蚀的风险。其应对措施有：保证灰硫比大于 100，如果小于 100 时，可采取燃用混煤的方式提高灰硫比；防止灰斗腐蚀，可采用 ND 钢或内衬不锈钢板避免腐蚀；防止人孔门及其周围区域腐蚀，可采用 ND 钢或内衬不锈钢。

52. 试述低低温电除尘系统的布置。

答：低低温电除尘系统一般有三种形式，即环保型、节能型和常规型三种，如图 2-3～图 2-5 所示。

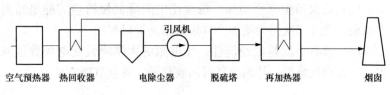

图 2-3　环保型低低温电除尘系统示意图

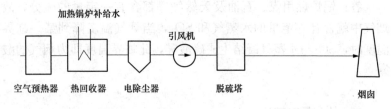

图 2-4　节能型低低温电除尘系统示意图

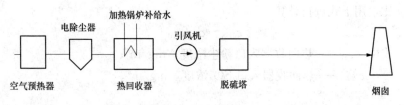

图 2-5　常规型低低温除尘系统示意图

53. 环保型、节能型、常规型三种除尘系统各有什么特点?

答:(1)环保型低低温电除尘系统。采用不产生烟气泄漏的无泄漏式烟气换热器,应对严格的烟气排放标准;电除尘效率高;脱硫补给水量的减少;无需担心热回收器的腐蚀、堵塞;无需烟囱防腐,消除石膏雨。

(2)节能型低低温除尘系统。用第一级热回收器的热量加热锅炉的给水,从而提高锅炉的热效率;电除尘器效率提高;脱硫补给水减少;无需担心热回收器的腐蚀和堵塞。

(3)常规型低低温电除尘器+低温省煤器。用第一级热回收器的热量加热锅炉的给水,从而提高锅炉的热效率;电除尘器效率没有提高;脱硫补给水量减少;热回收器存在腐蚀风险。

54. 试述低低温电除尘器的结构及原理。

答:图 2-6 所示为低低温电除尘器的结构示意图。

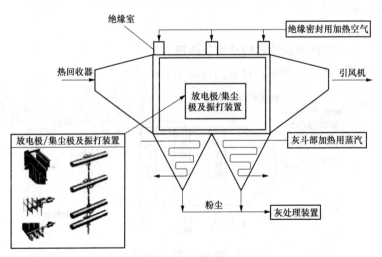

图 2-6 低低温电除尘器结构示意图

由图 2-6 可见,从热回收器来的低温烟气经过振打装置将粉尘从集尘极振打下来至灰斗,并用蒸汽加热后送至灰处理装置。除尘后的烟气由引风机抽出送往脱硫塔。

55. 试述热回收器的结构原理。

答： 图 2-7 所示为热回收器的结构示意图。

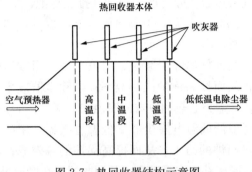

图 2-7 热回收器结构示意图

由图 2-7 可见，从空气预热器来的热烟气，经过热回收器的吹灰器的冷却后从高温段到达中温段，再到低温段，然后送往低低温电除尘器。

56. 试述再加热器的结构及原理。

答： 图 2-8 所示为再加热器的结构示意图。

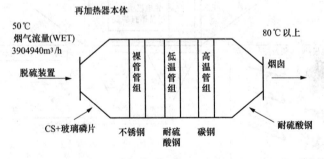

图 2-8 再加热器结构示意图

由图 2-8 可见，从脱硫塔来的低温烟气（50℃）经过再热器的三组管组加热到 80℃ 以上送至烟囱排往大气。避免了烟囱的防腐工作。

57. 什么是高效电源技术？

答： 高效电源技术包括高频高压电源、脉冲高压电源、变频高压电源、高频恒流高压电源、三相高压直流电源、单相工频高压直流电源、恒流高压直流电源等新一代高效电源。

58. 什么是高频高压电源？

答： 高频高压电源是新一代的电除尘器供电电源，其工作频率为几十千赫兹。它的工作原理是：将三相工频输入电源整流成直流，经逆变电路逆变成 10kHz 以上的高频交流电流，然后通过高频变压器升压，经高频整流器进行整流滤波，形成几十千赫兹的高频脉动电流供给除尘器电场，如图 2-9 所示。

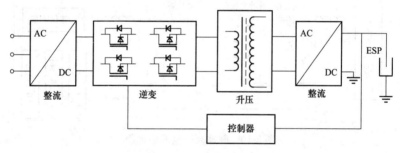

图 2-9　高频高压电源原理图

59. 高频高压电源的主要特点是什么？

答：（1）在纯直流供电方式时，二次电压波纹系数小于 3％，达到几乎无波动的直流输出。增大了电晕功率的输入，使烟尘排放降低 30％～50％。

（2）在间隙脉冲供电方式时，脉冲宽度在几十微秒到几毫秒之间，可有效克服高比电阻粉尘的反电晕，提高除尘器的除尘效率和大幅度节能。

（3）控制方式灵活，适用于不同工况的运行。

（4）功率因素可达 0.95，节能约 20％，满足最合适的间隙比和获得最大的节能效果。

（5）可在几十微秒内关断输出，短时间内熄灭火花，5～15ms恢复供电。

（6）体积小、质量轻，减少控制室面积，降低工程造价。

（7）波形连续，峰值可变、可控，变压器可靠性高，温升低。

60. 什么是脉冲高压电源？

答：脉冲高压电源采用脉冲宽度为 100μs 及以下的窄脉冲电压波形，叠加于基础直流高压，在瞬间形成一个高压脉冲供给电除尘器电场，其峰值远高于常规电源供电时的击穿电压，如图 2-10 所示。

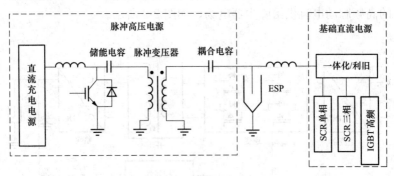

图 2-10　脉冲高压电源原理图

61. 脉冲高压电源的主要特点是什么？

答：（1）高效节能。脉冲升压时的大部分能量被送到储存电容中回收，可以供下一步脉冲使用；基础直流高压单元维持电场的起晕电压即可，减少了供电功率。

（2）工况适应能力强，有效抑制反电晕。

（3）提高电场峰值电压和电晕功率。

（4）提高除尘效率，尤其适合于微细粉尘。

62. 什么是变频高压电源？

答：变频高压电源是采用 AC→DC→AC→DC 的变流工作方式。它是将三相工频输入经整流桥整流成直流，采用 SPWM 逆变后，输出至中频变压器。经硅整流全波整流后，输出至电除尘电场。变频电源原理框图如图 2-11 所示。

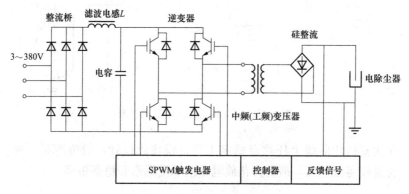

图 2-11 变频电源原理框图

63. 变频高压电源的主要特点是什么？

答：（1）采用 SPWM（正弦脉宽调制）调压，利用频率和阻抗的动态变化与电场的工况相匹配改善电除尘器的供电特性。

（2）可以实现不间断供电或缩短电场恢复时间。

（3）可以配套中频整流变压器或原工频整流变压器，节省工程费用。

（4）三相平衡，无缺相损耗，功率因数和电源效率可达 0.9。

64. 什么是恒流高压直流电源？

答：恒流高压直流电源的原理图如图 2-12 所示。

从图 2-12 可见，恒流高压直流电源电路包括二部分：第一部分为 L-C 恒流变换器，每个变换器由电感和电容组成一个谐振回路网络，将两相交流电压源转换为电流源；第二部分为直流高压发生器，把工频交流电压通过升压整流后成为恒流直流电流向除尘电场供电，此电流与电场的等效阻抗乘积形成二次高压。

65. 恒流高压直流电源有什么特点？

答：恒流高压直流电源的特点为：具有恒流输出特性；能够

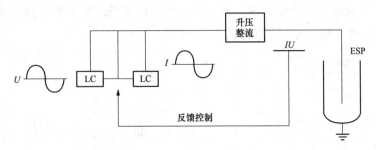

图 2-12 恒流高压直流电源原理图

在伏安特性曲线上任意点稳定工作；模块化设计，故障率低；显著提高运行电压，抑制火花放电；能承受瞬态和稳态短路。

66. 简述高频恒流高压电源的原理。

答：高频恒流高压电源的原理图如图 2-13 所示。

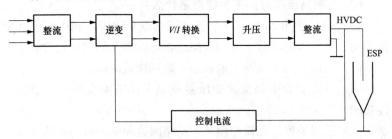

图 2-13 高频恒流高压电源原理图

从图 2-13 可知，高频恒流电源由工频三相交流电输入，经整流变为直流电源，再经过逆变器成为高频交流电压源，通过恒流组件进行 V/I 转换把高频交流电压源转化为近似正弦的高频交流电流源，再经过升压变压器将高频交流电流源转化为高频高压交流电流源，最后整流输出变为高频恒流高压直流电流源。

67. 高频恒流高压电源的主要特点是什么？

答：高频恒流高压电源的主要特点是：三相供电平衡，在 $0 \sim 50\text{kHz}$ 内可调；逆变器模块化，故障率低；转换效率大于 92%。

68. 什么是三相高压直流电源？

答：三相高压直流电源是采用三相 380V50Hz 的交流输入，用三路六只可控硅反并联调压，经三相变压器升压整流，对电除尘器供电，如图 2-14 所示。

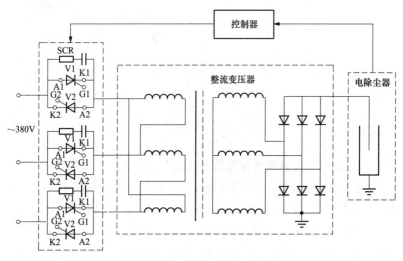

图 2-14　三相高压直流电源原理图

69. 三相高压直流电源的特点是什么？

答：三相高压直流电源的特点是输出直流电压平稳，运行电压提高 20% 以上，提高出尘效率；三相供电平衡，提高设备效率；在电场闪络时火花强度大，需要采用新的火花控制技术；变压器和控制系统分开布置，可用于恶劣环境；相电流小，可实现超大功率；脉冲宽度间隙比调整不灵活，对于高比电阻粉尘除尘效果差。

70. 什么是单相工频高压直流电源？

答：单相工频高压直流电源原理图如图 2-15 所示。

从图 2-15 可知，单相工频交流电源通过可控硅移相控制幅度后，送到工频变压器进行升压，再经过高压桥式整流电路整流成 100Hz 的脉动直流电压送电除尘器。

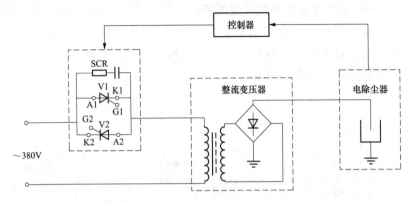

图 2-15 单相工频高压直流电源原理图

71. 单相工频高压直流电源的主要特点是什么?

答：单相工频高压直流电源的主要特点是单相供电不平衡；包含大量谐波，效率较低；直流电压脉动大，平均电压比较低，导致收尘效率低；电源输出的直流高压形成波动单一，影响高浓度粉尘和高比电阻粉尘等工况的收尘，其适应性相对比较差；接线简单，技术成熟；如果采用智能型控制器，可确保电除尘器的高效运行和具有独立的控制和优化能力。

72. 什么是转动电极技术?

答：转动电极技术也称为移动电极技术，它是将末电场收尘极设计成回转形式，当它旋转到电场下端的灰斗时，转动电刷将附着的粉尘刷入灰斗。它解决了末电场因振打不良引起的微细粉尘二次扬尘的问题。从而提高电除尘器的除尘效率，降低烟尘排放。移动电极防止二次飞扬示意图如图 2-16 所示。

73. 转动电极技术有什么特点?

答：转动电极技术的特点是能提高除尘效率，降低烟尘排放；对微细粉尘难以有效去除；转动链条容易受烟气粉尘的腐蚀；转动机构回出现卡涩链条、磨损。

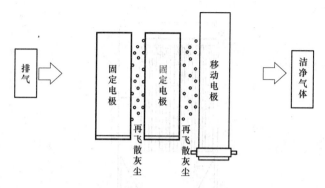

图 2-16　移动电极防止二次飞扬示意图

74. 什么是布袋式除尘器?

答: 布袋式除尘器按其清灰方式可分为振动式、气体反吹式、脉冲式、声波式及复合式五类。以脉冲式布袋除尘器为例,其本体结构主要由上部箱体、中部箱体、下部箱体(灰斗)、清灰系统和排灰机构等部分组成。布袋式除尘器结构图如图 2-17 所示。它是采用过滤除尘原理将烟气中的固体颗粒物进行分离,其除尘效率达 99.9% 以上,能实现烟气排放浓度小于 $20mg/m^3$。

75. 脉冲式布袋除尘器的工作原理是什么?

答: 脉冲式布袋式除尘器的工作原理是:当含尘烟气通过过滤层(过滤层是用有机纤维或无机纤维织物做成的滤袋)时,气流中的尘粒被滤层阻截捕集下来,从而实现气固分离。伴着粉末重复的附着于滤袋外表面,粉末层不断地增厚,布袋除尘器阻力值也随之增大;此时脉冲阀膜片发出指令,左右淹没时脉冲阀开启,高压气包内的压缩空气通了,将吸附在滤袋外表面的粉尘清落至下面的灰斗中。如果没有灰尘或是小到一定程度,机械清灰工作就会停止工作。

布袋式除尘器由于改进了滤袋的质量,延长了滤袋的寿命(达 30000h),加上其很多的优点,故今后采用该种除尘器将会越

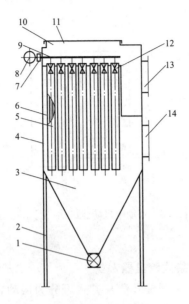

图 2-17 布袋式除尘器结构图

1—卸灰阀；2—支架；3—灰斗；4—箱体；5—滤袋；6—袋笼；

7—电磁脉冲阀；8—储气罐；9—喷管；10—清洁室；

11—顶盖；12—环隙引射器；13—净化气体出口；14—含尘气体入口

来越多。

76. 影响袋式除尘器性能有哪些因素？

答：影响袋式除尘器性能有：

（1）煤种和粉尘特性。煤种灰分小于 15％时，其运行特性最稳定，超过 20％时，其经济性降低。对于粒径为 0.2～0.4μm 的粉尘，过滤效率最低。

（2）烟气温度。为保证滤袋使用寿命，建议烟气温度范围为 120～150℃，超过 160℃时，滤袋造价高，容易高温老化；低于 110℃时，容易酸结露，使滤袋糊袋失效。

（3）滤袋特性。不同煤种使用不同材质滤袋：低硫煤，烟气温度 120～145℃ 的应用 PPS 材质；高硫煤，烟温 120～150℃ 的应用 PPS/PTFE 材质，烟温 150～180℃的应用 PTFE 或 PS4 材质。

（4）脉冲清灰。固定行喷吹控制脉冲清灰压力为 0.25～0.35Pa；回转喷灰控制脉冲清灰压力为 0.08Pa。

（5）流场均布。流场均布可减少滤袋的局部磨损和粉尘附着。

（6）过滤风速。一般控制在小于 1.0m/min。

77. 试述袋式除尘器在我国的应用情况。

答：袋式除尘器在我国的钢铁工业、水泥生产企业、炼铝工业等行业得到了广泛的应用。除此之外，蓄电池、炭黑、煤炭、陶瓷、化工、化肥、医药、农药、垃圾焚烧等行业也得到了应用。2001 年，袋式除尘器开始陆续在燃煤电厂得到了应用，但由于我国燃煤电厂排烟温度偏高烟气中氮氧化物、硫化物和氧含量高，含尘浓度高，袋式除尘器的滤袋使用寿命低，故还未得到广泛的应用，有待进一步提高使用寿命，随着袋除尘器技术的发展和环保要求的日益提高，其应用范围将越来越广泛。

第三节　电袋复合式除尘器

78. 试述电袋复合式除尘器的原理。

答：电袋复合式除尘器是一种新型的复合除尘器。它是有机结合了静电除尘和布袋除尘的特点，通过前级电场的预收尘、荷电作用和后级滤袋区过滤除尘的一种高效除尘器。其结构如图 2-18 所示。在图中可见，在同一除尘器内前级布置电除尘器，烟气经锅炉的空气预热器、烟道进入到电袋复合式除尘器的进气烟箱，在烟箱内设置气流均布板，烟气经均布板分配后进入电场通道，电场内设置有阳极板和阴极线，阴、阳极振打方式分别为顶部电磁锤振打和侧部振打。电除尘器供电采用高压静电除尘用整流设备，灰斗采用顺序定时排灰。经过电场气流携带未被电场捕集的粉尘进入到滤袋仓室内，烟气透过滤袋完成进一步的过滤，粉尘被阻挡在滤袋的外表面，过滤后的洁净气体在滤袋内部，并通过排风总管排放。随着除尘器过滤过程的延续，除尘器滤袋表面的粉尘越积越厚，直接导致除尘器阻力上升，因此需要对滤袋表面的粉尘进行定期清除，即清灰。采用回转式低压脉冲喷吹清灰技术，1个布袋束配1个脉冲阀，利用回转喷吹管进行喷吹清灰，并采用可编程控制器（PLC）进行程序控制。除尘器入口处设有喷水及温度测试装置，挡烟气温度超过规定值时先报警，并自动启动喷水装置进行降温。

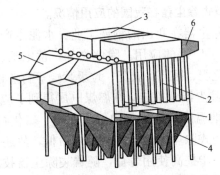

图 2-18　电袋复合式除尘器结构图

1—电场区；2—布袋区；3—净气室；4—灰斗；
5—进口喇叭；6—出口烟道

79. 电袋复合式除尘器的技术特点是什么？

答： 电袋复合式除尘器的技术特点是：

（1）只采用2个电场除去了烟气中 90%～95% 的粉尘，余下的细微粉尘由布袋除尘单元过滤，其机理科学，技术先进可靠，发挥了布袋除尘器对超细粉尘去除效率的特点。同时，利用电除尘布袋除尘两种现有的成熟除尘技术，可靠性高，研发相对容易。

（2）除尘效率不受粉尘特性及风量影响，效率稳定，适应性强。

（3）结构紧凑。电袋除尘器大幅度降低了布袋负荷，可选择较高的过滤风速，所需布袋数量少。同时，较大的滤袋间距，解决了脉冲袋式除尘器的二次扬尘问题。

（4）压降小，滤袋寿命长。未被电除尘单元捕集的细微颗粒经过电晕荷电，沉积在布袋表面呈现松散的凹凸不平结构，有利于降低气流的阻力，减少压力损失，延长布袋寿命。

（5）除尘效率高，尤其是提高了对微细粉尘的捕集。电袋除尘器除尘效率达 99.9％以上，能实现出口粉尘排放质量浓度低于 $30mg/m^3$ 的要求；粉尘荷电后，静电力作用增强，对微细粒子的捕集效率也有所增强。

（6）费用低。电除尘单元只设 2 级电场，且布袋除尘单元所需布袋少，阻力小，能耗低，滤袋更换周期增长，使总运行费用比同容量的电除尘器荷袋式除尘器要低。

80. 试述电袋复合式除尘器的应用。

答：电袋复合式除尘器是将电除尘技术和袋式除尘技术相结合，技术优势互补，既具有电除尘器的优势，又具有袋式除尘器的特点，去除粗细颗粒粉尘的除尘效率高；适合于燃烧煤种灰分和粉尘比电阻高的机组，或燃烧煤矸石的循环流化床锅炉和常规煤粉锅炉，或干法、半干法脱硫技术的机组；该技术在燃煤电厂已得到广泛应用，将在烟尘超低排放中发挥重要作用。

第四节 湿式电除尘器

81. 什么是湿式电除尘器？

答：湿式电除尘器首先是静电收尘，其次是湿式除尘。它是直接将水雾喷向放电极和电晕区，在芒刺电极形成的强大的电晕场内水雾荷电后进一步雾化，在这里，电场力、荷电水雾的碰撞拦截、吸附凝并，共同对粉尘粒子起捕集作用，最终粉尘粒子在电场力的驱动下到达集电极而被捕集；与干式电除尘器通过振打将极板上的灰振落至灰斗不同的是，湿式电除尘器则是将水喷至集电极上形成连续的水膜，流动水将捕获的粉尘冲刷到灰斗中随水排出。其结构示意图如图 2-19 所示。

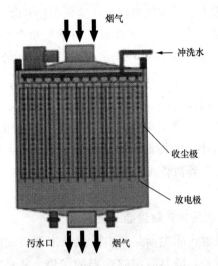

图 2-19　湿式电除尘器结构示意图

82. 简述湿式电除尘器的分类。

答： 湿式电除尘器根据阳极类型分为金属极板湿式电除尘器、导电玻璃钢湿式电除尘器、柔性极板湿式电除尘器三种。电力行业主要用来除去脱硫塔后湿气体中的粉尘酸雾等有害物质。

83. 什么是金属极板湿式电除尘器？

答： 金属极板湿式电除尘器与干式电除尘器都经历电离、荷电、收集和清灰四个阶段，与干式电除尘器所不同的是，金属极板湿式电除尘器采用液体冲洗集尘极表面来进行清灰，而干式电除尘器采用振打或钢刷清灰。

84. 金属极板湿式电除尘器的特点是什么？

答： 金属极板湿式电除尘器的特点如下：

（1）能提供几倍于干式电除尘器的电晕功率。

（2）不受粉尘比电阻影响，可有效捕集 PM2.5。

（3）可捕集湿法脱硫的衍生物，消除石膏雨。

（4）颗粒物排放浓度可小于等于 $3mg/m^3$。同时对 SO_3、重金属汞具有脱除作用。

（5）阳极板采用耐腐蚀的不锈钢，机械强度大，刚性好。

（6）运行电压高，稳定性好，运行电流大，性能更高效，稳定。

85. 金属极板湿式电除尘器应用于什么场合？

答：金属极板湿式电除尘器与干式电除尘器和湿法脱硫系统配合使用，应用于新建和改造工程。用于烟气排放浓度限值不大于 $5mg/m^3$ 的新建工程和烟气排放浓度限值为 $10mg/m^3$ 的改造工程；用于燃用中高硫煤的机组。

86. 什么是导电玻璃钢湿式电除尘器？

答：导电玻璃钢湿式电除尘器是收尘极采用导电玻璃钢材质，放电极采用金属合金材质，高压直流电源的强电场使气体电离，产生电晕放电，使粉尘和雾滴荷电，在电场力作用下，将荷电粉尘和雾滴收集在导电玻璃钢收尘极上，雾滴在收尘极表面形成连续水膜并辅以间断喷淋进行收尘极表面清灰。

87. 导电玻璃钢湿式电除尘器的特点是什么？

答：导电玻璃钢湿式电除尘器的特点如下：

（1）导电玻璃钢具有极强的抗酸和氯离子腐蚀性能。

（2）无需连续喷淋，水耗小。

（3）可进行整体模块化安装，安装时间短。

（4）布置方式灵活，可立式，也可卧式。

（5）收尘极采用蜂窝状结构，可有效增大比集尘面积。

（6）要求烟气温度小于 $90℃$。

88. 导电玻璃钢湿式电除尘器应用于什么场合？

答：导电玻璃钢湿式电除尘器适用于新建和改建项目，布置在湿法脱硫的后面，用于脱硫后湿烟气的深度净化处理。

89. 什么是柔性极板湿式电除尘器?

答:柔性极板湿式电除尘器是一种利用柔性绝缘纤维滤料经水冲洗后,通过毛细作用,在阳极表面形成一层水膜,水膜和被浸湿的布作为收尘极,尘粒在水膜作用下自流向下而与烟气分离,部分尘雾附在阴极上的小液滴自流向下,最后经管道排出。

90. 柔性极板湿式电除尘器的特点是什么?

答:柔性极板湿式电除尘器的特点如下:

(1)柔性绝缘纤维滤料本身不导电,重量轻。

(2)柔性阳极耐酸碱腐蚀,均匀水膜不需要连续冲洗,冲水量少。

(3)实现对三氧化硫、浆液滴、微细粉尘气溶胶、重金属的联合高效脱除。

91. 柔性极板湿式电除尘器应用于什么场合?

答:柔性极板湿式电除尘器适用于电力、冶金等湿法脱硫后烟气需要超低排放的企业,粉尘排放浓度可小于 $5mg/m^3$。该项技术在我国已应用于总容量为 10000MW 的燃煤发电、供热机组。

第五节 烟尘的超低排放技术

92. 什么是烟尘的超低排放技术?

答:烟尘的超低排放技术是发挥各种先进技术的协同作用,使燃煤机组的烟尘排放浓度达到或低于燃气机组的排放水平($10mg/m^3$ 或 $5mg/m^3$)。为了达到上述的排放水平,仅靠单一除尘器几乎无法实现,必须根据具体条件结合运行现状,选择合理的技术路线。

93. 烟尘的超低排放技术有几种?

答:烟尘的超低排放技术有多种,主要有:采用高效电除尘器或者低低温电除尘器;电袋/袋式除尘器采用超细纤维滤袋;湿法脱硫协同除尘；湿式电除尘器应用于湿法脱硫后；超净电袋复合除尘技术。

94. 试举实例说明协同控制烟尘超低排放技术的应用（一）。

答： 浙江能源公司所属嘉兴电厂 7、8 号机组采用超低排放协同控制，如图 2-20 所示。在不同工况下，烟囱总排口烟尘、二氧化硫、氮氧化物三项主要烟气污染物的排放数据分别不超过 3.08、15.1、23.67mg/m³，优于天然气燃气轮机组排放标准。

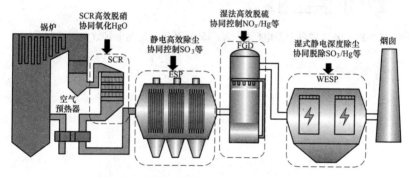

图 2-20　浙江能源公司所属嘉兴电厂 7、8 号机组超低排放协同控制系统

95. 试举实例说明烟尘的超低排放技术的应用（二）（超净电袋的使用）。

答： 广东电力公司沙角 C 电厂 2 号锅炉 660MW 机组，于 2015 年 2 月成功投运，电袋出口 3.7mg/m³，脱硫出口 2.66mg/m³，实现超低排放。

处理烟气量：3787901m³/h，入口烟尘浓度：25g/m³；

总体方案：1 电 3 袋，采用前后 3 个分区供电，过滤风速值小于 1.0m/min；滤料：高过滤精度滤料。

96. 试举实例说明烟尘的超低排放技术的应用（三）。

答： 浙江省舟山发电厂的 1 台 350MW 机组采用旋转电极 ESP＋海水脱硫＋湿式 ESP 协同控制系统，如图 2-21 所示。经检测单位的测量结果为：粉尘 2.46mg/m³；二氧化硫 2.76mg/m³；

氮氧化物 19.8mg/m³。优于天然气燃气轮机组排放标准。

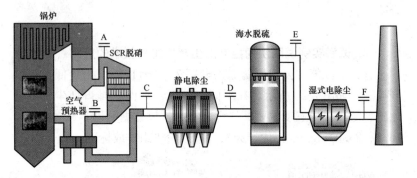

图 2-21 浙江省舟山发电厂的 1 台 350MW 机组的超低排放协同控制系统

二 氧 化 硫 的 控 制

第一节 概　　述

97. 试简述我国的 SO_2 排放现状。

答：我国是世界上最大的煤炭生产和消费国，原煤占能源消费总量的 70%。我国的 SO_2 排放量近年来都在 2000 万 t 上下，在电力能源结构中，煤电约占 3/4，而且在相当长的时期内不会有很大的变化。燃煤电厂产生的 SO_2 是大气污染物之一，其危害性是极大的，因此，治理 SO_2 的排放是我国环境保护中的一项十分重要的工作。

98. 我国控制酸雨和 SO_2 污染的政策和措施是什么？

答：我国控制酸雨和 SO_2 污染的政策和措施有：

（1）把酸雨和 SO_2 污染综合防治工作纳入国民经济和社会发展计划。

（2）根据煤炭中硫的生命周期进行全过程控制。

（3）调整能源结构，优化能源质量，提高能源利用率。

（4）重点治理火力发电厂的 SO_2 污染。

（5）研究开发 SO_2 治理技术和设备。

（6）实施排污许可证制度，进行排污交易试点。

99. 二氧化硫的污染源是什么？

答：二氧化硫的主要来源分为两大类：天然污染源和人为污染源。天然污染源包括：海洋硫酸盐雾；缺少氧气的水和土壤释放的硫酸盐；细菌分解的有机化合物；火山爆发；森林失火。人为污染源包括：矿物燃料燃烧；金属冶炼；石油生产；化工生产；采矿等。

39

100. 试述二氧化硫污染源的特性和影响。

答：天然污染源：全球性分布在广阔的地区，以低浓度排放在大气中，不易稀释和被净化；一般不会产生酸雨现象；人力无法控制。

人为污染源：比较集中，在占地球表面不到 1% 的城市和工业区上空占主导地位；是发生酸雨的基本原因；人力可以控制。

101. 试述二氧化硫污染的控制途径。

答：二氧化硫污染的控制途径有：

（1）燃烧前脱硫：在使用燃料前进行燃煤脱硫，包括煤炭的洗选、煤炭转化（煤气化、液化）及水煤浆技术。

（2）燃烧中脱硫：在燃烧煤的同时，向炉内喷入脱硫剂（石灰石白云石等），利用炉内较高温度进行自身煅烧，煅烧产物（CaO、MgO）与 SO_2、SO_3 反应，生成硫酸盐或亚硫酸盐，以灰的形式随炉渣排出炉外。

（3）燃烧后脱硫：煤燃烧后产生烟气，将烟气中的 SO_2 进行处理，这是当前应用最广、效率最高的脱硫技术。

102. 烟气脱硫的方法有几种？

答：烟气脱硫的方法有湿法烟气脱硫技术；干法烟气脱硫技术；半干法烟气脱硫技术。

第二节　干法烟气脱硫技术

103. 什么是干法烟气脱硫技术？

答：干法烟气脱硫技术的特点是反应完全在干态下进行，反应产物也为干粉状，不存在腐蚀、结露等问题。

104. 干法烟气脱硫技术有几种？

答：（1）高能电子活化氧化法。它是利用高能电子使烟气中的 SO_2 分子被激活、电离甚至分解，产生大量离子和自由基等活性物质。自由基的强氧化性使 SO_2 被氧化，当注入氨后，生成硫铵。

（2）荷电干粉喷射脱硫法。将石灰干粉以高速通过高压静电电晕充电区，使干粉荷上负电荷被喷射到烟气流中，达到脱硫的目的。

（3）活性炭吸附法。活性炭先是物理吸附，然后将吸附到活性炭表面的 SO_2 催化氧化为硫酸。

105. 干法烟气脱硫技术的优缺点是什么？

答： 干法烟气脱硫技术的优点是工艺过程简单，无污水，污酸处理问题，能耗低，特别是净化后烟气温度较高，有利于烟囱排气扩散，不会产生"白烟"现象，净化后的烟气不需要二次加热，腐蚀性小；其缺点是脱硫效率较低，设备庞大，投资大，占地面积大，技术要求高。

106. 什么是干法烟气脱硫（NID）技术？

答： 干法烟气脱硫（novel integrated desulfurization，NID）技术是在半干法脱硫装置的基础上的新一代脱硫技术，它借鉴了半干法技术的脱硫原理，又克服了此种技术使用制浆系统而产生的弊端，因此具有投资低，设备简单的特点，适用于 300MW 及以下机组。

图 3-1 表示了该技术的系统图，该系统主要包括烟气系统、流

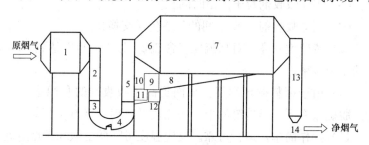

图 3-1 采用 NID 技术的脱硫除尘系统示意图

1—预除尘器；2—出口烟道；3—文丘里；4—弯头；5—NID 反应器；6—除尘器进口；
7—电除尘器；8—流化料槽；9—流化底仓；10—旋转给料器；11—消化混合器；
12—流化风；13—出口烟道；14—引风机

化风系统、工艺水系统、压缩空气系统、生石灰输送系统、物料循环系统和控制系统。

107. NID 技术的特点是什么？

答：NID 技术的特点如下：

（1）采用生石灰（CaO）的消化及灰循环增湿一体化设计，保证新鲜消化的高质量消石灰 $Ca(OH)_2$ 投入循环脱硫反应。

（2）利用循环灰携带水分，在粉尘颗粒的表面形成水膜，形成温度和湿度的反应环境，克服了传统半干法脱硫反应器中可能出现的黏壁问题。

（3）降低了总反应时间，有效地降低脱硫反应器高度。

（4）整个装置结构紧凑，体积小，运行可靠。

（5）脱硫副产物为干态，系统无水产生，适宜于用气力输送，烟气不需再加热可直接排放。

（6）对吸收剂要求不高，可广泛取得。

（7）大大降低了初投资和运行费用。

（8）脱硫效率高，可达 90％以上。

108. CFB 技术的特点是什么？

答：CFB 技术的特点如下：

（1）固体吸收剂粒子停留时间长。

（2）固体吸收剂与 SO_2 间的传热传质交换强烈。

（3）脱硫效率高，对高硫煤（含硫 3％以上）也能达到 90％以上的脱硫效率。

（4）由于床料循环利用，从而提高了吸收剂的利用率，在相同的脱硫效率下，与传统的半干法比较吸收剂可节约 30％。

（5）操作简单，运行可靠。反应温度可降低至烟气露点附近。

（6）结构紧凑，循环流化床反应器不需要很大的空间，可实现大型化。

（7）脱硫产物以固态排放。

（8）无制浆系统。

（9）对改造工程的电除尘器无需改造。

109. 什么是炉内煅烧循环流化床烟气脱硫技术?

答：炉内煅烧循环流化床烟气脱硫是在借鉴烟气循环流化床脱硫技术的基础上，其最大的特点是选用价格低廉的石灰石作为脱硫剂，脱硫剂适应性强，同时可与锅炉节能改造相配合，以提高热效率。

110. 炉内煅烧循环流化床烟气脱流技术的特点是什么?

答：炉内煅烧循环流化床烟气脱流技术的特点如下：

（1）固体吸收剂与 SO_2 间的传热传质交换强烈。

（2）通过床料在床内反混及外置分离器可实现颗粒多次循环，提高脱硫剂的利用率。

（3）与电除尘器一体化设计，保证设备的精简性。

（4）采用石灰石为脱硫剂，具有非常强的适应性。

（5）与锅炉节能改造同时进行，可提高锅炉的效率，并进一步降低脱硫系统的运行成本。

111. 试比较干法脱硫和湿法脱硫的优缺点。

答：（1）脱硫的原料和工艺不同。干法脱硫剂的主要成分是生石灰和水配制成的乳状脱硫剂，对烟气进行逆流或顺流喷淋，生成石膏经过除尘和固体回收就脱硫了。

（2）干法脱硫效率比湿法脱硫效率低，一般干法脱硫效率为 70% 左右，湿法脱硫效率可达 90% 左右。

（3）湿法脱硫分为好多种，大概原理就是在烟气经过碱性溶液水洗，烟气中的 SO_2 被溶液吸收，生成亚硫酸盐溶液再氧化生成硫酸盐，结晶后生成脱硫副产品。但最大难题是腐蚀问题，至今难以克服。

<h2 style="text-align:center">第三节 半干法烟气脱硫技术</h2>

112. 什么是半干法烟气脱硫技术？

答：半干法烟气脱硫技术的特点是反应在气、固、液三相中进行，利用烟气显热蒸发吸收液中的水分，使产物为干粉状。

113. 半干法烟气脱硫技术有几种？

答：半干法烟气脱硫技术分类如下：

(1) 旋转喷雾干燥法。用于中低硫煤的中小容量机组。

(2) 炉内喷钙尾部增湿活化法。在空气预热器与除尘器之间加装一个活化反应器并喷水增湿，促使脱硫反应的进行。使脱硫效率达到 70%～75%。

(3) 烟气循环流化床脱硫技术。脱硫效率达 93%～95%。

(4) 增湿灰循环脱硫技术。将消石灰粉与除尘器收集的循环灰在混合增湿器内混合，加增湿至 5% 的含水量，导入烟道反应器内发生脱硫反应。

114. 半干法烟气脱硫的工艺原理是什么？

答：半干法烟气脱硫的工艺原理是：脱硫剂与烟气在脱硫塔中混合接触，同时喷入雾化水，烟气中的 SO_2 与脱硫剂充分接触，生成硫酸钙和亚硫酸钙，脱硫产物和烟气经除尘器气固分离（通常为布袋除尘器）。

115. 半干法烟气脱硫采用什么脱硫剂？

答：采用符合粒度要求的粉状消石灰 $[Ca(OH)_2]$、生石灰 (CaO) 或生石灰块；石灰粉粒度宜在 0～2mm，平均粒度 100～500μm，CaO 含量应大于 80%；生石灰的活性应满足加适量水后 4min 温度升高 60℃ 的要求。

116. 半干法烟气脱硫的化学反应方程式是什么？

答：化学反应方程式为：

$$SO_2+Ca(OH)_2+(O_2)\rightarrow CaSO_3/CaSO_4+H_2O$$
$$SO_3+Ca(OH)_2\rightarrow CaSO_4+H_2O$$
$$2HCl+Ca(OH)_2\rightarrow CaCl+H_2O$$
$$2HF+Ca(OH)_2\rightarrow CaF_2+H_2O$$

117. 半干法烟气脱硫有哪些副产物?

答: 脱硫副产物为 $CaSO_3$、$CaSO_4$、CaF_2、$CaCl_2$ 等成分组成的干态粉状料,其大致成分:$CaSO_4+1/2H_2O$ 占 30%;$CaSO_3+1/2H_2O$ 占 50%;$Ca(OH)_2$ 占 8%;$CaCl_2+2H_2O$ 占 6%;CaF_2 占 2%;其他占 4%。

118. 半干法烟气脱硫的工艺特点是什么?

答: 半干法烟气脱硫的工艺特点如下:

(1)工艺简单、技术成熟、运行成本低。

(2)对 SO_3、HCl、HF 等酸性物具有极高的脱除率,几乎是 100% 的完全脱除。

(3)满足日益严格的颗粒物排放要求。

(4)可预留活性炭添加接口,添加活性炭可进一步脱除二噁英、Hg 及重金属元素。

(5)不需要防腐处理,不存在湿烟囱现象。

(6)特别适用于中、小低硫燃煤钴炉垃圾焚烧炉烟气处理。

119. 什么是循环流化床脱硫工艺?

答: 循环流化床脱硫是以循环流化床原理为基础,通过物料的循环利用,在反应塔内吸收剂、吸附剂、循环灰形成浓缩的状态,并向反应塔中喷入水,烟气中多种污染物在反应塔内发生化学反应或物理吸附,净化后的烟气进入除尘器,进一步净化,再用引风机将烟气排入烟囱;从除尘器落下的灰尘一部分送往反应塔,一部分送往副产物灰仓,如图 3-2 所示。

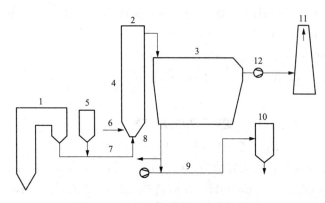

图 3-2　循环流化床脱流工艺流程图

1—CFB锅炉；2—脱硫反应塔；3—布袋除尘器；4—循环流化床；5—吸收剂仓；6—水；

7—除渣床；8—物料再循环；9—排放；10—副产物灰仓；11—烟气；12—引风机

120. 什么是旋转喷雾干燥（SDA）吸收脱硫工艺？

答：旋转喷雾干燥法脱硫是以石灰粉（CaO）为脱硫剂，经消化并加水制成消石灰乳［Ca(OH)$_2$ 浆液］，用泵打入吸收塔内的雾化装置。雾化为细小液滴与烟气混合接触，与 SO$_2$ 反应生成 CaSO$_3$ 和 CaSO$_4$，烟气中的 SO$_2$ 被脱除。而细小液滴的水分被蒸发干燥，烟气温度下降。脱硫反应产物和脱硫灰随烟气带出吸收塔，进入除尘器被收集下来，部分从塔底部排出，再循环送回制浆系统，脱硫后的烟气经除尘器除尘后排放。旋转喷雾干燥法脱硫工艺流程如图 3-3 所示。

121. 什么是 NID 脱硫工艺？

答：NID（novel integrated desulfurization）脱硫工艺分干法和半干法脱硫两类。干法脱硫是将脱硫剂喷入炉内，最终反应物是干态的；半干法脱硫是把石灰浆喷入烟气，生成亚硫酸钙，即增湿灰循环脱硫，是利用生石灰（CaO）作为吸收剂吸收 SO$_2$ 和其他酸性气体，其循环物料量比传统的半干法大，水分均匀分布在物料表面，形成大的蒸发表面积，循环灰的干燥时间大大缩短，

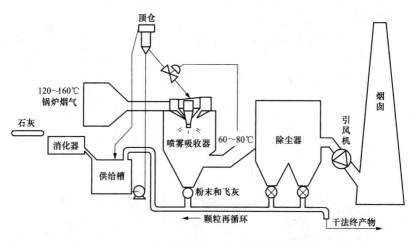

图 3-3 旋转喷雾干燥法脱硫工艺流程

从而提高了脱硫效率，减小了占地面积。其工艺流程如图 3-4
所示。

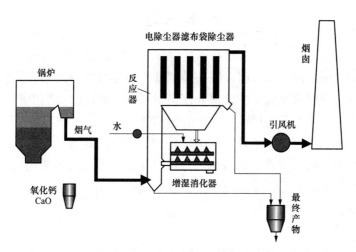

图 3-4 NID 半干法脱硫工艺流程图

122. 什么是密相干塔脱硫工艺？

答：图 3-5 表示了密相干塔脱硫工艺流程图。

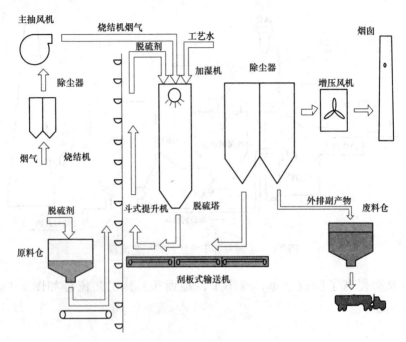

图 3-5　密相干塔脱硫工艺流程图

　　密相干塔半干法脱硫技术的主要工艺流程是：经预除尘的烧结烟气由主抽风机后引入脱硫塔顶部，与经过加湿活化后的脱硫剂石灰一起从脱硫塔的顶部并流向下流动，在流动过程中石灰与水、SO_2 进行系列反应，净化后的烟气经布袋除尘器和增压风机返回主抽风机后的烟道，从烟囱外排。反应后的物料经脱硫塔和收尘器底部灰斗送入刮板机，然后经斗提送入加湿活化机，完成灰系统的循环，少部分失去活性的脱硫灰作为脱硫副产物排出系统。

123. 什么是悬浮式增湿灰循环脱硫工艺？

　　答：悬浮式增湿灰循环脱硫工艺流程图如图 3-6 所示。

　　悬浮式增湿灰循环脱硫技术是从锅炉的空气预热器出来的烟气，经过一级电除尘及引风机后，在降温和增湿的条件下，烟

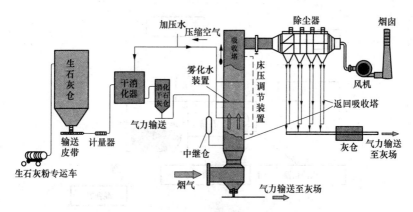

图 3-6 悬浮式增湿灰循环脱硫工艺流程图

气中的 SO_2 和吸收剂反应生成亚硫酸钙，干燥的循环灰被除尘器从烟气中分离出来，再输送给混合器，经增湿及混合搅拌进行再循环，净环后的烟气经过引风机排往烟囱（该烟气温度比露点高15℃，故无需加热）。

124. 什么是干消化器？

答： 在图 3-7 中设置了干消化器，该设备是将生石灰 CaO 在消化器内分两级消化，第一级 CaO 与水相混合并发生消化反应设有温度控制；第二级完成彻底的消化，并使已消化的熟石灰溢流至混合器。根据 SO_2 的浓度及要求的脱硫效率来控制加入的石灰量，测得的石灰流量及消化器温度用以控制消化水加入量。

125. 半干法脱硫的应用场合有哪些？

答： 半干法脱硫的应用场合有生活垃圾焚烧净化100％；危固垃圾焚烧净化100％；钢铁烧结机脱硫50％；北方缺水地区的供热或热电联产机组30％～50％；中小型燃煤锅炉；工业窑炉脱硫；市场占有率8％～13％。

大中型火电机组基本上无市场。

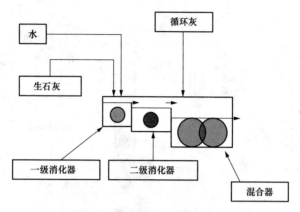

图 3-7　干消化器的工艺流程图

第四节　湿法烟气脱硫技术

126. 什么是湿法烟气脱硫技术？

答：湿法烟气脱硫技术是脱硫过程在溶液中进行，脱硫剂和脱硫生产物均为湿态，脱硫的反应温度低于露点。其过程是气液反应，脱硫反应速度高、脱硫效率高、钙利用率高，适用于大型电厂钴炉的烟气脱硫。

127. 湿法烟气脱硫技术有几种？

答：湿法烟气脱硫技术有：

（1）石灰石-石膏湿法。这是目前应用最广泛、最成熟的烟气脱硫技术。占全部脱硫设备容量的 70%。它以石灰石为脱硫吸收剂，经过向吸收塔内喷入吸收剂浆液，与烟气充分接触、混合，使烟气中的 SO_2 与浆液中的 $CaCO_3$ 及送入的空气发生化学反应，生成石膏，完成脱硫的目的。

（2）海水法。它是利用海水的碱度脱除烟气中的 SO_2，在吸收塔内，用海水喷淋洗涤塔内的烟气，其含有的 SO_2 被海水吸收而除去。再经曝气池处理，使 SO_2^{2-} 被氧化成为稳定的 SO_4^{2-} 后排入大海。

（3）氨法。采用氨水作为脱硫吸收剂，副产品为硫酸铵化肥，可除去全部的 SO_2，电耗低。

（4）氧化镁法。采用 MgO 作为脱硫吸收剂，将 MgO 制成 $Mg(OH)_2$ 过饱和熔液，打入吸收塔与烟气充分接触，使 $Mg(OH)_2$ 与 SO_2 反应生成 $MgSO_3$。其脱硫效率为 95％以上。

128. 石灰石湿法烟气脱硫装置的特点是什么？

答：石灰石湿法烟气脱硫装置的特点如下：

（1）烟气脱硫效率高，大于 95％。

（2）钙硫比低，不大于 1.05，吸收剂利用率高。

（3）系统简单，装机容量大，设备利用率高，技术成熟可靠，技术进步快。

（4）适用煤种广，烟气量范围大，可与大型燃煤机组单元匹配。

（5）石灰石吸收剂来源广，资源丰富，价格便宜，破碎磨细简单。

（6）脱硫副产品为石膏，可用于生产建材产品和水泥缓凝剂等，不产生二次污染。

（7）脱硫装置比较复杂，占地面积较大，初投资较高。

（8）厂用电率较高，需要脱硫废水处理设备。

129. 试述石灰石-石膏湿法烟气脱硫装置的构成。

答：石灰石-石膏湿法烟气脱硫装置由石灰石浆液制备系统、SO_2 吸收系统、烟气系统、石膏脱水及储存系统、废水处理系统、公用系统、事故浆液排放系统和电气与监测控制系统 8 个部分组成，如图 3-8 所示。

130. 什么是石灰石浆液制备系统？

答：石灰石浆液制备系统是制备并为吸收塔提供满足要求的石灰石浆液，包括石灰石储仓、湿式球磨机、石灰石浆液罐和浆液泵。它是将石灰石破碎与水混合，磨细成粉状，制成吸收浆液

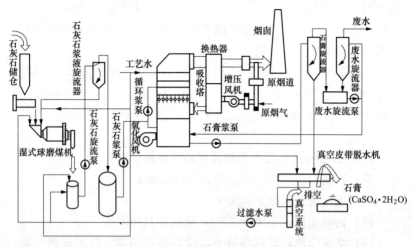

图 3-8　石灰石-石膏湿法烟气脱硫装置

并储存在吸收剂浆罐中，再用浆液泵送到吸收塔底部浆罐中。

131. 什么是 SO₂ 吸收系统?

答: SO₂ 吸收吸统是通过石灰石浆液吸收烟气中的 SO₂，包括吸收塔石灰石浆液循环泵氧化风机和除雾器等。它是吸收 SO_2^2 并生产亚硫酸产物，氧化空气将其氧化，并以石膏的形式结晶析出。用除雾器将烟气中的液滴除去。

132. 什么是烟气系统?

答: 烟气系统是为脱硫系统提供烟气通道，进行烟气脱硫装置的投入，降低吸收塔入口烟气温度，提升净烟气的排烟温度，包括烟道挡板、烟气换热器和增压风机。它是将原烟气经增压风机提升压头，进入烟气换热器降温，再进入吸收塔，烟气中的 SO₂ 被喷淋浆液吸收，再将液相烟气经过除雾器除去液滴，返回烟气换热器加热，由烟囱排向大气。

133. 什么是石膏脱水和储存系统?

答: 石膏脱水及储存系统是将来自吸收塔的石膏浆液浓缩脱

水，生产副产品石膏，并储存和外运，包括石膏浆液排出泵、石膏浆液箱、石膏浆液泵、废水旋流器、真空皮带脱水机和石膏储仓等。它是将吸收塔底部反应罐的 SO_2 浆液，用循环浆泵与补充的石灰石浆液泵从喷淋系统喷出，洗涤烟气中的 SO_2，混合浆液沉淀析出。喷入压缩空气，使已吸收的 SO_2 转化成硫酸盐，以石膏的形式沉淀析出。

134. 什么是废水处理系统？

答： 废水处理系统是用于处理脱硫系统的废水，以满足排放的要求。包括氢氧化钙制备和加药设备、澄清池、絮凝剂加药设备、过滤水箱、絮凝箱、沉降箱和澄清器等。

135. 什么是公用系统？

答： 公用系统是为脱硫系统提供各类用水和控制用汽，包括工艺水箱、工艺水泵、工业水泵、冷却水泵和空气压缩机等。

136. 什么是事故浆液排放系统？

答： 事故浆液排放系统是用于储存脱硫装置大修或发生故障时由脱硫装置排出的浆液。包括事故浆液储罐、地坑、搅拌器和浆液泵等。

137. 什么是电气与监测控制系统？

答： 电气与监测控制系统是为系统提供动力和控制用电；用 DCS 系统控制全系统的启停运行工况调整连锁保护异常情况报警和紧急事故处理；使用在线仪表监测和采集各项运行数据，完成经济分析和生产报表。包括电气设备、控制设备和在线仪表等。

138. 湿法烟气脱硫对脱硫剂有什么要求？

答： 湿法烟气脱硫对脱硫剂的要求有：

（1）吸收能力高。对 SO_2 具有较高的吸收能力，提高吸收速率，减少吸收剂用量和设备体积并降低能耗。

（2）选择性好。只对 SO_2 具有良好的选择性能，确保对 SO_2 具有较高的吸收能力。

（3）挥发性低，无毒，不易燃烧，化学稳定性好，凝固点低，不发泡，易再生，黏度小，比热容小。

（4）不腐蚀或腐蚀小，减少设备投资和维护费用。

（5）来源丰富，容易得到，价格便宜。

（6）便于处理及操作，不易产生二次污染。

139. 什么是脱硫效率？

答： 脱硫效率是指脱硫装置脱除 SO_2 的量与未经脱硫前烟气中所含 SO_2 量的百分比，即

$$\eta = (c_{SO_2} - c'_{SO_2})/c_{SO_2} \times 100\%$$

式中　　c_{SO_2}——脱硫前烟气中 SO_2 的折算浓度（过量空气系数燃煤取 1.4，燃油、燃气取 1.2），mg/m^3；

c'_{SO_2}——脱硫后烟气中 SO_2 的折算浓度（过量空气系数，燃煤取 14，燃油、燃气取 1.2），mg/m^3。

140. 什么是吸收剂利用率？

答： 吸收剂利用率等于单位时间内从烟气中吸收的 SO_2 摩尔数除以同时间内加入系统的吸收剂中钙的总摩尔数，即

$$\eta_{Ca} = 已脱除 SO_2 摩尔数/加入系统中 Ca 摩尔数 \times 100\%$$

141. 什么是液气比？

答： 液气比是指吸收塔洗涤单位体积烟气（m^3）需要含碱性吸收剂的循环浆液体积，单位为 L/m^3。即 L/G＝再循环吸收浆液或溶液的流量（L/min）/吸收塔出口烟气流量（m^3/min），石灰石洗涤吸收塔的液气比控制在 $15L/m^3$ 左右。

142. 如何测量吸收塔浆液的 pH 值？

答： 吸收塔浆液的 pH 值对脱硫效率有重要影响，是一个主要的运行控制参数。测定浆液的 pH 值的位置布置在从反应罐氧化区

底部抽出浆液至脱水系统的管道上，也有的布置在混合了新鲜吸收剂浆液的循环浆管上或布置在扰动泵出口的管道上。前一种测得的浆液 pH 值比后一种约低 0.2。

143. 什么是钙硫比？

答：钙硫比又称吸收剂耗量比或称化学计量比。定义为脱硫塔内脱硫剂所含钙的摩尔数与烟气中所含 SO_2 的摩尔数的比例，钙硫比相当于洗涤每 1mol SO_2 需加入 $CaCO_3$ 的摩尔数。即 Ca/S ＝加入 $CaCO_3$ 的摩尔数/吸收塔进口烟气中 SO_2 摩尔数，Ca/S 反映单位时间内吸收剂原料的供给量，用浆液中吸收剂浓度来衡量，石灰石湿法脱硫工艺的 Ca/S 一般控制在 1.02～1.05。

144. 石灰石-石膏湿法烟气脱硫对脱硫塔有什么要求？

答：石灰石-石膏湿法烟气脱硫对脱硫塔要求脱硫塔具有持液量大、脱硫塔气和液间相对速度高、脱硫塔有较大的气液接触面积、脱硫塔的吸收区长、脱硫塔的气液接触时间长、脱硫塔的内部构件少、脱硫塔的压降小。

145. 石灰石-石膏湿法烟气脱硫技术中常用的吸收塔有几种？

答：石灰石-石膏湿法烟气脱硫技术中常用的吸收塔有填料塔（分格栅填料塔和湍球塔）、喷淋塔（又称空塔或喷雾塔，是一种主流塔型）、液柱塔、喷射鼓泡塔。

146. 什么是格栅填料塔？

答：格栅填料塔是早期的一种塔形，在塔内放置格栅填料，浆液循环泵将石灰石浆液送到喷嘴，浆液溢流到格栅上，烟气顺流进入吸收塔，在格栅上气流和浆液充分接触，完成二氧化硫的吸收过程，达到脱硫的目的。

147. 什么是湍球塔？

答：湍球塔是以气相为连续相的逆向三相流化床，在湍球塔的两层栅栏之间装有许多填料球，烟气由烟道进入塔的底部，吸收剂均匀喷淋小球，由于气液固三相接触，增强了气液两相的接触，达道高效脱硫和除尘的目的。

148. 填料塔有什么特点？

答：格栅填料塔的优点是采用溢流型喷嘴，循环泵能耗较低，喷嘴的磨损大为缓解；缺点是格栅容易被堵塞，需定期清洗，维护费用较高，而湍球塔具有处理烟气量大、稳定性好、吸收率高、占地面积小、造价低廉、操作容易、维护简单方便等特点，可用于各种条件下的烟气脱硫，但其阻力较大，需要定期更换填料球。

149. 什么是喷淋塔？

答：喷淋塔又称空塔或喷雾塔，是石灰石-石膏法工艺的主流塔型，其结构如图 4-4 所示。塔内分为喷淋区氧化区和除雾区，喷淋区的喷淋联管上装有很多雾化喷嘴，氧化区的功能是接受和储存脱硫剂，溶解石灰石，鼓风将 $CaSO_3$ 氧化成 $CaSO_4$，并结晶生成石膏。其工作过程是：石灰石浆液通过雾化喷嘴形成雾滴，均匀地喷淋于塔中，进入吸收塔的烟气与自由移动的液滴接触，净化后的烟气所带出的液滴由除雾器捕获。

150. 喷淋空塔有什么特点？

答：喷淋空塔具有压损小、吸收浆液雾化效果好、塔内结构简洁、不易结垢、堵塞及检修工作量小等优点。其缺点是脱硫效率受气流分布不均匀的影响较大，循环浆液泵的能耗较高，除雾较困难，对喷嘴制作精度耐磨和耐腐蚀性要求高。

151. 什么是喷淋-托盘吸收塔？

答：喷淋-托盘吸收塔是在喷淋空塔吸收区喷淋层的下部加装一层多孔合金托盘，如图 3-9 所示。

由图 3-9 可知，托盘在喷淋层和入口烟道上沿之间，托盘开孔孔径为 25～40mm，开孔率为 25%～50%，采用厚度为 3～6mm

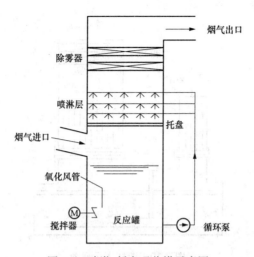

图 3-9 喷淋-托盘吸收塔示意图

的不锈钢制成。烟气和浆液在托盘孔中的流动是脉动式的。从而使气体流速得到均匀分布。

152. 喷淋-托盘吸收塔有什么特点？

答：喷淋-托盘吸收塔的特点有：能有效改善吸收塔内的烟气分布；能有效地降低液气比，提高了脱硫效率；可作为检修喷淋层的平台，减少维护时间。

153. 什么是液柱塔？

答：液柱塔的结构如图 3-10 所示，它由顺/逆流程的双塔组成，平行树立于氧化反应罐之上，顺流塔的横截面是逆流塔的 5 倍左右。在顺流塔顶部水平安装二级除雾器，塔内的下部均匀布置向上喷射的喷嘴。烟气先自上而下经过逆流塔，与向上喷射成柱状的脱硫剂浆液逆向进行气、液两相接触并与喷射后回落的高密度细微液滴进行同向传质和吸收。烟气从逆流塔流出经反应罐上部折转 180°，自下而上通过顺流塔，与向上喷射的液柱及向下回落的液滴再次进行气液两相高效接触，经除雾器除去烟气携带的液滴，流出吸收塔。

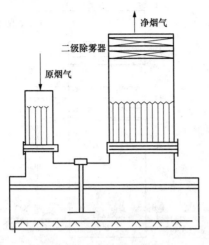

图 3-10　液柱塔示意图

154. 液柱塔有什么特点？

答：液柱塔的优点是：由与脱硫反应区域内是空塔，避免了塔内结垢或堵塞，同时，由于喷嘴的特殊设计，采用液柱喷射的方法，使得其喷嘴处比喷淋塔产生堵塞和结垢的可能要小得多。缺点是：液柱塔在对负荷适应性及运行的灵活性等方面考虑得不多，其造价相应较高。

155. 什么是喷射鼓泡塔？

答：喷射鼓泡塔技术是将 SO_2 的吸收氧化中和结晶及除尘等工艺过程合到一个单独的气-液-固相反应器中进行。这个反应器即为喷射鼓泡塔。其示意图如图 3-11 所示。

喷射鼓泡塔是借助增压风机的动力将烟气分散鼓入浆液中，形成一个气泡层，此时气体成分散相，浆液为连续相，以此来实现浆液对烟气中 SO_2 的吸收。

156. 喷射鼓泡塔有什么特点？

答：喷射鼓泡塔的特点有：降低了传质阻力，加快了反应速

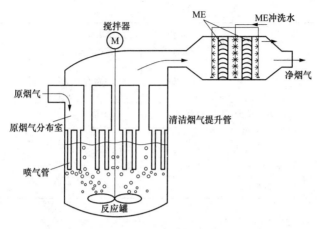

图 3-11　喷射鼓泡塔示意图

率；增大了装置的处理能力；不易结垢，不易堵塞，不易磨损；造价低，适应性强，除尘效率高；动力消耗大，烟气温度降低太多，设备需做防腐处理。

157. 试对各种脱硫塔进行比较。

答：前述的各种脱硫塔都各有优缺点及脱硫率，下面列表对各种脱硫塔进行比较，见表 3-1。

表 3-1　　　　　　　　　各种脱硫塔的比较

项目	喷淋空塔	顺流格栅填料吸收塔	喷射鼓泡塔（JBR）	液柱脱硫塔
原理	吸收剂浆液在吸收塔内经喷嘴喷淋雾化，在与烟气接触过程中，吸收并去除 SO_2	吸收剂浆液在吸收塔内沿格栅填料表面下流，形成液膜与烟气接触过程中，吸收并去除 SO_2	吸收剂浆液以液层形式存在，而烟气以气泡形式通过，吸收并去除 SO_2	吸收剂浆液由布置在塔内的喷嘴垂直向上喷射，形成液柱并在上部散开落下，在高效气液接触中，吸收并去除 SO_2

59

续表

项目	喷淋空塔	顺流格栅填料吸收塔	喷射鼓泡塔（JBR）	液柱脱硫塔
脱硫率（%）	＞95（逆流接触）	＞95	90左右	＞95
运行维护	喷嘴易磨损、堵塞，喷嘴易损坏，需定期检修更换	格栅易结垢、堵塞，系统阻力大；需经常清洗除垢	系统阻力较大，无喷嘴堵塞问题，运行稳定可靠	能有效防止喷嘴堵塞、结垢问题，运行较稳定可靠
自控水平	较高	高	较高	较高

158. 试述脱硫塔的选择原则。

答：脱硫塔的选择原则如下：

（1）要求低成本，高效率，操作简单。

（2）应符合脱硫反应传质的要求，有利于抑制副产品（吸收CO_2），降低能量消耗，系统控制，达到设计值。

（3）喷淋塔和格栅塔对喷嘴和填料要求较高，否则容易结垢和堵塞；喷射鼓泡塔和液柱塔避免了上述情况，液柱塔特别适用于较高粉尘烟气的脱硫。

（4）从喷淋塔到液柱塔的发展，体现了气液传质反应理论技术的进步。

159. 什么是单塔单循环技术？

答：单塔单循环技术就是一个吸收塔内形成一个循环回路，如图 3-12 所示。

在图 3-12 中是逆流喷淋空塔的示意图，烟气从吸收塔下部进入吸收区，塔的上部有喷淋层，循环泵从反应罐将吸收塔浆液抽除至喷淋层喷出，形成吸收 SO_2 的液体表面，含 SO_2 的烟气与石灰石浆液的雾滴接触时，SO_2 被吸收，生成亚硫酸盐，进入塔底部的浆池，浆池中设有搅拌器，在外加空气的强烈氧化和搅拌作用下，生成硫酸盐（$CaSO_4$），转化成石膏（$CaSO_4 \cdot 2H_2O$），含

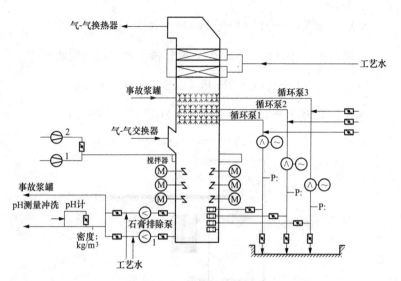

图 3-12 单塔单循环技术示意图

石膏、灰尘和杂质的吸收剂浆液被排入石膏脱水系统。

喷淋层上部布置有除雾器，去除烟气携带的液滴。

160. 什么是单塔双循环技术？

答： 单塔双循环技术是将循环浆液分为二级来对烟气进行脱硫。其示意图如图 3-13 所示。一级循环浆液来自吸收塔反应罐，经循环浆液泵送至循环喷淋母管。二级循环浆液来自吸收塔外单独的反应罐，经循环浆液泵送至循环喷淋母管。石灰石浆液分别补充到两个反应罐中。其中二级循环反应罐中石膏浆液流入吸收塔反应罐，一级循环反应罐中的石膏浆液排除到石膏处理系统。其化学反应为：

一级循环：（pH 值 4.5~5.2，有利于石灰石溶解）

$$SO_2 + CaCO_3 + \frac{1}{2}O_2 + 2H_2O = CaSO_4 \cdot 2H_2O + CO_2$$

$$CaSO_3 \cdot \frac{1}{2}H_2O + \frac{1}{2}O_2 + \frac{3}{2}H_2O = CaSO_4 \cdot 2H_2O$$

$$SO_2+CaCO_3 \cdot \frac{1}{2}H_2O+\frac{1}{2}H_2O=Ca(HSO_3)_2$$

二级循环：（pH 值 5.8～6.4，降低液气比，提高脱硫率）

$$SO_2+CaCO_3+\frac{1}{2}O_2+2H_2O=CaSO_4 \cdot 2H_2O+CO_2$$

$$SO_2+2CaCO_3+2H_2O=CaSO_3 \cdot H_2O+Ca(HSO_3)_2$$

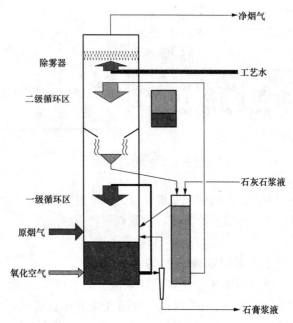

图 3-13 单塔双循环吸收塔示意图

161. 什么是单塔一体化脱硫除尘深度净化技术？

答：单塔一体化脱硫除尘深度净化技术是通过一个一体化吸收塔完成全部高效脱硫除尘过程，烟气自入口向上依次经过第二代高效旋汇耦合脱硫除尘装置、高效节能喷淋装置、离心管束式除尘装置实现超净排放，如图 3-14 所示。

（1）高效旋汇耦合脱硫除尘技术。该技术基于多相紊流掺混的强传质机理，利用气体动力学原理，通过特制的旋汇耦合装置产生气液旋转翻覆湍流空间，气液固三相充分接触，迅速完成传

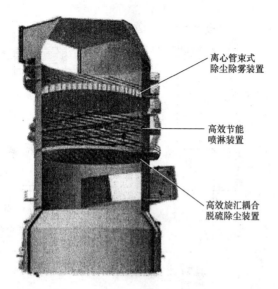

离心管束式
除尘除雾装置

高效节能
喷淋装置

高效旋汇耦合
脱硫除尘装置

图 3-14　单塔一体化脱硫除尘装置

质过程，从而达到气体净化的目的。

（2）高效节能喷淋技术。该技术是优化喷淋层结构，改变喷嘴布置方式，提高单层浆液覆盖率达到 300％以上，增大化学吸收反应所需的表面积，完成第二步的洗涤，实现降低 SO_2 至 35mg/m^3 以下。

（3）离心式管束式除尘除雾技术。该技术是采用分离器和加速器将含有大量细小液滴和颗粒的烟气聚集为大液滴和颗粒，实现气相的分离，并在不同流速下对雾滴进行脱除。

第五节　双塔双循环技术

162. 什么是双塔双循环技术？

答：双塔双循环技术是将两座吸收塔串联运行，中间通过联络烟道连接，如图 3-15 所示。每个吸收塔有独立的浆池，可各自设定 pH 值、密度等参数。实现分区控制，达到超低排放的要求。

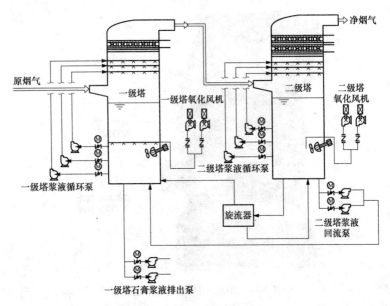

图 3-15　双塔双循环吸收塔示意图

163. pH 值是如何影响脱硫效率和石膏品质的？

答：一方面，浆液池的 pH 值影响 SO_2 的吸收过程。pH 值升高，由于浆液中有较多的 $CaCO_3$ 存在，液相传质系数增大，SO_2 的吸收速率增大，但不利于石灰石的溶解，且系统设备结垢严重。浆液 pH 值降低，虽利于石灰石的溶解，但 SO_2 的吸收速率减小。

另一方面，pH 值还影响石灰石 $CaSO_4$ 和 $CaSO_3$ 的溶解度。当 pH 值升高，$CaSO_4$ 溶解度明显下降，$CaSO_3$ 的溶解度变化不大。pH 值一般控制在 $5\sim6$ 之间，这样可得到较为理想的脱硫率。

164. 双塔双循环技术的主要特点是什么？

答：双塔双循环技术的主要特点为：

（1）两个系统浆液性质分开后，可以满足不同工艺阶段对不同浆液性质的要求，更加精细地控制了工艺反应过程，用于高含硫量的项目或者对脱硫效率要求特别高的项目非常适合。

（2）两个循环过程的控制是独立的，避免了参数之间的相互制约，可以使反应过程更加优化，以便快速适应煤种的变化和负荷变化。

（3）高 pH 值的 Quench 循环可以保证吸收剂的完全溶解以及很高的石膏品质，并大大提高氧化效率，降低氧化风机电耗。

（4）对 SO_2 含量的小幅度变化和短时大幅度变化适应性强。

（5）可以去除烟气中的杂质，包括部分 SO_2、灰尘、HCl 和 HF。杂质对二级循环多的反应影响将大大降低，提高二级循环效率。

（6）石灰石的流向为先进入二级循环再进入一级循环，两级工艺延长了石灰石的停留时间，特别是在一级循环中 pH 值很低，实现了颗粒的快速溶解，可以使用品质稍差和粒径较大的石灰石，降低磨制系统电耗。

第六节　其他的烟气脱硫工艺

165. 什么是海水脱硫？

答：自然界海水呈碱性，海水对 SO_2 具有很强的吸收和中和能力，SO_2 被海水吸收后，经过曝气氧化，最终产物为可溶性硫酸盐。

166. 试述海水脱硫的基本原理。

答：由于海水呈碱性，碱度为 1.2～2.5mmol/L，因而可用来吸收 SO_2 达到脱硫的目的。海水洗涤 SO_2 发生如下反应：

$$SO_2 + H_2O \longrightarrow H_2SO_3$$
$$H_2SO_3 \longrightarrow H^+ + HSO_3^-$$
$$HSO_3^- \longrightarrow H^- + SO_3^{2-}$$

生成的 SO_3^{2-} 使海水呈酸性，不能立即排入大海，应鼓风氧化后排入大海，即

$$SO_3^{2-} + \frac{1}{2}O_2 \longrightarrow SO_4^{2-}$$

生成的 H^+ 与海水中的碳酸盐发生反应：

$$H^+ + CO_3^{2-} \longrightarrow HCO_3^-$$

$$HCO_3^- + H^+ \rightarrow H_2CO_3 \longrightarrow CO_2 + H_2O$$

产生的 CO_2 应驱赶尽，因此必须设曝气池，在 SO_3^{2-} 氧化和驱尽 CO_2 并调整海水 pH 值达标后才能排入大海。净化后的烟气再经过加温后，由烟囱排出。海水脱硫的优点是吸收剂使用海水，没有吸收剂制备系统，吸收系统不结垢不堵塞，吸收后没有脱硫渣生成，不需要灰渣处理设施。脱硫率高达 90%。

167. 试述海水脱硫的系统组成。

答：海水脱硫系统由烟气系统、SO_2 吸收系统、供排水系统、海水恢复系统、电气及仪表控制系统等组成。

168. 海水脱硫工艺的流程是什么？

答：海水脱硫工艺的流程是：烟气从锅炉排出经除尘器后，由增压风机送入气-气热交换器降温侧，进入吸收塔，在吸收塔中烟气被部分海水洗涤，烟气中的 SO_2 被吸收，净化后的烟气经过气-气交换器加热升温，经烟囱排入大气；吸收塔排出的废水排入曝气池，与海水混合。大量空气由鼓风机鼓入，对混合的海水进行强制氧化，除去亚硫酸根。待海水的水质合格后，排入指定海域。

169. 什么是炉内喷钙加尾部增湿活化硫法？

答：该工艺多以石灰石粉为吸收剂，将石灰石粉磨至 300 目左右，用压缩空气喷入炉内最佳温度区（850～1150℃），使石灰石粉与烟气接触良好和反应时间足够，石灰石粉受热分解成高活性的 CaO，与烟气中的 SO_2 反应生成亚硫酸钙和硫酸钙。在空气预热器后进行喷水调湿，烟气中的 CaO 和水反应生成 $Ca(OH)_2$，固硫与水雾滴蒸发，大部分反应物颗粒被电除尘器捕集，其余从活化器底部分离，电除尘器下的灰一部分再循环进入活化器。

170. 什么是电子束法烟气脱硫？

答：该法工艺由烟气冷却、加氨、电子束照射、粉体捕集四道工序组成。温度为150℃左右的烟气经预除尘后再经冷却塔喷水冷却到 60～70℃，在反应室前端根据烟气中的 SO_2 和 NO_x 的浓度调整加入氨的量，然后混合气体在反应器中经电子束照射，排气中的 SO_2 和 NO_x 受电子束强烈氧化，在很短时间内被氧化成硫酸和硝酸分子，并与周围的氨反应生成微细的粉粒，粉粒经集尘装置收集后，洁净的气体排入大气。

该工艺能同时脱硫脱硝，具有进一步满足我国对脱硝要求的潜力；系统简单，操作方便，过程容易控制，对烟气成分和烟气量的变化具有较好的适应性和跟踪性；副产品为硫铵和硝铵混合肥，对我国缺乏硫资源，每年要进口硫黄制造化肥的情况有吸引力。该法可在大电站脱硫脱硝同时进行时使用，在国内外已得到应用。其脱硫率可达90％。

171. 什么是双碱法脱硫？

答：双碱法是利用钠碱吸收 SO_2、石灰处理和再生洗液，取碱法和石灰法二者的优点而避其不足。该法的操作过程分三个阶段：吸收、再生和固体分离。吸收用的碱是 $NaOH$ 和 Na_2CO_3，其反应如下：

$$Na_2CO_3 + SO_2 \longrightarrow Na_2SO_3 + CO_2$$
$$2NaOH + SO_2 \longrightarrow Na_2SO_3 + H_2O$$

在再生过程中的第二种碱用石灰，反应如下：

$$Ca(OH)_2 + Na_2SO_3 + H_2O \longrightarrow 2NaOH + CaSO_3 + H_2O$$
$$Ca(OH)_2 + Na_2SO_3 + 2O_2 + 2H_2O \longrightarrow 2NaOH + CaSO_3 \cdot 2H_2O$$

$NaOH$ 可循环使用。

172. 双碱法的优缺点是什么？

答：双碱法的优点是生成固体的反应不在吸收塔中进行，这样避免了塔的堵塞和磨损，提高了运行的可靠性，降低了操作费用，提高了脱硫效率。其缺点是多了一道工序，增加了投资。

第四章

氮氧化物的控制

第一节 氮氧化物的生成和特性

173. 氮氧化物是如何生成的?

答:氮氧化物的生成来源于大气和人为活动两方面:大气中天然排放的氮氧化物主要来自土壤和海洋中有机物分解;人为活动排放主要来自煤炭的燃烧过程,汽车尾气和天然气、石油燃烧的废气含有氮氧化物,化肥的使用也会产生氮氧化物。电力工业的发展和汽车数量的增多,氮氧化物的排放量将越来越大,对大气的污染越来越严重。其中火电发电是最大的来源,约占 36%。

174. 氮氧化物的特性是什么?有什么危害性?

答:NO 是无色、无刺激气味的不活泼气体,在大气中它会迅速被氧化为 NO_2,NO_2 是棕红色有刺激臭味的气体,NO_x 可刺激肺部,使人较难抵抗感冒之类的呼吸系统疾病,对人类危害最大的是 NO_2。

NO_x 还可危害植物,造成农作物的减产和死亡。

NO_x 对材料的腐蚀作用是由反应产物硝酸盐和亚硝酸盐引起的,同时使某些织物的染料褪色。加速橡胶制品老化,腐蚀建筑物和衣服,缩短其使用寿命。

NO_x 也破坏大气的臭氧层,它将增加紫外线的辐射,引起皮肤病白内障及免疫系统的疾病等。

NO_x 形成的酸雨污染将造成巨大的经济损失。

第二节　氮氧化物的燃烧控制

175. 试述煤燃烧生成的 NO_x 有几种类型？

答： 煤燃烧生成的 NO_x 的类型如下：

（1）热力型 NO_x。这种 NO_x 主要由燃烧空气中的 N_2 与反应物 O 根和 OH 根以及分子 O_2 反应生成，即

$$N_2+O=NO+N$$
$$N+O_2=NO+O$$
$$N+OH=NO+H$$

（2）快速性 NO_x。这种 NO_x 主要是碳氢燃料在过量空气系数小于1的富燃料条件下，在火焰面内快速生成的 NO_x，它的生成量很少，在全部 NO_x 的5%以下。

（3）燃料型 NO_x。这种 NO_x 生成于燃料本身所含有的氮，在燃烧过程中经过氧化-还原反应生成的 NO_x，约占全部 NO_x 的80%。

176. 控制 NO_x 有几种方法？

答： 根据 NO_x 的产生机理，把 NO_x 的控制方法分为燃烧前、燃烧中和燃烧后三种。燃烧前脱硝主要是将燃料转化为低氮燃料，但成本太高；燃烧中脱硝主要是采用各种降低 NO_x 的燃烧技术，这是新建锅炉所采用的有效方法；燃烧后脱硝主要是采用烟气脱硝技术，其脱硝效率高，是当前主要发展方向。

177. 什么是分级燃烧技术？

答： 分级燃烧技术的基本思路是：形成缺氧富燃料区并降低局部高温区的温度，抑制生成 NO_x，减少燃料周围的氧浓度，加入还原剂还原已生成的 NO_x。低 NO_x 燃烧器是最常用的分级燃烧技术。

178. 低 NO_x 燃烧器有几种？

答： 根据降低 NO_x 的燃烧技术，低氮氧化物燃烧器大致分为

69

下列几类：阶段燃烧器、自身再循环燃烧器、浓淡型燃烧器、分割火焰型燃烧器、混合促进型燃烧器、低 NO_x 预燃室燃烧器。

179. 什么是阶段型燃烧器？

答：最简单的阶段型低氮燃烧器如图 4-1 所示。这类燃烧器一般采用空气进行分段供给，如图 4-1 所示；也有燃料进行分段供给的，其效果比空气分段供给更好些。

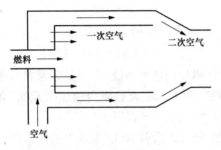

图 4-1　阶段型低氮燃烧器

180. 什么是自身再循环燃烧器？

答：自身再循环燃烧器也称为烟气自身再循环燃烧器，其结构如图 4-2 所示。这类燃烧器是利用燃气和空气的喷射作用将烟气吸入，使烟气在燃烧器内循环，由于烟气混入，降低燃烧过程氧的浓度，降低燃烧温度，防止局部高温产生和缩短了烟气在高温

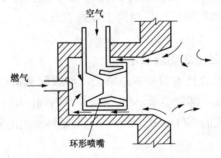

图 4-2　烟气自身再循环燃烧器

区停留时间。

181. 什么是浓淡型燃烧器?

答:浓淡型低 NO_x 燃烧器如图 4-3 所示,在其一次风道内加装具有高浓缩比的煤粉浓缩器,一次风粉混合物经浓缩器后分离成浓煤粉和淡煤粉,浓煤粉经一次风道喷入炉膛,淡煤粉在一次风道外侧喷入炉膛,形成煤粉浓度径向不均匀分布;二次风分成旋流和直流,混合后经二次风道喷入炉膛,这种燃烧器把浓淡燃烧和分级燃烧有机结合,使 NO_x 排放量降低 30%~50%。

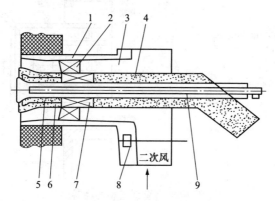

图 4-3 浓淡型低 NO_x 燃烧器

1—直流二次风;2—旋流器;3—旋流二次风道;4—一次风道;

5—浓一次风;6—淡一次风;7—煤粉浓缩器;

8—直流二次风挡板;9—点火装置

182. 什么是分割火焰型燃烧器?

答:分割火焰型燃烧器结构如图 4-4 所示。

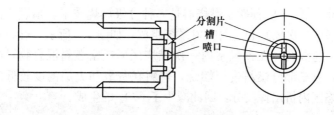

图 4-4 分割火焰型燃烧器

由图可见，这类燃烧器是在喷嘴处开数道沟槽将火焰分割成若干个小火焰，由于火焰小，散热面积大，燃烧温度降低和烟气在火焰高温区的停留时间短，抑制了氮氧化物的生成，一般可降低 40%。

183. 什么是混合促进型燃烧器？

答：混合促进型燃烧器的结构如图 4-5 所示。

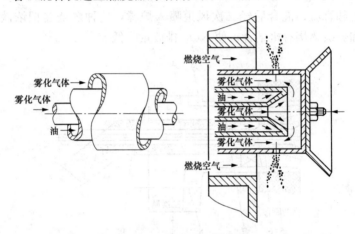

图 4-5 混合促进型燃烧器

由图 4-4 可见，由于燃料呈细流与空气垂直混合，故混合快而均匀，燃烧温度也均匀，若干小火焰组成很薄的钟形火焰，很快被冷却，燃烧温度低，烟气在高温区停留时间短，从而降低了 NO_x 的排放量。

184. 什么是低 NO_x 预燃室燃烧器？

答：低 NO_x 预燃室燃烧器是一种分级燃烧技术，预燃室由一次风（或二次风）和燃料喷射系统组成，如图 4-6 所示，燃料和一次风快速混合，在预燃室内一次燃烧区形成富燃料混合物，由于缺氧，只是部分燃料进行燃烧，燃料在贫氧和火焰温度较低的一次火焰区内析出挥发分，因此减少了 NO_x 的生成。

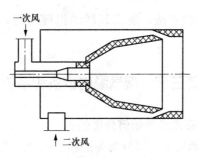

图 4-6 旋流式低 NO_x 预燃室燃烧器

185. 什么是空气分级燃烧技术?

答: 空气分级燃烧能从总体上减少 NO_x 排放,在富燃料燃烧阶段,氧气浓度低,燃烧速度和温度比过氧燃烧低,抑制了热力型 NO_x 的生成;而部分中间产物会将生成的 NO_x 还原成 N_2,使燃料型 NO_x 的排放减少,而新生成的 NO_x 因该区域温度低而生成量有限,故总体上 NO_x 的排放量明显减少。

186. 如何实现空气分级燃烧?

答: (1) 通过燃烧器设计实现空气分级。如采用直流燃烧器浓淡燃料燃烧技术;加装一次风稳燃体实现空气分级燃烧等。

(2) 通过炉膛布风实现空气分级燃烧,如图 4-7 所示。由于采

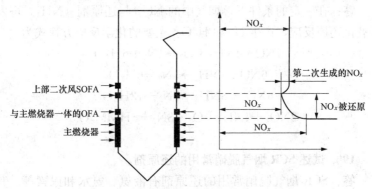

图 4-7 炉膛内空气分级燃烧系统布置

OFA—火上风(通入的空气);SOFA—二次风火上风

用通入剩余空气的方法，使富氧区的温度下降，限制了 NO_x 的生成。

第三节 烟气脱硝设备和系统

187. 烟气脱硝技术是如何分类的?

答：烟气脱硝技术可以分为湿法和干法两大类：

（1）湿法，是指反应剂为液态的工艺技术。通过氧化剂（O_2、$KMnO_4$）把 NO_x 氧化成 NO_2，再用水或碱性溶液吸收脱硝。包括臭氧氧化吸收法和 ClO_2 气相液相氧化吸收法。

（2）干法，是指反应剂为气态的工艺技术。包括选择性催化还原法（SCR）和选择性非催化还原法（SNCR）。

188. 什么是选择性催化还原法（SCR)?

答：SCR 技术的基本原理是：通过还原剂（如 NH_3）在适当温度并有催化剂存在的条件下，将烟气中的 NO_x 还原为无害的 N_2 和 H_2O 的一种脱硝方法。这种工艺之所以称为选择性，是因为还原剂优先与烟气中的 NO_x 反应，而不是被烟气中的 O_2 氧化。

189. 选择性催化还原法的化学反应方程式是什么?

答：在一定的条件下，烟气中的 NO_x 与还原剂（NH_3）可发生氧化还原反应，产生 N_2 和 H_2O。主要的化学反应方程式为

$$4NO+4NH_3+O_2 \rightarrow 4N_2+6H_2O$$
$$6NO+4NH_3 \rightarrow 5N_2+6H_2O$$
$$6NO_2+8NH_3 \rightarrow 7N_2+12H_2O$$
$$2NO_2+4NH_3+O_2 \rightarrow 3N_2+6HMM_2O$$

190. 试述 SCR 烟气脱硝常用的还原剂。

答：SCR 烟气脱硝常用的还原剂有液氨、氨水和尿素等。其中应用最广泛的是液氨，其次是尿素。

（1）液氨（NH_3）。液氨又名无水氨或气态氨，常温常压下呈

气态，气态氨无色，有刺激性气味，通常以加压液化的方式储存，液氨泄漏时，不易扩散，对人身安全造成危害。

（2）氨水。氨水是 20%～29% 的水溶液，较无水氨相对安全。氨水溶液呈弱酸性和强腐蚀性。泄漏时也对人体有害。

（3）尿素。其分子式为 $CO(NH_2)_2$，为白色或浅黄色颗粒，吸湿性较强，易溶于水，可作为氨的替代品当还原剂用。是无毒，无伤害的化学品。

191. 试说明脱硝还原剂的使用情况。

答： 制备氨的脱硝还原剂有尿素、纯氨（液氨）和氨水 3 种，不同还原剂的初投资、运行费用、危险性等有较大不同。其中氨水的建造以及运行成本较高，且存在一定的安全隐患，因此，自 20 世纪 90 年代以后，氨水已很少被用作脱硝还原剂。液氨和尿素被广泛采用。

192. 纯氨法是如何进行制氨的？

答： 液氨/纯氨由槽车送到液氨储罐，储罐输出的液氨在氨气蒸发器内经 40℃ 左右的温水蒸发为氨气，再将氨气加热至常温后，送至氨气缓冲罐备用。缓冲罐内的氨气经调压阀减压后，送至各机组的氨气/空气混合器中，与来自风机的空气充分混合后，通过氨喷射格栅喷入烟气中，与烟气混合后进入 SCR 催化反应器。

193. 尿素水解法是如何制氨的？

答： 运输卡车把尿素卸到卸料仓内，干尿素被直接从卸料仓送入混合罐。在混合罐中尿素经搅拌器搅拌至完全溶解，然后用循环泵将尿素溶液抽出来，这个过程不断重复，以维持尿素溶液存储罐的液位。经过滤后的溶液进入水解槽，在水解槽中，尿素溶液首先通过蒸汽预热器加热到反应温度，然后与水反应成氨和二氧化碳。

194. 尿素热解法是如何制氨的？

答： 此方法为美国燃料技术公司特有的制氨气法，系统将尿素溶液转换为氨和氨基产物，并将混合均匀的空气/氨混合气体以预定的流速、压力、温度输送到氨喷射格栅。

195. 试对液氨和尿素进行安全性比较。

答：液氨属于防火规范中的乙类液体，氨气与空气混合物的爆炸极限为 16%～25%（最易引爆浓度为 17%），氨和空气混合物达到上述浓度范围遇明火会燃烧和爆炸。液氨属于危险货物，在生产场所超过 40t，储存场所超过 100t 时构成重大危险源。存储纯氨时，因需要较高的压力，可能会产生泄漏，必须满足有关防火的规定，进行严格的管理。

尿素为一般的农业用肥料，十分安全，可以用火车或汽车运输，运输和储存不需要特别的安全措施。它作为还原剂在安全上具有明显优势。

196. 试对纯氨法和尿素法进行技术比较。

答：采用液氨法制备氨气系统简单技术成熟系统响应快无堵塞管道的危险。尿素水解法比尿素热解法的系统响应要差，存在管道堵塞的可能，见表 4-1。

表 4-1　　　　纯氨法和尿素法的技术比较

项目	尿素热解	尿素水解	液氨
技术成熟性	成熟	成熟	成熟
系统响应性	快	慢	快
系统复杂性	较复杂	较复杂	简单
产物分解程度	含约 25% 的 HNCO	含缩二尿等产物	无
管道堵塞	无	有	无

197. 如何选择 SCR 脱硝还原剂？

答：在 SCR 脱硝工程中，需要对还原剂进行合理的选择，纯氨法（液氨）和尿素法制备氨气都是较成熟的技术，都有较广泛的应用，但纯氨法系统更简单，纯氨法建造成本和运行成本都是最低的。如条件许可，宜采用纯氨为脱硝剂；外界条件不允许，如运输条件、存储条件受到限制时，可采用尿素法。

198. 试述世界 SCR 还原剂的使用情况。

答： SCR 的还原剂是氨，它存在于液氨、氨水和尿素之中。其使用情况如下：

20 世纪 70 年代，日本、韩国、中国台湾采用 90％液氨、10％氨水、10％尿素。

20 世纪 80 年代，欧洲采用 50％氨水、20％液氨、30％尿素。

20 世纪 90 年代，美国，新建 SCR 装置均使用尿素作为还原剂。

199. 试述脱硝系统的组成。

答： 烟气脱硝系统由氨气制备系统和脱硝反应系统两部分组成。氨气制备系统由液氨存储和供应系统组成，包括液氨卸料压缩机、液氨储槽、液氨蒸发槽、氨气缓冲槽、和氨气稀释槽、废水泵、废水池等；脱硝反应系统包括 SCR 催化反应器、喷氨系统、空气供应系统等组成。此外还有控制系统根据反应器入口 NO_x 的浓度调整喷氨量。

SCR 的其他辅助设备和装置主要包括 SCR 反应器的入口和出口的管路系统，吹灰装置等。

200. 试述 SCR 的工艺流程。

答： 图 4-8 为 SCR 系统的工艺流程图。其主要工艺流程是：公用系统制备的氨气输送至炉前，稀释风通过烟道内的涡流混合器与烟气进行充分、均匀的混合后进入反应器，在催化剂的作用下，氨气与烟气中的 NO_x 反应生成氮气和水从而达到除去氮氧化物的目的。脱硝系统的反应器是布置在省煤器与空气预热器之间，锅炉燃烧产生的飞灰将流经反应器。为防止反应器积灰，每层反应器入口布置有吹灰器，通过吹灰器的定期吹扫来清除催化剂上的积灰。

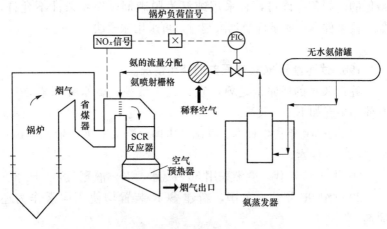

图 4-8　SCR 系统的工艺流程图

201. 试述公用系统氨气的制备系统和过程。

答：公用系统氨气的制备过程实际上是液氨的气化过程，液氨存储在液氨罐中，引自机组的蒸汽通过氨站蒸发器的加热器对液氨进行加热；液氨受蒸发气化成氨气，通过蒸发器后的调节阀可控制缓冲罐内的压力；蒸发器内的压力和温度可通过调节液氨调节门和蒸汽调节门来控制。

202. 什么是 SCR 脱硝系统的烟气系统?

答：图 4-9 表示了锅炉 SCR 脱硝系统装置基本流程图。从图可见，其烟气系统是指锅炉省煤器出口至 SCR 反应器本体入口、SCR 反应器本体出口至锅炉空气预热器进口之间的连接烟道。烟气系统主要包括烟道、SCR 反应器、催化剂、氨/空气混合器及涡流混合器、催化剂吹灰系统、灰斗等。

203. 什么是 SCR 反应器?

答：SCR 反应器本体是指烟气与 NH_3 混合后通过安装催化剂的区域产生反应的区间。SCR 反应器是还原剂与烟气中 NO_x 发生催化反应的容器，与尾部烟道相连。反应器内装催化剂，其外形

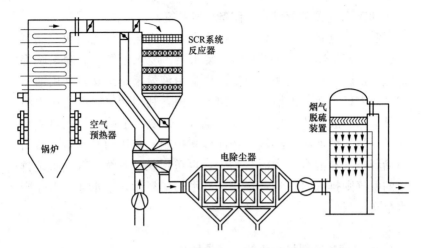

图 4-9　锅炉 SCR 脱硝系统装置基本流程图

为矩形立方体，四壁为侧板，并形成壳体，催化机分两层布置在壳体内，另外设置了一个预备层。

烟气中的氮氧化物（NO_x）与反应器的上游注入的氨气（NH_3）一起通过催化剂层，并将 NO_x 还原为水气（H_2O）和氮气（N_2）。

每台锅炉设两个独立的反应器，SCR 反应器应能承受运行温度 420℃不少于连续 5h 的考验，而不产生任何损坏和性能衰减。

204. SCR 的声波吹灰器是如何布置的？

答：SCR 本体采用声波吹灰器，布置在各层催化剂上部，声波吹灰器布置的数量根据其吹灰的有效空间而定，例如每个 SCR 反应器可以布置 8 台声波吹灰器，每层催化剂上布置 4 台吹灰器，预留层催化剂上部吹灰器在初期安装时先预留孔和汽源管路，在加装预留层时安装。

SCR 本体每层布置 8 台吹灰器，共 16 台吹灰器（单台锅炉）。

气源要求为 0.6～0.7MPa 检修用压缩空气；吹扫周期为 10min/次、吹扫频率为 10s/10min；作用范围为 8m。

205. 什么是液氨储存、制备供应系统？

答：液氨储存、制备、供应系统包括液氨卸料压缩机、储氨罐、液氨蒸发器、氨气缓冲罐、废水泵、废水池等。此套系统提供氨气供脱硝反应使用。液氨的供应由液氨槽车运送，利用液氨卸料压缩机将液氨由槽车输入储氨罐内，利用储氨罐中的压力将液氨输送到液氨蒸发器内蒸发为氨气，储氨罐上部氨气通过调节阀送入氨气缓冲罐，经氨气缓冲罐来控制一定压力及流量，然后与稀释空气在混合器中混合均匀，再送到脱硝系统。氨气系统排放的氨气则排入氨气稀释罐中，经水的稀释排入废水池，再经废水泵送至灰厂。

206. 液氨卸料压缩机的功能是什么？

答：卸料压缩机能满足各种条件下的要求。卸料压缩机抽取储氨罐中的氨气，经升压后将槽车的液氨推挤入液氨罐中。

207. 储氨罐的功能是什么？

答：每台炉液氨的储氨罐容量，应按照锅炉 BMCR 工况，在脱硝效率90%条件下，每天运行 20h，连续运行 7 天的消耗量考虑。储氨罐上安装有止回阀、紧急关断阀和安全阀，为储罐液氨泄漏保护所用。储罐还装有温度计、压力表、液位计、高液位报警仪和相应的变送器，将信号送到脱硝控制系统，当储罐内温度或压力高时报警。储槽有防太阳辐射措施，四周安装有消防水喷淋管线及喷嘴，当储罐体温度过高时自动淋水装置启动，对槽体自动喷淋减温；当有微量氨气泄漏时可启动自动淋水装置，对氨气进行吸收控制氨气污染。

208. 液氨蒸发器的功能是什么？

答：液氨蒸发器所需要的热量采用蒸汽加热来提供热量。供汽管路上装设调节阀将氨气压力和温度控制在一定范围，当压力大于 1.74MPa 切断辅汽；蒸发罐温度高 40℃ 保护切断辅汽供汽；使储氨罐上部氨气维持适当压力。蒸发罐也装有安全阀，可防止设备压力异常过高。液氨蒸发罐应按照 BMCR 工况下 2×100％容量设计。

209. 氨气缓冲罐的功能是什么？

答：从蒸发器蒸发的氨气进入储氨罐上部，储氨罐上部氨气通过调压阀减压成一定压力后进入缓冲罐，再通过氨气输送管线送到锅炉侧的脱硝系统。氨气缓冲罐能满足为 SCR 系统供应稳定的氨气，避免受蒸发器操作不稳定所影响。缓冲罐上设置有安全阀保护设备，起到安全保护作用。

210. 氨气稀释罐的功能是什么？

答：氨气稀释罐为一定容积水罐，水罐的液位由满溢流管线维持，稀释罐设计连接有罐顶淋水和罐侧进水以及蒸汽伴热。

液氨系统各排放处所排出的氨气由管线汇集后从稀释罐底部进入，通过分散管将氨气分散入稀释罐水中，利用大量水来吸收系统排放的氨气。

211. 氨气泄漏检测器的功能是什么？

答：液氨储存及供应系统周边设有 6 个氨气泄漏检测仪，以检测氨气的泄漏，并显示大气中氨的浓度。当检测器测得大气中氨浓度过高时，在机组控制室会发出警报，运行操作人员采取必要的措施，以防止氨气泄漏的异常情况发生。

212. 排放系统的功能是什么？

答：氨制备区设有排放系统，使液氨储存和供应系统的氨排放管路为一个封闭系统，将液氨系统各排放处所排出的氨气经由氨气稀释罐吸收成氨废水后排放至废水池，再经由废水泵送到灰场。

213. 氮气吹扫系统的功能是什么？

答：液氨储存及供应系统保持系统的严密性，防止氨气的泄漏和氨气与空气的混合造成爆炸是最关键的安全问题。本系统的卸料压缩机、储氨罐、氨气蒸发器等都备有氮气吹扫管线。在液氨卸料之前通过氮气吹扫管线对以上设备分别要进行严格的系统严密性检查和氮气吹扫，防止氨气泄漏和系统中残余的空气混合造成危险。

214. 仪表和控制系统的功能是什么？

答：脱硝系统的控制将纳入全厂的 DCS，实现以 DCS 操作员显示器为中心对脱硝系统进行监视和控制。脱硝工艺系统作为单元机组 DCS 系统的一个子站分别纳入到单元机组 DCS 系统进行控制。脱硝剂存储制备供应系统则作为公用 DCS 系统的一个远程 I/O 站纳入到公用 DCS 系统进行控制。就地不设操作员站，运行人员直接通过集控室中单元机组 DCS 操作员站完成对脱硝系统参数和设备的监控。

215. 注氨系统由哪些设备组成？

答：注氨系统由稀释风机、氨气/空气混合器、供氨母管和注氨格栅等设备组成。

216. 稀释风机的功能是什么？

答：氨的爆炸极限为 $16\%\sim25\%$，为了保证按注入烟道的绝对安全以及均匀混合，需要引入稀释风，将氨浓度降到爆炸极限以下，喷入反应器烟道的氨气为空气稀释后的不超过 5% 的混合气体。氨气稀释所需空气采用稀释风机提供。稀释风机应满足脱除烟气中 NO_x 最大值的要求，并留有一定的余量。

217. 氨气/空气混合器的功能是什么？

答：氨气在进入喷氨格栅前需要在氨气/空气混合器中充分混合，氨气/空气混合器有助于调节氨气浓度，同时有助于喷氨格栅中喷氨的均匀分布。

218. 注氨格栅的功能是什么？

答： 储存在液氨罐的高纯液氨经汽化器加热后，由液氨转化为气态氨，通过供氨管道送至催化反应器前的喷氨汇流管排上，最后由喷氨格栅均匀地注入反应器前的烟道。

注氨格栅（HAIG）是 SCR 系统中的关键设备。注入的氨气在烟道中分配的均匀性，直接关系到脱硝效率和氨的逃逸率。注氨格栅一般采用碳钢，布置在省煤器出口与催化反应器进口之间。

219. 为什么在催化还原反应中要加催化剂？

答： 在不加催化剂的条件时，其还原反应温度为 $850 \sim 1050℃$，当温度在 $1050℃$ 以上时，NH_3 会被氧化成 NO，而且 NO_x 的还原速度会很快降下来；当温度低于 $850℃$ 时，反应速度很慢，此时就要添加催化剂。

220. 催化剂的功能是什么？有哪些类型？

答： 所有催化剂的功能是一样的，都是在 SCR 反应中，促进还原剂选择性地与烟气中的氮氧化物在一定的温度下发生化学反应。催化剂有贵金属催化剂、金属氧化物催化剂、沸石催化剂和活性炭催化剂四类。用得最多的是氧化钛基系列催化剂 $[V_2O_5$-$WO_3(MoO_3)/TiO_2]$。

221. 什么是催化剂的失活？

答： 催化剂在使用过程中随着时间的延续，其活性会逐渐下降。从开始使用到不能使用的这段时间称为催化剂的寿命。催化剂活性和选择性下降的过程，称为催化剂的老化。此时催化剂失去了活性，称为催化剂失活。

222. 催化剂失活的过程分几种？

答： 催化剂失活的过程分 3 种：催化剂中毒失活；催化剂的热失活和烧结；催化剂积炭等堵塞失活。

223. 什么是催化剂中毒失活？

答： 催化剂的中毒失活是指催化剂的活性和选择性由于某种有害物质的影响而下降或丧失的过程。这是因为催化剂表面活性中心吸附了毒物，或进一步转化为较为稳定的表面化合物，因此钝化了活性中心，降低了活性或选择性，甚至完全丧失了活性。

224. 什么是催化剂的烧结和热失活？

答： 催化剂的烧结是指催化剂在高温下反应一定时间后，活性组分的晶粒长大，比表面积缩小。催化剂的热失活是指高温下使催化剂发生化学组成和相组成的变化。

225. 什么是催化剂的积炭失活？

答： 催化剂的积炭失活是指催化剂的表面逐渐形成炭的沉积物而使催化剂活性下降的过程。随着积炭量的增加，催化剂的比表面积孔容表面酸度及活性中心数都相应下降。积炭量达到一定程度后将导致催化剂的失活。

226. 什么是催化剂的再生？

答： 催化剂的再生是指催化剂经过使用活性下降到一定程度后，经过适当的处理，使其活性和选择性甚至机械强度得到恢复的一种操作过程。它是延长催化剂的使用寿命、降低生产成本的重要手段。

催化剂的再生是一种补救措施，它不可能频繁地、无止境地再生，最终还是要更换。

227. 催化剂再生的方法有几种？

答： 催化剂的再生方法有氧化烧炭法、补充组分法、洗涤法、可逆性中毒的再生法。

228. 什么是氧化烧炭法？

答： 氧化烧炭法是工业催化剂在积炭失活后普遍采用的一种

再生方法。通过将催化剂孔隙中的含碳沉积物氧化为 CO 和 CO_2 除去，即可恢复催化活性。但碳氢比较高的石墨形碳就比较难以氧化烧去。

229. 什么是补充组分法？

答： 对于那些因组分流失而失活的催化剂，最适宜的再生方法是针对失活催化剂补充所流失的组分，可以采用过量补充或适量补充，可以连续补充或一次性补充，可以在反应器内补充或卸出催化剂进行补充。

230. 什么是洗涤法？

答： 对于那些因催化剂表面被沉积的金属杂质、金属盐类或有机物覆盖引起失活的催化剂，可采用洗涤法将表面尘积物去除。洗涤的方法可根据表面沉积物的性质，或用水洗、酸洗、碱洗，或采用有机溶剂进行洗涤，也可采用超临界 CO_2 流体洗涤或超声波来强化洗涤效果。

231. 什么是可逆性中毒再生法？

答： 可逆性中毒的再生方法如下：

（1）毒物的解吸再生法。因为有些毒物在金属上是吸附是可逆的，通过减少或除去原料中的毒物浓毒，就有可能使中毒催化剂上的毒物解吸去除。

（2）还原再生法。对于一些金属催化剂，由于被进料流体中所含的微量氧逐渐氧化而失活，其再生处理时首先要从原料中除氧，然后在高温下用氢气使催化剂还原活化。

（3）氧化再生法。如果再生作用不包括解吸过程，通过催化剂被氧化的化学反应就会达到提高毒物的脱除速度。

（4）吹扫法。不很严重的积炭，有机副产物机械粉尘和杂质堵塞催化剂细孔或覆盖了催化剂表面活性中心，可以采用吹扫法加以去除。

（5）重新成型法。再催化剂再生过程中，对那些机械强度受到损坏的催化剂，可结合补充有效组分的再生手段，适当添加造孔剂进行重新成型。

232. 什么是整体式块状载体和催化剂？

答：整体式块状载体是一种具有连续而单一通道结构的载体，此载体往往具有许多平行的通道，通道的形状有六角形、方形、三角形和正弦曲线形状。通道的外形具有类似于蜂窝形状，称为蜂窝状载体。整体式块状催化剂即把催化剂组分以薄层的形式均匀地涂覆在具有一定空间结构的金属或陶瓷孔通道上，它具有较高的表面积、较低的压力和较短的扩散距离，能够有效提高反应效率。

233. 整体式块状催化剂的特点是什么？

答：（1）整体式块状催化剂的外形与极限传质转化率无关，可用于水平布置的反应器。

（2）整体式块状催化剂的几何表面积比颗粒催化剂的大，整体式催化剂床有很高的空隙率，其用量比颗粒状催化剂床少5%～50%。

（3）整体式块状催化剂无气体径向扩散，不存在径向传热。由于其绝热性，使放热反应的温度和反应速度迅速提高。

234. 试述催化剂活性成分 V_2O_5 的主要作用。

答：V_2O_5 是 SCR 商用催化剂中最主要的活性组分。钒的负载量可能不尽相同，但是通常不超过 1%（质量分数）。这是因为 V_2O_5 也能将 SO_2 氧化成 SO_3，这对 SCR 反应是不利的，因此钒的负载量不能过大。

235. 试述催化剂活性成分 TiO_2 的主要作用。

答：以 TiO_2 为载体负载 V_2O_5 催化剂所获得的活性是最高的。与其他氧化物载体相比，TiO_2 抗硫化能力强，且硫化过程可逆。以 TiO_2 为载体的 SCR 催化剂在反应中仅被 SO_2 部分硫化，而部分硫酸铵还会增强反应活性。

236. 试述催化剂活性成分 WO₃的主要作用。

答：WO₃的含量很大，有时高达 10%（质量分数），其主要作用是增加催化剂的活性和热稳定性。

237. 试述催化剂活性成分 MoO₃的主要作用。

答：在 SCR 反应中，加入 MoO₃能提高催化剂的活性，而另一个特殊的作用是防止烟气中的 As 导致催化剂中毒。

238. 用于 SCR 工艺的催化剂应具备哪些条件？

答：用于 SCR 工艺的催化剂应具备：活性高、脱硝效率高；二氧化硫氧化率低；氨的逃逸率低；抗中毒、抗磨损能力强；体积小，比表面大，经济型好。

239. 如何维护 SCR 催化剂？

答：（1）停机前用吹灰器清洁催化剂，如不能使用吹灰器时，采用真空吸尘器清除灰尘和杂物。

（2）在反应器低于最低操作温度前关闭氨喷射，确保所有催化剂在冷却周期内都大于最低温度。

（3）防止催化剂暴露于钻炉洗涤水、雨水或其他湿气，不得用水清洗催化剂。

（4）停用期间检查催化剂磨损和堵塞情况。

240. 试述 SCR 烟气脱硝工艺系统。

答：图 4-10 表示了 SCR 烟气脱硝工艺系统图。

从图 4-10 可见，烟气从锅炉省煤器出来后通过静态气体混合器至氨气喷氨格栅（AIG），氨气/空气混合气通过 AIG 均匀地喷射到 SCR 进口烟道内，与烟气中的 NO_x 充分混合，混合气体均匀地通过催化剂层，在催化剂作用下，NH_3 与 NO_x 发生还原反应，生成 N_2 和 H_2O 并随烟气通过空气预热器、电除尘器、脱硫岛经烟囱排放。

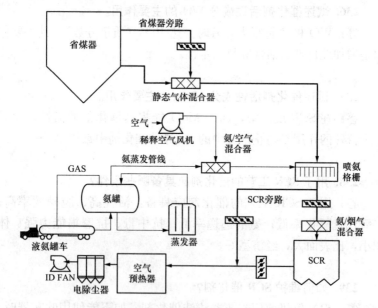

图 4-10　SCR 烟气脱硝工艺系统图

241. 试述 SCR 脱硝系统的启停。

答：（1）SCR 系统投运规定：SCR 反应器入口烟温大于305℃；消防水系统已投运正常。

（2）SCR 喷氨系统的投运：

1）通知氨制备站运行人员投入氨蒸发缓存系统；

2）SCR 反应器喷氨系统启动顺序：①确认烟气分析仪在工作；②确认储氨罐蒸发器工作正常；③检查关闭氨管线上排污和其他与大气相连的阀门关闭；④确认注氨气动阀关闭，切换氨流量控制器至"手动"，并关闭氨流量控制阀；⑤在氨喷入 SCR 系统前，检查氨喷淋格栅调整阀位置正确；⑥查喷淋格栅接临时压差手动门关；⑦确认锅炉运行正常，SCR 入口烟气温度高于305℃；⑧开启氨气流量控制阀前后手动门；⑨开启氨/空气混合器入口注氨气动门，逐渐开启氨气流量控制阀注入氨气；⑩确认氨设备和所有仪表准备就绪，氨气压力在设计值，开启 1/2 号氨缓冲罐出口氨气气动截止门和手动，开启储氨罐至氨缓冲罐气动关断门和调整门，调整氨缓冲罐压力稳定在 200kPa；⑪增加氨气流量达到设定的出口 NO_x，调节正常后，投入自动运行；⑫确认 SCR 系统运行正常。

242. 试述正常停运 SCR 系统的步骤。

答：正常停运 SCR 系统的步骤如下：

（1）在 SCR 入口烟温降至 305℃时必须停止喷氨。

（2）停止氨蒸发设备，关闭储氨罐至氨缓冲罐气动关断门。

（3）关闭氨缓冲罐出口气动门。

（4）解列氨/空气混合器入口流量调节阀自动关闭。

（5）关闭氨/空气混合器入口注氨气动门。

（6）通过检查氨气流量，分析 SCR 出口烟气成分特别是氨气浓度，确定氨气确已完全切断。

（7）声波吹灰器投入顺控，连续清灰直至脱硝催化剂冷却至 50℃以下。

（8）稀释空气风机保持运行，清洁氨/空气混合物，预防氨/空气混合物管线中烟气冷凝，直至引风机停运。

（9）如催化剂需冷却到冷凝点和酸露点温度以下时，必须在干燥无酸的环境下。

243. 试述 SCR 脱硝系统运行时调整注意事项。

答：（1）检查反应器的压差，最大可允许压降是 0.69kPa，检查 SCR 反应器吹灰系统运行正常，无报警。

（2）脱硝系统正常运行时，监视 SCR 反应器入口烟气温度在 305～400℃范围。

（3）监视 SCR 反应器出入口分析仪的 NH_3/NO_x 摩尔比控制在 0.9 左右，如增加 NH_3 流量而出口 NO_x 含量未明显降低时，解列自动或增加出口 NO_x 设定值，不得继续增加 NH_3 流量。

（4）监视稀释风机入口调节挡板开度正常，氨流量最大时，氨/空气混合器出口氨含量不超过 5%，否则应检查风机出力和入口调节挡板开度。

（5）监视空气预热器烟气出入口差压及其出口烟气温度变化，特别是在燃用高硫煤时，还应密切监视 SCR 出口氨含量以及脱硫装置入口 NO_x 的变化情况，采用低氮燃烧方法（2%～3%），降低飞灰含碳量，控制氨逃逸率，避免硫酸氢氨盐和硫酸堵塞腐蚀空气预热器。

（6）监视 SCR 出入口 O_2 量变化情况，特别是烟温在 400℃以上时，必须通过控制氨气流量来防止 NH_3 氧化等副反应的发生。

（7）冬季低负荷时还应注意稀释风机对烟温的影响。

（8）定期及在以下情况下，测量烟气粉尘浓度中含碳量，防止可燃物沉积：在使用燃料变化时；在锅炉燃烧工况变化时。

（9）每班至少一次就地巡视：检查烟道壳体温度是否过热；检查是否有氨、稀释风、仪表空气或相关等流体泄漏；应注意任何其他的异常现象。

244. 试述锅炉发生泄漏，催化剂受潮的处理措施。

答：（1）停止向 SCR 系统喷氨。

（2）立即停止锅炉。

（3）应尽快降压放水，启动引风机对催化剂进行通风干燥，排出烟道内积水，防止 SCR 催化剂受浸泡。

（4）锅炉应强制冷却到烟气温度 120℃，此后自然冷却，防止蒸汽在 SCR 催化剂上冷凝。

（5）在完全冷却到低于 50℃时，目视检查 SCR 催化剂。

245. 试述 SCR 系统报警联锁。

答：（1）SCR 反应器差压高（≥0.69kPa），报警。

（2）SCR 反应器入口烟温报警：SCR 反应器入口烟温低（<305℃），报警；SCR 反应器入口烟温非常低（<300℃），报警，联关对应注氨气动阀、流量控制阀；SCR 反应器入口烟温大于 305℃，允许开注氨气动门；SCR 反应器入口烟温大于 420℃，报警。

（3）SCR 反应器出口 NH_3 含量大于 3ppm，报警。

（4）NH$_3$/空气稀释比高（＞12％），报警。

（5）NH$_3$/空气稀释比非常高（＞14％），报警，且联关注氨气动门、流量控制阀。

（6）NH$_3$ 稀释风机紧急停车，报警。

（7）压缩空气罐压力低（0.2MPa），报警。

246. 试述氨制备系统联锁报警保护项目。

答：（1）有下列之一者，蒸发罐用汽入口气动门及调门自动关闭：

1）在自动位，压力高（＞1.74MPa）。

2）在自动位，蒸发罐温度高（40℃）。

（2）储氨罐喷淋水控制气动阀自动开启条件：在自动位，储氨罐温度达 40℃。

（3）氨气稀释罐进料阀控制有下列之一者自动开启：

1）在自动位，1 号或者 2 号储氨罐压力高。

2）稀释罐液位低。

（4）氨气稀释罐进料阀在自动位，稀释罐液位高，自动关闭。

247. SCR 脱硝系统的运行参数是什么？

答：（1）NO$_x$ 出口浓度：设计值为 325.32mg/m^3；范围为 205.2～325.32mg/m^3。

（2）反应器入口温度：设计值为 386℃；范围为 310～430℃。

（3）反应器出口温度：设计值为 386℃；范围为 310～430℃。

（4）催化剂的压差：设计值为 250Pa；范围为 222～525Pa。

（5）稀释空气流量：设计值为 3200m^3/h；范围为 3200～3700m^3/h。

（6）NH$_3$ 蒸发器温度：设计值为 60℃；范围为小于 80℃。

（7）NH$_3$ 流量：设计值 46.9～200.5kg/h；范围为 42～220kg/h。

（8）吹灰蒸汽压力：设计值为 1.18MPa；范围为 1.18～2.95MPa。

（9）吹灰蒸汽温度：设计值为 350℃；范围为 350~409℃。

（10）NH_3 供应压力：设计值为 0.09~0.12MPa；范围为 0~0.15MPa。

248. SCR 系统的运行监督项目是什么？

答：（1）报警指示：包括指示异常的报警、指示灯是否正常、报警系统是否正常。

（2）热工仪表指示：包括各部分的压力、NO_x 值和 NH_3 值、各部位烟气温度、氨蒸发器温度。

（3）巡检项目：包括各管件连接部位有无泄漏、管路有无裂缝、阀门动作是否正常、氨流量控制阀前的压力表指示是否正常、阀门状态是否正常，填料压盖处有无泄漏、在线表计的状态是否正常、注氨分配管的显示和节流孔板压差的流体压力计指示是否正常、有无氨的泄漏。

249. SCR 系统的定期检修项目是什么？

答：（1）反应器本体：包括催化剂上积灰状况、催化剂的损坏及堵塞情况、密封件变形失效情况、测孔堵塞情况。

（2）注氨喷嘴：包括喷嘴堵塞时进行吹扫、喷嘴磨损和腐蚀时进行修理或更换。

（3）管路：包括管路堵塞、腐蚀时，清扫、修补或更换管道；阀座受损，填料、垫片损坏时，更换损坏件或整体更换；过滤器元件损伤时，修复或更换；节流孔板损坏时，修复或更换。

（4）NO_x 分析仪的检修及零位调整：包括现场流量计、压力计等仪器的拆卸、检修和校准；取样探头、过滤器更换或调整，分析仪的修复或更换。

250. 试述氨的特性及危害。

答：液氨是一种无色气体，有刺激性恶臭味。氨按一定的比例与空气或氧气混合，遇火源即刻爆炸，如有油类或其他可燃性物质存在，则危险性更高。与其他可燃性气体相比较，氨爆炸的范围相对较窄，但一旦进入爆炸范围，将会极其危险。因此，对氨的处置必须十分谨慎。另外，液氨与氟、氯、溴、碘、强酸接触，会发生剧烈反应而爆炸飞溅。

对铜、铜合金等有强烈的腐蚀性，氨系统中不宜使用铜质零部件。

长期暴露在氨气中，会对肺造成损伤，导致支气管炎。直接与氨接触会刺激皮肤，灼伤眼睛，并导致头痛、恶心、呕吐等，出现病状应及时吸入新鲜空气，并用大量水冲洗眼睛，严重时应送医院治疗或抢救。

251. 试述对氨的预防措施。

答：（1）只有在确认氨气浓度2%以下时，才可使用呼吸罐式氨用防毒面具。

（2）在氨浓度大于2%或者不清楚的情况下，必须穿戴送风式面罩，送入空气或者氧气，以供呼吸。

（3）当要进入密闭、换气不良的场所时，在戴上呼吸保护器的同时，安排一人穿戴好防护用具，在外面监护，以防不测。

（4）使用的气体面具和呼吸防护用具应定期检查，使用后要保持清洁以备后用。

252. 如果氨被吸入人体内，应该如何处置？

答：（1）吸入者应迅速脱离现场，至空气新鲜处，维持呼吸功能，卧床静息。

（2）就医观察血气分析及胸部X光胶片变化，给以对症治疗。

（3）防治肺水肿、喉痉挛、水肿或支气管黏膜脱落造成窒息，合理氧疗；保持呼吸道通畅，应用支气管舒缓剂。

（4）如呼吸停止，要马上进行人工呼吸。

（5）当呼吸已变得很弱时，可用2%硼酸水洗鼻腔，促使其咳嗽。

253. 什么是SNCR脱硝工艺？

答：SNCR脱硝工艺是非催化的炉内烟气脱硝技术，它是目前仅次于 SCR 脱硝工艺被广泛应用的脱硝技术。该技术是用 NH_3、尿素等还原剂喷入炉内与 NO_x 进行选择性反应，不用催化剂，因此必须在高温区加入还原剂。还原剂喷入炉膛温度为 $900\sim1100℃$ 的区域，该还原剂（尿素）迅速热分解成 NH_3，并与烟气中的 NO_x 进行 SNCR 反应生成 N_2，该方法是以炉膛为反应器。其主要反应为

NH_3 为还原剂：

$$NH_2+6NO_x=5N_2+6H_2O（950℃）$$
$$4NH_3+5O_2=4NO+6H_2O（>1093℃）$$

尿素为还原剂：

$$(NH_4)_2CO \rightarrow 2NH_2+CO$$
$$NH_2+NO \rightarrow N_2+H_2O$$
$$CO+NO \rightarrow N_2+CO_2$$

从上述反应可见，用氨作还原剂时，其最佳反应温度范围窄（$950\sim1093℃$），故目前采用尿素作还原剂。其工艺流程如图 4-10 所示。该系统由还原储槽多层还原喷入装置和与之相匹配的控制仪表等组成，其烟气脱硝过程是由 4 个基本过程完成的：接收和储存还原剂；还原剂的计量输出、与水混合稀释；在锅炉合适位置注入稀释后的还原剂；还原剂与烟气混合进行脱硝反应。

254. 什么是以氨水为还原剂的 SNCR 系统？

答：图 4-11 表示了以氨水为还原剂的 SNCR 系统。它包括 4 个系统，即还原剂制备储存系统、还原剂计量稀释系统、还原剂分配系统和还原剂喷射系统。

255. 什么是以氨水为还原剂的存储系统？

答：氨水为还原剂的存储系统包括氨水卸载泵、氨水储罐、氨水循环输送泵、稀释水箱、关断门、手动球阀等。氨水槽车将 20% 浓度的氨水运输到还原剂区，通过氨水卸载泵将氨水输送到氨水储罐中，然后将氨水储罐中的氨水溶液输送至锅炉区计量模块附近。

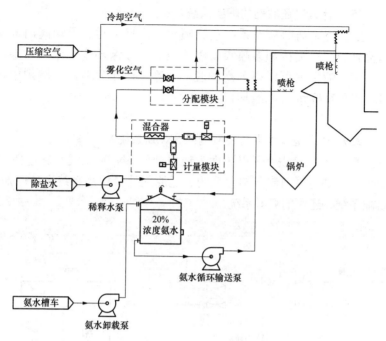

图 4-11　以氨水为还原剂的 SNCR 系统

256. 什么是还原剂的计量稀释系统？

答：还原剂的计量稀释系统包括稀释水系统和计量系统。稀释水系统包括稀释水罐和稀释水泵；计量稀统包括还原剂流量调节阀、还原剂流量计和稀释水压力调节阀、稀释水流量计及手动阀门、压力表等。稀释水系统的作用是给计量模块提供流量和压力相对稳定的除盐水。

257. 还原剂的分配系统的作用是什么？

答：还原剂的分配系统的作用是将计量模块中已经混合好的氨水分配到每只喷枪中，同时将压缩空气以一定的压力供入到喷枪中将还原剂溶液雾化。分配模块包括液体的转子流量计、手动球阀、压力表、气体压力调节阀等。

258. 什么是还原剂的喷射系统?

答：还原剂的喷射系统包括喷枪、连接管道、手动阀门等。喷枪有墙式短喷枪和多喷嘴长喷枪两种。在循环流化床锅炉中，只使用短喷枪就可以得到高的脱硝效率，而在大型煤粉锅炉中，需要将短喷枪和长喷枪结合使用。

259. 什么是以尿素为还原剂的 SNCR 系统?

答：图 4-12 表示了以尿素为还原剂的 SNCR 系统。它包括 4 个系统，即还原剂制备储存系统、还原剂计量稀释系统、还原剂粉配系统、还原剂喷射系统。

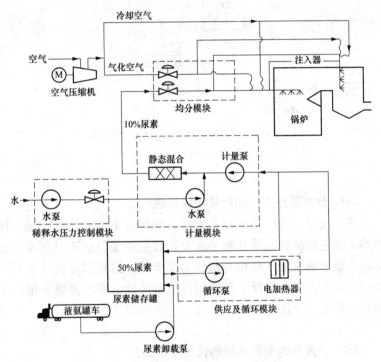

图 4-12　采用尿素为还原剂的 SNCR 系统

260. 什么是以尿素为还原剂的制备存储系统?

答：以尿素为还原剂的制备存储系统包括尿素起吊设施、尿素卸载泵、尿素储存罐、循环泵、电加热器等、固体尿素被制成50%浓度的尿素溶液，液氨罐车将其运输到现场，经过尿素卸载泵送到尿素储存罐，使用时可用循环泵经过电加热器将尿素溶液送至计量模块。

261. 什么是尿素计量稀释系统？

答：尿素计量稀释系统包括稀释水压力控制模块和计量模块，稀释水系统包括稀释水罐和稀释水泵，计量模块包括流量调节阀、计量泵、流量计等，用于精确计量还原剂的重量。

262. 什么是尿素分配系统？

答：尿素分配系统也称为尿素均分模块，其作用是将计量模块中已经混合好的尿素溶液分配到每只喷枪中，同时将压缩空气以一定压力供入到喷枪中将尿素溶液雾化。分配模块包括流量计、球阀、压力表、压力调节阀等。

263. 什么是炉膛型 SNCR＋独立反应器型 SCR？

答：随着超低排放标准的出现，NO_x 排放要求控制在 50mg/m³ 以内，单纯 SCR 脱硝效率不超过 93%，对于入口 NO_x 浓度高于 700mg/m³ 的锅炉，很难只用 SCR 技术控制到超低排放水平。于是出现了炉膛型 SNCR＋独立反应器 SCR 的技术，即混合SNCR-SCR 工艺。

该类工艺具有 2 个反应区，通过布置在锅炉炉墙上的喷射系统，首先将还原剂喷入第 1 个反应区——炉膛，在高温下，还原剂与烟气中 NO_x 在没有催化剂参与的情况下发生还原反应，实现初步脱氮。然后未反应完的还原剂进入第 2 个反应区——SCR 反应器，在有催化剂参与的情况下进一步脱氮。

264. 试述 SNCR-SCR 混合烟气脱硝工艺。

答：SNCR-SCR 混合烟气脱硝工艺以尿素作为吸收剂，是炉内一种特殊的 SNCR 工艺与一种简洁的后端 SCR 脱硝反应器有效

结合。其反应过程为

$$CO(NH_2)_2 + 2NO = 2N_2 + CO_2 + 2H_2O$$

$$CO(NH_2)_2 + H_2O = 2NH_3 + CO_2$$

$$NO + NO_2 + 2NH_3 = 2N_2 + 3H_2O$$

$$4NO + 4NH_3 + O_2 = 4N_2 + 6H_2O$$

$$2NO_2 + 4NH_3 + O_2 = 3N_2 + 6H_2O$$

其系统主要由还原剂存储与制备、输送、计量分配、喷射系统、烟气系统、脱硝反应器、电气控制系统等组成，如图 4-13 所示。

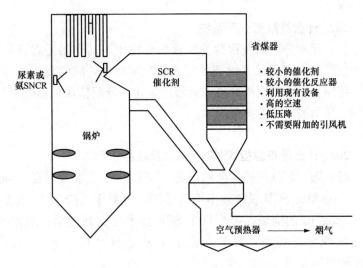

图 4-13　SNCR-SCR 混合脱硝工艺流程图

265. 混合 SNCR-SCR 工艺的优点是什么？

答：（1）脱硝效率高。单一的 SNCR 工艺脱硝效率低（一般在 40% 以下）而混合 SNCR-SCR 工艺可获得 SCR 工艺一样高的脱硝率（80% 以上）。

（2）催化剂用量小。当要求总脱硝率为 75% 时，与 SCR 工艺相比，可节省 50% 的催化剂；要求总脱硝率为 65% 时，可节省

70%的催化剂。

（3）SCR 反应塔体积小，空间适应性强。

（4）脱硝系统阻力小。由于催化剂用量少，SCR 反应器体积小，其前部的烟道较短，系统压降大大减小，减少了引风机改造工作，降低了运行费用。

（5）减少 SO_2 向 SO_3 的转化，降低腐蚀危害。这是由于催化剂用量的减少，也减少了 SO_2 向 SO_3 转化的副作用。

（6）省去 SCR 旁路的建造。旁路系统是用于避免烟温过高或过低对催化剂造成损害。而混合 SNCR-SCR 工艺的催化剂量大大减少，不用设立旁路系统。

（7）催化剂的回收处理量减少。

（8）简化还原剂喷射系统。

（9）加大了炉膛内还原剂的喷入区间，提高了 SNCR 阶段的脱硝效率。

（10）可以方便地使用尿素作为脱硝还原剂。该工艺可直接将尿素溶液喷入炉膛，利用锅炉高温将尿素溶液分解为氨。

（11）减少了 N_2O 的生成。

（12）降低由于煤种引起催化剂大量失效的压力。

（13）有利于达标排放的分步到位。可以先采用 SNCR 工艺，SCR 反应器可以后加装。

266. 试对 SCR、SNCR 和 SNCR-SCR 脱硝工艺进行比较。

答：SCR 技术：系统比较复杂，投资相对较高，脱硝效率为 80%～95%，还原剂利用效率高，脱除单位 NO_x 所用还原剂量小。

SNCR 技术：系统比较简单，投资相对较小，脱硝效率为 30%～50%，脱除单位 NO_x 所用还原剂量多。

SNCR-SCR 技术：综合了 SNCR 和 SCR 的技术优势，扬长避短，可达到 80%以上的脱硝效率，降低了投资成本，两者间不设喷氨格栅，SCR 所需还原剂来源于 SNCR 产生的逃逸氨。

第五章

一体化协同脱除技术

第一节 概　述

267. 什么是一体化协同脱除技术?

答: 火电厂的脱硝、脱硫、除尘装置依次串联布置在同一烟气流程上,它们相互之间存在某种联系,如上游设备的出口边界条件同时成为下游设备的入口边界条件,以脱除某种污染物为主要功能的上游设备之后的下游设备可能同时兼有脱除上游设备残余的污染物的辅助功能,如果对这种内在联系加以合理的利用,发挥它们的协同效应,以最低的成本达到最佳的效果,将其有机地融合为一个整体,这就是一体化协同脱除技术。

268. 试述火电厂烟气污染物的协同脱除原理。

答: 火电厂烟气污染物的协同脱除原理如图 5-1 所示,它表现为综合考虑脱硝系统除尘系统和脱硫系统之间的协同关系,在每个装置脱除其主要目标污染物的同时能脱除其他污染物。

由图 5-1 可见,锅炉具有控制氮氧化物生成浓度的功能;SCR(选择性催化还原脱硝装置)承担对氮氧化物还原的功能;ESP(电除尘器)具有脱除烟尘的功能;FGD(脱硫装置)具有脱硫的功能。此外,它们之间有协同关系:和氮氧化物有关的是锅炉和SCR;和烟尘有关的是烟气冷却器(GC)ESP、FGD、WESP(湿式电除尘器);和二氧化硫有关的是 SCR、GC、ESP、FGD、WESP。

269. 试述火电厂脱硝装置的协同脱除的功能。

答: 脱硝装置的协同脱除功能:对烟尘无作用;对汞可采用

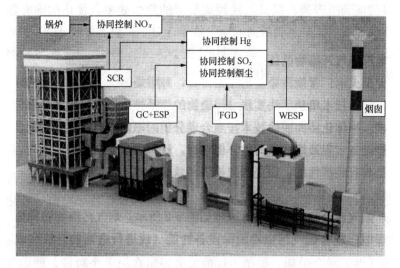

图 5-1　火电厂烟气污染物协同脱除技术

高效汞氧化催化剂将零价汞氧化为二价汞；对二氧化硫可采用高效汞催化剂降低二氧化硫向三氧化硫的转化率。

270. 试述火电厂烟气冷却塔的协同脱除功能。

答：烟气冷却塔的协同脱除功能：对烟尘可降低烟温从而降低烟尘的比电阻，烟尘粒径增大，利于在除尘器和吸收塔中被脱除；对汞在较低温度下会增加颗粒汞被除尘器捕获的几率；对二氧化硫大部分被烟气吸附。

271. 试述火电厂低低温电除尘器的协同脱除功能。

答：低低温电除尘器协同脱除功能：对烟尘由于烟尘比电阻的降低，除尘效率提高；对汞由于颗粒态汞、Hg^{2+}被灰颗粒吸附、中和并去除；对二氧化硫 95% 以上的 SO_2 在高烟尘区被吸附在烟尘表面，而被除尘器去除。

272. 试述火电厂湿法脱硫装置的协同脱除功能。

答：湿法脱硫装置的协同脱除功能：对烟尘可降低吸收塔出

口的液滴携带量，提高湿法脱硫装置的除尘效率，优化的除雾器和喷淋层设计可达到较高的除尘效率；对于颗粒态汞和 Hg^{2+} 在湿法脱硫装置中被吸收，部分 Hg^{2+} 被 SO_2 还原为 HgO；对 SO_2 湿法脱硫装置可进一步脱除 SO_3。

第二节 火电厂烟气污染物治理一体化

273. 火电厂烟气污染物治理一体化分几个阶段？

答：火电厂烟气污染物治理的一体化分 2 个阶段：第 1 个阶段是对单一污染物，多设备协同治理，设备设置和系统参数一体化考虑，从整体的角度对各环保设备的工程设计及运行进行优化；第 2 个阶段是一个环保设备对多个污染物的一体化联合脱除，例如活性焦联合脱硫、脱硝。目前大多停留在第 1 个阶段，即烟气污染物一体化协同治理技术。

274. 火电厂烟气污染物协同治理的关键技术是什么？

答：（1）控煤与污染物脱除的协同。重点是对比控煤造成的燃料成本增加与劣质煤带来的环保设备建设成本及运行成本的关系，确定合理的煤质波动范围。

（2）低氮燃烧与烟气脱硝的协同。重点关注煤种与燃烧方式的适用性，低氮燃烧对锅炉效率及蒸汽参数的影响，低氮燃烧与 SCR 烟气脱硝的减排量优化等。优先推荐低氮燃烧技术，从源头减少氮氧化物的生成，综合考虑低氮燃烧的建设成本对锅炉效率的影响、SCR 烟气脱硝的建设和运行成本的同时，优化低氮燃烧和 SCR 烟气脱硝的整体设计及运行参数。

（3）除尘器与湿法脱硫塔的协同。以提高除尘器效率和脱硫塔除尘效果为根本，根据不同的排放要求，辅以低低温烟气系统或者湿式电除尘器。

（4）锅炉烟气系统一体化。每个环保设备都会改变烟气侧的阻力特性，保证引风机安全运行在高效区的关键是要把尾部烟道作为一个整体进行优化设计。

275. 试述火电厂烟气污染物超低排放的技术路线。

答: 图 5-2 为火电厂烟气污染物超低排放的技术路线。

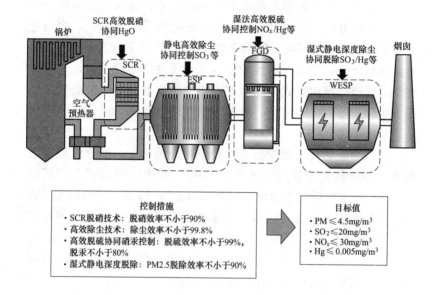

图 5-2 火电厂烟气污染物超低排放的技术路线

由图 5-2 可见,实现火电厂烟气污染物的超低排放可从氮氧化物、烟尘和二氧化硫三方面着手。

(1) 氮氧化物。主要通过炉膛中低 NO_x 燃烧措施与尾部的烟气脱硝装置(SCR)协同,将烟气中 NO_x 降至排放要求。燃烧烟煤时,排放浓度控制在 $200mg/m^3$ 以下,燃烧贫煤时,控制在 $500mg/m^3$ 左右,再利用 SCR 控制在 $50mg/m^3$ 以下。燃烧无烟煤时,采用低氮燃烧技术可控制在 $800mg/m^3$ 左右,再利用 SNCR 降至 $500mg/m^3$ 以下,最后采用 SCR 实现 $50mg/m^3$ 的控制目标。

(2) 烟尘。烟尘排放控制技术主要有:电除尘器、电袋(布袋)除尘器、湿式电除尘器及湿法脱硫协同除尘等。目前已有工业实践路线的协同技术路线有:①烟气冷却器+高效干式电除尘器+湿法脱硫(+高效除雾器);②高效干式电除尘器+湿法脱硫+湿式电除尘器。对于常规煤粉锅炉,当燃煤及烟气条件有利于电除尘器时，优先采用"电除尘器＋湿法脱硫高效除尘工艺"，同时应考虑在除尘器前布置烟气冷却器降低烟气温度以提高除尘效率；另外，还可采用高效电源等辅助技术，提高电除尘器的除尘效率，使电除尘器的出口烟尘质量浓度小于 $30mg/m^3$，再通过湿法脱硫装置的协同除尘作用降到 $10mg/m^3$ 以下。当采用上述技术路线后，综合技术经济性较差或场地无法满足要求时，应考虑在湿法脱硫后增加湿式电除尘器，即"除尘器＋湿法脱硫装置＋湿式电除尘器"技术路线，使出口烟气浓度达到 $5mg/m^3$ 的排放要求。

（3）二氧化硫。控煤措施即控制燃煤的硫分，配合脱硫增效技术（即烟气脱硫装置＋SCR、FGC＋ESP、WESP 的协同效应），可使 SO_2 排放质量浓度降至 $35mg/m^3$ 以下。其中烟气脱硫装置是脱除 SO_2 的主要设备，其单塔单循环技术对于入口 SO_2 浓度在 $3000mg/m^3$ 以下时，可将出口浓度控制在 $35mg/m^3$ 以下；对于入口 SO_2 浓度在 4000 以上时，可采用双塔双循环技术＋协同措施，可将出口浓度控制在 $35mg/m^3$ 以下。

第三节 烟气一体化协同脱除技术的应用

276. 什么是烟气余热利用技术？

答：烟气余热利用是在空气预热器之后，脱硫塔之前的烟道内布置烟气冷却器（FGC），回收烟气余热，降低烟气温度，回收的烟气余热可用于加热机组凝结水城市热网回水湿法脱硫出口净烟气等，和烟气再热器（FGR）组成水媒烟气—烟气换热系统（WGGH）。

277. 试设计出口烟尘排放浓度小于 $5mg/m^3$ 的一体化协同脱除技术方案。

答：图 5-3 和图 5-4 分别表示了湿烟囱和干烟囱的两个技术方案。

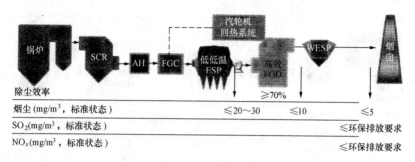

图 5-3 设置烟气冷却器、不设置烟气再热器、烟囱为湿烟囱

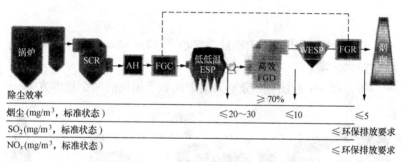

图 5-4 设置烟气冷却器和烟气再热器、烟囱为干烟囱

278. 试设计出口烟尘排放浓度小于 **10mg/m³** 的一体化协同脱除技术方案。

答： 图 5-5 和图 5-6 分别表示了湿烟囱和干烟囱的两个技术方案。

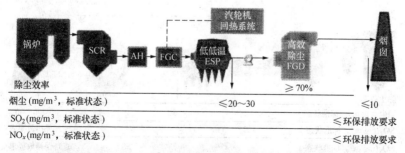

图 5-5 设置烟气冷却器、不设置烟气再热器、烟囱为湿烟囱

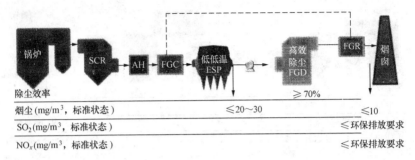

图 5-6　设置烟气冷却器和烟气再热器、烟囱为干烟囱

279. 试设计出口烟尘排放浓度小于 20～30mg/m³ 一体化协同脱除技术方案。

答：图 5-7 和图 5-8 分别为湿烟囱和干烟囱的两个技术方案。

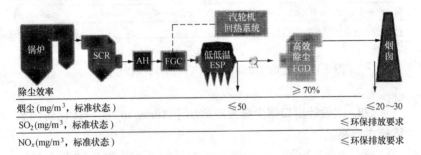

图 5-7　设置烟气冷却器、不设置烟气再热器、烟囱为湿烟囱

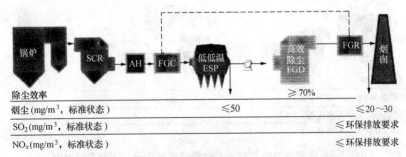

图 5-8　设置烟气冷却器和烟气再热器、烟囱为干烟囱

280. 试举例说明一体化协同脱除技术的应用（一）。

答：某电厂 2×500MW 机组环保一体化改造设计案例。

煤种情况：伊敏褐煤

改造前排放情况：NO_x 排放浓度 $300\sim400$mg/m³、SO_2 排放浓度 526mg/m³、烟尘排放浓度 99mg/m³、排烟温度 147℃。

改造方案：低氮燃烧器（新增）＋脱硝（新增）＋低低温换热器（新增）＋电除尘器（改造）＋引风机（改造）＋湿法脱硫（新增）＋湿烟囱排放。

改造后排放情况：NO_x 排放浓度 50mg/m³、SO_2 排放浓度 13mg/m³、烟尘排放浓度 15mg/m³、排烟温度 105℃。

281. 试举例说明一体化协同脱除技术的应用（二）。

答：某电厂 3 号 1000MW 机组超低排放设计。

煤种情况：烟煤

改造前排放情况：NO_x 排放浓度 $65\sim100$mg/m³、SO_x 排放浓度 50mg/m³、烟尘排放浓度 36mg/m³、排烟温度 140℃。

改造方案：脱硝（提效）＋低低温换热器（新增）＋电除尘器（高效电源）＋引风机（改造）＋湿式电除尘器（新增）＋MGGH 余热回收（新增）＋干烟囱排放。

改造后排放情况：NO_x 排放浓度 50mg/m³、SO_2 排放浓度 35mg/m³、烟尘排放浓度 5mg/m³、排烟温度 90℃。

282. 试举例说明一体化协同脱除技术的应用（三）。

答：某电厂 2×600MW 机组超低排放设计。

煤种情况：陈家山烟煤

改造前排放情况：NO_x 排放浓度 $200\sim250$mg/m³、SO_2 排放浓度 311mg/m³、烟尘排放浓度 78mg/m³、排烟温度 117℃。

改造方案：增加一层脱硝（三层）＋低低温换热器（新增）＋电除尘器（保留）＋引风机（保留）＋新增一级脱硫（串塔）＋湿式电除尘器（新增）＋MGGH 余热回收（新增）＋干烟囱排放。

改造后排放目标：NO_x 排放浓度低于 50mg/m³、SO_2 排放浓

度低于 35mg/m^3、烟尘排放浓度低于 5mg/m^3、排烟温度 90℃。

第四节　陶瓷催化滤管一体化污染物脱除技术

283. 什么是陶瓷催化滤管？

答：陶瓷催化滤管是用添加氮氧化物催化剂（如 V_2O_5 和 WO_3 等）的陶瓷纤维制成的，其外形如图 5-9 所示。

图 5-9　陶瓷催化滤管外形图

陶瓷催化滤管不仅能高效脱除粉尘，还能催化 NO_x 的还原反应。它不但有良好的抗高温能力和耐腐蚀能力，还具有较高的机械强度，保证在 320～400℃ 的高温环境中能长时间连续使用。

284. 试述一体化脱除塔的工作原理。

答：烟尘从一体化脱除塔的进气口进入中、下箱体，然后通过陶瓷催化管进入上箱体，由于陶瓷催化管的过滤作用将尘气分离开，脱硫剂、脱硫产物和烟尘被吸附在陶瓷催化管的外表面。随着时间的增加，积附在陶瓷催化管上的烟尘越来越多，使通过陶瓷催化管的气体量逐渐减少。为此，采用喷吹的方法将压缩空气喷射到陶瓷催化管内，使积附的烟尘脱落，掉入灰斗内，经卸灰阀排出反应塔。

285. 试述喷吹系统的工作原理。

答：图 5-10 表示了喷吹系统的原理图。

由图 5-10 可见，当控制仪发出信号时控制阀排气口被打开，脉冲阀背压室的气体泄掉，压力降低，膜片两面产生压差，膜片

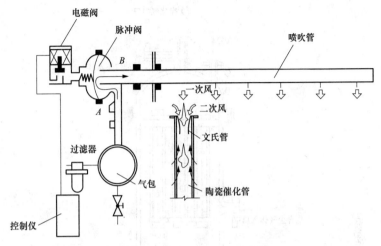

图 5-10 喷吹系统原理示意图

因压差而产生位移，脉冲阀喷吹打开，气包中的压缩空气（一次风）通过脉冲阀经喷吹孔喷至文氏管进入陶瓷催化管，高速气体流通过文氏管的过程会诱导数倍于一次风的周围空气（二次风），造成陶瓷催化管内瞬时正压，实现在线清灰。

286. 陶瓷过滤除尘技术有什么特点？

答：目前，高温除尘器主要有布袋除尘器移动床除尘器陶瓷除尘器等，其中陶瓷除尘器具有出色的热稳定性和化学稳定性、除尘效率高、使用寿命长，因此陶瓷过滤器已成为一项重要的高温除尘技术。

287. 陶瓷过滤元件及结构是什么样的？

答：陶瓷过滤元件可分为均质陶瓷和复合膜层陶瓷，复合膜层结构包括双层和多层结构。图 5-11 所示为一种纳米陶瓷过滤元件。

从图 5-11 可知，含尘气体从下部进入过滤器，由管外部穿过陶瓷壁而实现过滤，捕集下来的颗粒落入灰斗中，当穿过陶瓷管的压降因粉尘粘在陶瓷管外壁而逐渐增加到一定值后，需用高压

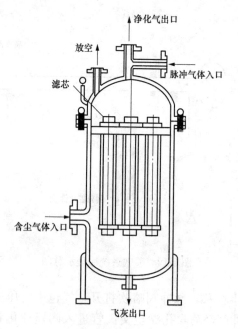

图 5-11 纳米陶瓷过滤元件

空气脉冲反吹，实现了在线清灰，净化气体从上部输出。飞灰从下部输出。

288. 滤饼对陶瓷过滤有什么作用？

答：滤饼对陶瓷过滤器的过滤起着重要作用。含尘气流经过陶瓷孔隙时，在惯性碰撞落下的颗粒被陶瓷捕捉，使陶瓷表面逐渐形成一层由粉尘组成的滤饼。当气流的压力增加到一定值后，需要进行清灰，使滤饼脱落。

289. 陶瓷过滤器的安全系统是什么样的？

答：陶瓷过滤管经常会破裂，为此设置 CPP 安全系统。图 5-12 表示了传统脉冲喷射清灰技术与 CPP 技术的比较。

图 5-12（a）是传统脉冲喷射清灰技术，当过滤管破裂时，含尘气体直接进入清洁气室；图 5-12（b）是 CPP 技术，它的通风管

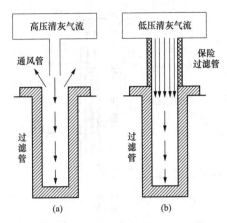

图 5-12 传统脉冲喷射清灰技术和 CPP 技术的比较
（a）传统脉冲喷射清灰技术；（b）CPP 技术

直接与过滤管相连省去了通风管口与过滤管的距离，同时保证通风管与过滤管的口径一致。而且将通风管设成多孔。当过滤管破裂时，多孔性通风管可以起到过滤管作用，阻止含尘气流进入清洁气室，成为保险过滤管。

290. 试述 CPP 技术在过滤器中的应用。

答：图 5-13 为 CPP 技术在过滤器中的应用原理，每个过滤元件有一个保险过滤管，待过滤气流先经过过滤管，再经过保险过滤管、液压阀，最后进入清洁气室，期间的压力损失比喷射脉冲要小，如果过滤管破裂，含尘气流会以很高的表面速度通过保险过滤管，为了控制清洁气流的粉尘速度，保险过滤管必须有高除尘率。

291. CPP 清灰技术比传统脉冲喷射清灰技术有什么优点？

答：CPP 清灰技术比传统脉冲喷射清灰技术有明显的优点：清灰强度高，而清灰气流压力只比系统压力高出 0.05～0.2MPa，对于危险性的黏性粉尘也能够稳定过滤，避免了因滤饼破裂而经

第一部分 燃煤电厂的超低排放

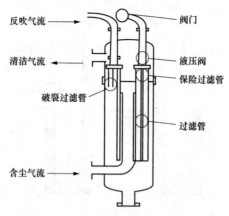

图 5-13 CPP 技术在过滤器中的应用

常关闭系统，而且系统的剩余压降也很低。因此，可以延长过滤周期，提高过滤速度，降低成本。

292. 试述陶瓷过滤高温气体一体化净化技术。

答：在传统的工艺中，高温气体的除尘和脱硝是分开进行的。这种方法增加了成本，也浪费能源。而采用陶瓷过滤器高温气体净化技术克服了传统工艺的缺点，它具有占地面积小，运行成本低的优点。图 5-14 为催化性陶瓷过滤元件，即在陶瓷过滤器外表面涂一层过滤薄膜，在陶瓷内部加催化剂作为催化层，这种技术可用于脱硝脱硫除尘一体化。

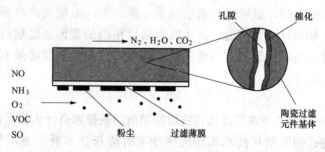

图 5-14 催化性陶瓷过滤元件

112

催化剂和陶瓷过滤管的组合方式有：①在多孔支撑层表面涂一层催化剂涂层；②在陶瓷过滤管制造过程中，将催化剂混入陶瓷颗粒，一起做成过滤元件；③在原来的陶瓷管上增加一根多孔内嵌管，在内嵌管和支撑管之间形成一层催化剂颗粒层。

293. 试述陶瓷催化管一体化技术的应用。

答：目前，美国、法国等发达国家已经将该技术广泛应用于玻璃行业工业废物焚烧市政废物焚烧污泥焚烧生物质电厂水泥化工钢铁等行业。但国内尚未开展类似的一体化高效脱除技术的应用。我国在高温气体过滤除尘研究应用方面与先进国家相比也还有较大差距，基本上处于实验阶段。尤其是在先进的过滤材料和制备技术方面更有待提高。

第六章

燃煤机组超低排放的安装和调试

第一节 燃煤机组超低排放的安装和改造

294. 常规电除尘器如何进行低低温改造选型参数?

答:与常规电除尘器设计不同,低低温电除尘器改造不仅需要计算常规电除尘器的选型参数,而且需要计算酸露点温度、灰硫比,以分析低低温电除尘器改造的适应性、提效幅度,并确定入口烟气温度。

295. 低低温电除尘器入口烟气温度如何确定?

答:低低温电除尘器入口烟气温度依据以下几点:

(1) 将烟气温度降到酸露点以下(5~10℃),使烟气中的 SO_2 冷凝吸附在粉尘的多孔表面,有效降低粉尘比电阻,提高除尘效率。

(2) 烟气温度不宜低于 85℃,不可低于 80℃,一般设定在 85~95℃。

296. 如何确定低低温电除尘器的灰硫比?

答:灰硫比可以从宏观上评价烟气腐蚀性,当灰硫比大于 100,因低低温改造的腐蚀性几乎为零,当灰硫比小于 100,不适合直接进行低低温改造,应用混煤等技术提高灰硫比。灰硫比在 200 左右最佳,当灰硫比大于 1500 时,可采用加装 SO_3 烟气调质系统以降低灰硫比。

297. 电除尘器的低低温改造有哪些项目?

答:电除尘器的低低温改造项目有:局部防腐;绝缘子室防

结露；灰斗防堵灰；电源改造；二次扬尘的防治；加装烟气冷却器；加装气流分布板等。

298. 如何进行电除尘器的局部防腐？

答：宏观的腐蚀用灰硫比控制，局部位置的防腐采用下列方法：

（1）防止灰斗腐蚀。新建项目宜采用 ND 钢（耐酸低温露点腐蚀钢，09CrCuSb），改造项目宜采用内衬不锈钢板。

（2）防止人孔门及其周围区域的腐蚀。可采用双层人孔结构，保证密封性；孔洞周围 0.5m 范围内墙板内衬不锈钢板；每个人孔门周围约 1m 范围内的壳体板内衬不锈钢板。

299. 如何进行电除尘器的绝缘子室防结露？

答：低低温改造后，烟气温度低于烟气酸露点温度，须防止低于露点温度的烟气进入绝缘套管内侧和高压绝缘子保温箱内。应加装良好的保温和加热措施，对绝缘子室设置热风吹的蒸扫系统，保证绝缘瓷件内壁干净不黏灰。

在瓷套、瓷轴绝缘子室结构上，应采用整体独立小室加热内外隔层，中间保温。每台电除尘器配置 2 套热风发生器，确保瓷套瓷轴表面清洁并始终在露点以上运行。

300. 如何进行电除尘器的灰斗防堵灰？

答：在灰斗下部 2/3 区域内设置蒸汽加热器，外层敷设保温，通过向盘管内输送压力为 0.6～1.0MPa，温度为 250～380℃蒸汽达到加热目的。盘管外侧敷设钢板网后再做保温（见图 6-1）。

301. 如何进行电除尘器的电源改造？

答：在电除尘前 2 个电场进口浓度高，由于空间电荷效应，1、2 电场容易形成电晕封闭现象，极大地影响了除尘效率。故采用高频电源代替工频电源，它具有输出电压波动小，闪络电压高的特点。其电压可达工频电源的 1.3～1.5 倍，电流达工频电源的

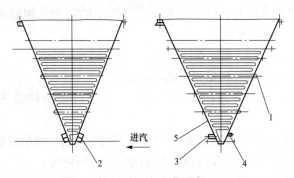

图 6-1 灰斗蒸汽加热结构示意图
1—灰斗蒸汽加热盘管；2—气化装置；3—挖手孔座；
4—捅灰管；5—振打砧

2 倍以上。

302. 如何进行电除尘器的二次扬尘的防治？

答：为解决低低温改造二次扬尘增加问题，可采取移动电极除尘改造，也进行以下改造：

（1）严格要求并提高流场均匀性，保证烟气的气流均布性，不均匀系数不大于 0.15，优于常规电除尘器小于 0.2 的要求。

（2）设置合理的电场电压，在不振打时，加大电场电压以增大极板对粉尘的静电吸附力，减少气流冲刷带走是二次扬尘，在振打时降压，使粉尘能被稳定地成块打下。

（3）出口封头处设置双层迷宫式的气流分布板，通过机械惯性再次捕集逃逸粉尘。

（4）改进振打制度，包括振打电动机转速、振打周期、振打逻辑等优化改进。

303. 如何进行电除尘器的加装烟气冷却器？

答：在空气预热器之后和电除尘器的入口端之间增设烟气冷却器，用于回收利用烟气热量。电除尘进口每个烟道上布置一台烟气冷却器，烟气冷却器是管式换热器，换热管采用 ND 钢材质螺旋翅片管，管内工质为循环流动的热媒水，热媒水吸收烟气热量，使烟气温度降至 85～90℃。

304. 如何进行电除尘器的加装烟气加热器？

答：在烟囱入口增设烟气加热器，用于加热烟气，加热器分为裸管段、低温段、高温段。壳体选用 316L（含 Mo 不锈钢）板材，裸管段采用进口双相不锈钢，低温段和高温段为翅片管，低温段采用 316L 管材，高温段采用 ND 钢材。

305. 试述湿式电除尘器的安装项目。

答：湿式电除尘器的安装项目：①地脚螺栓施工及基础二次画线；②钢支架安装；③支座安装；④灰斗安装；⑤壳体安装；⑥顶梁安装；⑦内部构件施工；⑧阴极吊挂装置安装；⑨阳极板安装；⑩阳极安装；⑪进出口喇叭安装；⑫油漆构成；⑬喷砂处理；⑭检测。

306. 试述湿式电除尘器的地脚螺栓施工及基础二次画线。

答：在基础浇注前，对地脚螺栓安装情况进行复测确认：其标高柱间距柱对角线偏差应符合规范要求，然后方可进行浇注。基础地脚螺栓的预理的尺寸控制应严格按照规范要求进行控制，以为下一步钢架电除尘安装奠定基础。混凝土强度达到要求后，进行基础二次画线，柱间距极限偏差要求为 5mm；对角线偏差不大于 7mm，基础表面与柱脚底板的二次灌浆间隙不得小于 50mm，基础表面应全部打出麻面，调整底板下方调整螺栓，调整到设计标准。

307. 试述湿式电除尘器的钢支架安装顺序。

答：钢支架的作用是支撑整个湿式电除尘器设备及其在安装运行过程中可能承受的所有载荷。检查构件是否因运输、堆放等原因造成变形，如变形应进行校正。以柱顶标高为准划出 1m 标高点，吊装 4 根立杆，用水准仪调整立杆的标高，用经纬仪加缆风绳两面调整垂直度。吊装横梁、水平支撑、垂直支撑，找正、验收完毕后进行构件间的焊接。

308. 试述湿式电除尘器的支座安装顺序。

答： 电除尘器在钢架上方布置 4 个支座，若支座型号、安装位置、方向错误，电除尘器投运后热膨胀无法实现足够位移会造成事故。支座安装前，先进行柱顶画线，然后按照设计图纸要求摆放 1 个固定、2 个单向和 1 双向支座，注意位移方向，不得装错。单向、双向支座应装好滑板（聚四氟乙烯）、不锈钢底板。

309. 试述湿式电除尘器的灰斗安装顺序。

答： 湿式电除尘器收集下来的灰水，通过灰斗送至循环水系统，灰斗的焊缝要求饱满，圆滑过渡，密封良好，焊接时应焊缝严密，灰斗内壁上的疤痕必须用砂轮磨光。并对焊缝进行煤油渗漏试验。灰斗组合可与钢架安装同步进行，在钢架安装完毕后即可把组合好的灰斗直接吊装就位；为防止吊装时变形，在灰斗内应装设临时加固支撑。

310. 试述湿式电除尘器的壳体安装顺序。

答： 壳体的立柱墙板在地面上组合成为左右前后墙各 1 块。吊装调整后进行内外双面焊接。因内部需要玻璃钢防腐，电除尘器内部壳体焊缝应全部打磨平整、光滑。用垫板对立柱及墙板上表面基准点高度进行检查及调整；调整墙板垂直度。应符合以下要求：

（1）柱距极限偏差为 3mm。

（2）立柱垂直度为：$H/10\,000$（H 为立柱高度）且小于或等于 10mm。

（3）各柱顶水平标高极限偏差为 3mm。

311. 试述湿式电除尘器的顶梁安装顺序。

答： 阴阳极板吊点作用在顶梁上，所以顶梁安装尺寸应严格控制。保证顶梁侧板悬挂阳极吊板槽口从进口到出口排排对齐。吊装前检查顶梁的尺寸，着重检查顶梁侧板上悬挂阳极连接板槽口的尺寸。吊装前，按所提供的电除尘器安装图在顶梁底板上组装电晕极悬吊装置的底座和保护管。底座直接放置在带有密封垫圈的顶梁底板上。全部顶梁吊装完后，检查每个电场前后两根顶梁间的跨距极限偏差为 ±5mm，各顶梁水平标高极限偏差为 ±3mm。

312. 试述湿式电除尘器的内部构件施工顺序。

答： 进行内部楼梯 2 层平台走道、爬梯的焊接安装；进行内部不锈钢导流板的焊接安装。

313. 试述湿式电除尘器阴极吊挂装置安装顺序。

答：（1）支撑绝缘子中心线与悬挂吊杆中心线应重合，其同轴度为 5mm。

（2）电晕极支撑架的组合后，吊装其挂在吊杆上。

314. 试述湿式电除尘器的阳极板安装顺序。

答： 根据阳极板的尺寸制作安装吊装架，在吊装架水平放置在地面上在吊装上组合 4 块折痕的阳极板；然后用 2 台汽车吊吊装到位；再安装极板排下部的集水槽。极距偏差调整在 10mm 之内。

315. 试述湿式电除尘器的阴极安装顺序。

答： 先把阴极线用螺栓、焊接的组合方式安装在阴极框架内，用螺栓调整、张紧阴极线。然后把组合好的阴极吊装在电晕极支撑架上，极距偏差调整在 10mm 之内。

316. 试述湿式电除尘器的进出口喇叭安装顺序。

答： 进出口喇叭的结构形式为下部出风口，设置 2 层气流均布多孔板，进口喇叭口在地面进行组合，把在其内部安装焊接 2 层的气流分布板。然后吊装在电除尘墙板上口，进行焊接连接。

出口喇叭在地面进行组合后，吊装焊接在墙板侧面出口；内部的导流板待喇叭口焊接后进行安装。

317. 试述湿式电除尘器的油漆构成。

答： 壳体油漆包括底漆、第一基层、第二基层、面层 4 层；平均厚度 2mm；角钢、焊缝、爬梯及人孔等部位油漆包括底漆、基层、加强层、面层 4 层；平均厚度 3mm。

318. 试述湿式电除尘器的喷砂处理。

答： 在壳体、内部走道、导流板安装完毕，极板吊装之前，对壳体内部碳钢部位进行喷砂处理，喷砂除锈等级不小于 Sa2.5 级。进出口喇叭在地面进行喷砂处理。油漆喷砂处理后，先在表面涂刷一层底漆；待干燥后进行基层加强层面层的施工。

319. 试述湿式电除尘器的检测项目。

答：（1）用磁性测厚仪测试干膜厚度，每 1m^3 测 3 个点，每个点读数由 3 点平均数构成；

（2）用电火花检测仪检测针孔

320. 试述单塔单循环吸收塔本体改造的方案。

答：（1）增加液气比，加大喷淋量。

（2）采用托盘塔或旋汇耦合技术。

（3）优化流场。

321. 什么是增加液气比和加大喷淋量？

答： 对于给定的改造后的煤质参数，对现有吸收塔应进行结构参数上的校核，主要校核空塔流速、液气比、浆液循环时间和各层高度设计。以燃煤含硫量 $S_{ar} = 1.5\%$ 计，入口 SO_2 浓度为 3800mg/m^3，出口 SO_2 浓度 35mg/m^3，脱硫效率为 99.1%，此时液气比不应低于 261/m^3，喷淋层总数不低于 5 层，每层间距 2m。同时应采用高效雾化，喷嘴覆盖率不低于 300%。

322. 什么是采用托盘塔或旋汇耦合技术？

答：托盘塔是在吸收塔入口和第一层喷淋层之间设置一层合金托盘，有效地降低了液气比，提高了脱硫效率，但托盘塔烟气阻力较大，故仅用于脱硫塔入口 SO_2 浓度较高脱硫效率又要求较高的工程。

旋汇耦合技术是利用气体动力学原理，通过特制的旋汇耦合装置产生气液旋转翻腾的湍流空间，气液固三相充分接触，大大降低了气液膜传质阻力，大大提高传质速率，从而达到提高脱硫效率的目的。

323. 为什么采用优化流场？

答：托盘塔等强化气液接触的措施，降低了液气比，对于提高脱硫效率有较好的效果，但也存在一些问题，不仅增加了风机运行阻力，大量的持液构件在运行工况变化时存在较大的结垢堵塞的风险。为避免这些风险，提高吸收塔运行的安全性和可靠性，对于一些入口含硫量不是很高的项目，比如 $S_{ar}<1.0\%$，在不增加额外设施和构件的情况下，可以通过流场优化保证塔内流场的均匀分布，以达到最优的脱硫效果。

324. 试述双循环的改造方案。

答：双循环是指烟气完成了 2 次脱硫过程，分为两级循环。每级循环设置独立的循环浆池和喷淋层，控制不同的 pH 值和浆液密度。一级循环 pH 值控制在 $4.5\sim5.3$，有利于石灰石的溶解和石膏的结晶，二级循环 pH 值控制在 $5.8\sim6.5$，有利于 SO_2 的吸收。二级循环设置旋流器，通过旋流器的底流和溢流来调节两级之间的浆液。双循环技术脱硫效率可稳定维持 99% 以上。

325. 试述除雾器的改造方案。

答：吸收塔的改造除了满足高效脱硫的要求外，其除雾器区域的改造还应满足烟尘超低排放的需要，即高效脱硫除尘一体化改造。目前能用于烟尘超低排放的技术，除了湿式电除尘器之外，常采用三层屋脊式除雾器和多级气旋管束式除雾器。这两种技术都配合托盘或旋汇耦合器使用，安装托盘后，塔内流场趋于均匀，为除雾器除尘的高效除雾除尘提供了必要条件。但仅仅是除雾器段的改造是无法满足超低排放的要求的，还应匹配前端的电除尘部分的改造，控制脱硫入口的尘浓度低于 $15\sim20mg/m^3$。

326. 试述吸收塔本体的改造工作。

答：（1）塔内件拆除工作：拆除原有部分喷淋层母管及对应层喷嘴；拆除部分原喷淋母管箱形梁及对应 U 形抱箍母管端部支托；拆除部分与新安装的喷淋母管相碰的除雾器层平台。

（2）塔内安装工作：安装新的喷淋母管接口、箱形梁及母管端部支托；新增的喷淋母管接口箱形梁及支托重新鳞片防腐，喷淋层沿塔壁一圈鳞片防腐；安装 FRP 交互式喷淋母管、U 形抱箍及喷嘴；安装托盘箱形梁及环形角钢；安装托盘及紧固件；安装吸收塔脱硫增效装置。

327. 试述浆液循环系统的改造方案。

答：原有的喷淋系统改成交互式喷淋系统后，吸收塔循环浆液管道也随之改变。原循环泵进口管道及出口垂直段管道保持不变，原浆液循环管道入吸收塔前水平段拆除后重新布置。新增一台循环泵，相应的电气开关柜、动力电缆及控制电缆新增或改造。

新增浆液循环泵及除雾器喷淋改造的 I/O 点，以在原机柜备用插槽新增卡件和利用原脱硫 DCS 备用点的方式纳入脱硫 DCS 进行控制，并实现运行人员通过除灰控制室内脱硫 DCS 操作员完成对上述设备的启/停控制、正常运行的监视和调整，以及异常与事故工况的处理和故障诊断。

328. 脱硫超低排放改造的注意事项是什么？

答：（1）控制燃煤含硫量，控制入口 SO_2 浓度。控制脱硫效率不超过 $99\%\sim99.2\%$，即燃煤含硫量控制在 $1.4\%\sim1.8\%$。超过该含硫量时，采用双循环技术。

（2）应考虑停机过渡时间和施工难度、施工周期。

（3）任何一种改造往往是各种方案的结合。双循环技术具有较高的稳定性和脱硫效率，但改造工作量大，投资较高，对于中低硫煤来说，可采用托盘塔技术并优化流场，在现有浆池有余量的前提下适当增加1～2层喷淋层，结合除雾器的改造适当加高吸收塔。

329. 试述脱硝系统的改造。

答：超低排放脱硝系统的改造包括 SCR 反应器增大流通面积改造；氨/烟气混合系统改造和 CFD 优化技术；烟气旁路改造；吹灰系统改造；稀释风系统改造；灰斗及输灰系统改造等。

330. 什么是 SCR 反应器增大流通面积改造？

答：SCR 反应器增大流通面积改造可通过修改脱硝区域柱距，在原有脱硝钢架之后，新增一列立柱，主要用于支撑吹灰器外挑平台。改造现在布置的钢结构，通过反应器后墙板整体后移，反应器截面增大；对反应器的扩容改造，可以增大烟气流通的面积，降低烟气流速，优化脱硝系统运行条件，进而提高脱硝效率。

331. 什么是氨/烟气混合系统改造？

答：氨/烟气混合情况对于脱硝系统的效率至关重要，该系统通过喷氨格栅静态混合器氨气调节阀组设备调节，确保氨喷入烟道与烟气充分混合，达到烟气中的 NH_3 和 NO_x 均匀分布，力求以静态混合系统的最小阻力换取最佳的混合效果。

332. 什么是 CFD 优化技术？

答：CFD 是英文 computational fluid dynamics（计算流体动力学）的简称，它相当于"虚拟"地在计算机做实验，用以模拟仿真实际的流体流动情况，而其基本原理则是数值求解控制流体流动的微分方程，得出流体流动的流场在连续区域上的离散分布，从而近似模拟流体流动情况。它是目前国际上一个强有力的研究领域，是进行三传（传热、传质、动量传递）及燃烧、多相流和化学反应研究的核心与重要技术。

333. 什么是烟气旁路改造？

答：在每个 SCR 反应器入口烟道处，增设了烟气旁路，改造前 35％BMCR 负荷时脱硝装置进口处烟温为 270℃，改造后可达到 310℃以上。采用调温挡板与隔离挡板相结合方式设置挡板门，使进口烟温最高不超过 410℃。

334. 什么是吹灰系统改造？

答：将原反应器的 HXP-5 型耙式蒸汽吹灰器改造为 PSAT/D 型耙式声波吹灰器，并保留一部分蒸汽吹灰器。通过声波吹灰器和蒸汽吹灰器的联合作用，充分保证催化剂的流通性。

335. 什么是稀释风系统改造？

答：将原稀释风机更换为新的稀释风机，增加风量和压力，并进行风道、风量测量装置、阀门、氨空气混合器的更换，保证喷氨系统的正常运行。

336. 什么是灰斗及输灰系统改造？

答：重新评估烟气流场，并结合原反应器出口烟道弯头处有积灰情况，综合考虑决定在反应器出口烟道水气力除灰系统，整体设置一排气力除灰系统，直接将灰输送至灰场。

337. 什么是其他系统的改造？

答：（1）照明及检修系统。正常交流照明系统可考虑由就近的 MCC 供电，事故照明系统装设有自带可充电电池型应急灯。

（2）防雷接地系统。防雷保护根据需要设计和安装。所有的高建筑物用接闪杆、接闪带或接闪网防止直击雷。接地装置采用水平接地体（热镀锌）为主和垂直接地体组成的复合人工接地网，并与电厂主接地网相连。

第二节　燃煤机组超低排放系统施工的安全和质量问题

338. 超低排放系统施工的安全目标是什么？

答：（1）不发生重伤以上人身事故。

（2）不发生直接经济损失50万元以上的设备损坏事故。

（3）不发生一般火灾事故。

（4）不发生项目部责任引起的电厂一类障碍以上事故。

（5）不发生造成人员轻伤、电厂主设备停运或损坏等后果的误拉、误合、误碰、误动、误开、误整定、误调试等各类误操作事件。

（6）不发生负主责以上由人员重伤构成的一般以上交通事故。

（7）不发生一般以上环境污染事件因环保问题造成的群体事件；不发生被政府相关部门通报批评的环保事件。

（8）不发生恶性人身未遂事故。

（9）不发生员工永久性职业伤害事故。

（10）不发生以下任一治安事件、刑事案件。

1）5万元以上现金或15万元以上物品被盗抢案件。

2）危险物品被盗、丢失或被非法转让案件。

3）设备、设施遭破坏，严重影响安全生产。

4）内保工作不到位被上级部门通报批评的事件。

（11）不发生本项目部责任造成的重大社会影响的其他安全生产事故（事件）、群体事件。

（12）杜绝重复发生相同性质的事故。

339. 超低排放系统施工的质量目标是什么？

答：（1）设计质量目标。设计指标先进、方案优化、评审严格、供图及时、设计成品合格率为100％。设计性能达到主要污染物排放控制指标：NO_x 排放浓度不大于 $45mg/m^3$、SO_2 排放浓度不大于 $35mg/m^3$、烟尘排放浓度不大于 $5mg/m^3$。

（2）采购选型合理、技术可靠、严格监造、供货及时、设备开箱检验率为100%。

（3）施工质量指标：

1）单位工程、分部工程、分项工程检验批质量合格率为100%。

2）工程建设W、H质量控制点的验收签证合格率为100%。

3）受检焊口一次检验合格率不小于95%。

（4）调试质量指标：

1）分部试运项目及整套试运验收项目均达到优良率100%。

2）热控电气自动投入率为100%，保护装置投入率为100%。

3）机组服役一年内不发生因设计、施工、调试质量引起的设备事故。

第三节　燃煤机组超低排放的调试

340. 什么是燃煤机组超低排放的调试？

答：燃煤机组超低排放的调试包括单体调试、分系统调试和整套启动调试。单体调试是指单台辅机及电动阀门热控装置的试运；分系统调试是指按系统对其动力、电气、热控等所有设备及其系统进行空载和带负荷的调整试运；整套启动调试是指在热态情况下进一步完善各系统的自动调节及控制逻辑，及时发现问题并加以解决，通过调整使超低排放各项指标在合格范围内。

341. 燃煤机组超低排放调试的内容是什么？

答：燃煤机组超低排放调试的内容是：①脱硫系统的改造调试；②湿式电除尘器系统调试；③管式GGH系统调试；④低低温电除尘器系统调试；⑤脱硝系统改造调试；⑥超低排放系统整套启动试运。

342. 燃煤机组超低排放启动前的调试内容是什么？

答：燃煤机组超低排放启动前的调试内容是：①脱硝声波吹灰器调试；②低低温电除尘器灰斗带电场升压合格，灰斗蒸汽加热系统投运正常；③吸收塔浆液循环泵试运转正常；④湿式电除尘器喷淋水系统循环正常，带水升压及高频电源调试正常；⑤管式 GGH 热媒水系统和蒸汽加热系统调试正常，吹灰器冷态调试完成。

343. 燃煤机组超低排放低负荷调试的内容是什么?

答: (1) 工艺水系统：工艺水路分配热态调整，进行水量平衡调整。

(2) 吸收塔系统：完成低负荷下除雾器冲洗水量调整，循环泵投用数调整试验。

(3) 脱硝系统：喷氨量和出口 NO_x 控制。

344. 燃煤机组超低排放满负荷调试的内容是什么?

答: (1) 超低排放系统管式 GGH（加装烟气换热器脱硫系统）、低低温电除尘器、脱硫系统和湿式电除尘器启停步序完善工作。

(2) 工艺水系统：除雾器冲洗水和湿式电除尘器冲洗水之间的水量平衡调整。

(3) 吸收塔和增压风机系统：吸收塔浆液泵热态投运并完成循环泵切换对机组影响试验；完成除雾器冲洗水量调整；完成增压风机热态投运、入口负压控制调整试验及增压风机 RB 试验。

(4) 管式 GGH 和低低温电除尘器系统：完成管式 GGH 热态投运，完成管式 GGH 冷却器出口水温烟温和加热器出口水温烟温调整试验，吹灰器热态投运及吹扫频次试验，低低温电除尘器高频电源一次电压、一次电流、二次电压、二次电流及运行方式选择等调整试验，确定电除尘器除灰振打周期，投运电除尘器蒸汽加热装置。

(5) 湿式电除尘器：完成湿式电除尘器热态投运及不同负荷下冲洗水量调整。

(6) 脱硝系统：完成脱硝系统热态投运和喷氨格栅调整，确定声波吹灰器吹扫频次。

（7）仪控系统：完成顺控投运工作，模拟量热态调整，烟气连续监测系统热态调整。

345. 燃煤机组超低排放变负荷调试的内容是什么？

答：（1）烟气系统：完成变负荷工况下脱硫增压风机热态调整和脱硝喷氨量自动控制优化。

（2）吸收塔系统：完成变负荷下吸收塔 pH 值控制调整。

（3）管式 GGH 系统：优化管式 GGH 热媒水量和冷却器、加热器出口烟气控制回路。

346. 燃煤机组超低排放分部试运组的职责是什么？

答：（1）负责分部试运阶段的组织协调、统筹安排和指挥领导工作。

（2）核查分部试运阶段应具备的条件。

（3）组织和办理分部试运后的验收签证及资料交接等。

（4）负责组织实施调试方案和措施。

（5）对设备及系统的调试运行或停运检修消缺发布指令。

347. 燃煤机组超低排放整套试运组的职责是什么？

答：（1）负责核查整套启动试运应具备的条件。

（2）提出整套启动调试方案和措施。

（3）负责组织实施启动调试方案和措施。

（4）全面负责整套启动试运的现场指挥和具体协调工作。

（5）对设备及系统的启动调试运行或停运检修消缺发布指令。

（6）审查有关试运和调试报告。

348. 燃煤机组超低排放试运的验收检查组的职责是什么？

答：（1）负责建筑与安装工程施工和调整试运质量验收及评定。

（2）负责安装调试记录、图纸资料和技术文件的核查及交接工作。

（3）组织与消防、电梯有关工程的验收核查其验收评定结果。

（4）协调设备材料、备品配件、专用仪器和专用工具的清点移交工作。

（5）负责验收签证后核准分部试运验收单的手续，未经核准不得使用。

349. 燃煤机组超低排放试运的生产准备组的职责是什么？

答：（1）负责核查生产准备工作，包括运行、检修人员的配备、培训情况，所需的规程制度、系统图表、记录表格、安全用具等的配备情况。

（2）负责完成整套启动试运期间氨气、水、电、压缩空气、化学药品等物资的供应。

（3）负责提供电气热工等设备的运行整定值。

第四节　燃煤机组超低排放调试的注意事项

350. 燃煤机组超低排放的首次通烟气应注意什么？

答：（1）管式 GGH 系统跟随机组启动时，必须先提前进行热媒水蒸汽加热，同时在锅炉启动的各个阶段及时进行各种调节模式的转换。各种模式均应及时设定好目标值，目标值的设定应考虑烟气酸露点参考表，及时更改，保证任何时候热媒水温度均高于当前烟气酸露点。

（2）吸收塔再循环泵运行或湿式电除尘器喷淋运行或除雾器冲洗投运，此时烟气加热器管壁由原来是干态进入湿态，酸雾已生成，此时其管壁防腐由防止烟气凝结转为减少酸雾量，增投再循环泵和喷淋及电场，提高高频电源参数，减少 SO_2 及石膏液滴。

（3）为保证管式 GGH 烟气加热器换热效果和控制差压，必须严格控制烟囱入口粉尘浓度，确保除尘效果，保证管式 GGH 加热器可靠运行。

（4）应控制下列指标：

1）吸收塔 pH 值在 $5.2 \sim 5.4$，不超过 5.5。

2）石灰石浆液密度在 1200～1220kg/m³。

3）超低排放指标符合要求。

（5）锅炉点火后开启烟气冷却器吹灰蒸汽总阀，投运蒸汽吹扫程控，防止烟气冷却器出积灰。

351. 燃煤机组超低排放整套试运时应注意什么？

答：（1）在正常运行情况下，运行人员应遵照有关规程进行操作。在调试情况下，应由调试人员按规程进行操作。

（2）试运中发现危及设备和人身安全的故障时，运行人员可根据具体情况直接处理，并及时通知现场指挥及有关人员。

（3）设备消缺应严格执行工作票制度。

（4）现场应安装安全标牌、介质流向、设备转向标识等。

（5）调试前应向有关人员进行技术交底及注意事项。

（6）烟气通道各检修门挂上"禁止进入"的警告牌，若要进入烟道内须确认系统已完全停止并做好安全措施后方可进入。

（7）浆液循环泵全部跳停时，应采取下列措施：脱硫系统退出运行，启动除雾器冲洗水泵，打开除雾器下层冲洗阀和预喷淋阀；调试人员和运行人员应熟悉有关规程制度。

（8）吸收塔再循环泵运行或湿式电除尘器喷淋运行或除雾器冲洗投运时，烟气加热器管壁由干态进入湿态，应增投再循环泵和喷淋并提高电场高频电源参数，减少 SO_2 含量和石膏雨。

（9）受电区域设专人管理，非工作人员禁止入内。

（10）对代保管范围内的设备严禁调试、安装人员及其他人员操作。

352. 燃煤机组超低排放如何进行停送电？

答：（1）单机试运和分系统试运价段。设备的停送电和就地相关检查和操作由施工单位负责。与原有电气系统有交界的电源开关由电厂运行人员检查和操作。代保管后均由电厂运行人员负责。

（2）超低排放新增、改造设备的首次送电。调试单位应使用设备送电联系单，一、二次设备完好可投入运行，电源开关保护确认正常；热工保护联锁试验合格；一次设备接线正确等。

（3）超低排放设备送电。应逐一进行，开关室和就地一一对应，避免出现电气设备与机务设备不对应的情况。

（4）整组启动前。应对超低排放操作员站、开关室和就地进行核对工作。

（5）加强硫灰配电室的管理。

353. 燃煤机组超低排放的调试其他应注意什么？

答：（1）单机调试、分系统调试阶段。与原有设备有交界的电气开关阀门由运行人操作，其他设备由调试单位人员和施工单位人员负责。

（2）设备试运，应在就地设备上悬挂"设备试运，注意安全"警告牌。试运后收回。

（3）单机试运、分系统试运出现缺陷需要处理时，由施工单位开具工作票。整体调试阶段，消缺工作采用电厂原有工作票流程和双签发制度。

（4）单机试运分系统试运期间，热工信号强制单由调试组负责审批，整体调试阶段按电厂流程进行。

第七章

燃煤机组超低排放的运行管理

第一节　燃煤机组超低排放的运行规程

354. 简述湿式电除尘器的操作规程。

答：（1）湿式电除尘器系统的启动：启动前的准备工作；启动操作；停止操作。

（2）安全措施。

（3）运行中常见故障及处理。

（4）设备保护定值：喷雾冲洗水泵；喷淋冲洗水泵；电场冲洗水箱；喷淋冲洗电动门；绝缘子箱吹扫风机；绝缘子箱吹扫风机母管加热器；高压控制柜；电场喷淋冲洗程序。

（5）主要设备。

355. 简述烟气脱硫系统的运行规程。

答：（1）烟气脱硫概述：主机设备型号和形式；系统概述；烟气脱硫系统性能指标。

（2）FGD烟气系统：设备控制参数；挡板门；启动前的检查、启动、维护及停运。

（3）吸收塔系统：液位控制参数；主要设备控制参数；启动前的检查；启动；运行中的检查维护；运行中的调整；停运。

（4）石灰石浆液输送、制备、供应系统：主要设备控制参数；启动前的检查；启动；运行中的检查维护；系统调整；系统停运。

（5）石脱水系统：设备控制参数；启动前的检查；启动；运行中的检查维护；运行压力的调整；系统停运。

（6）脱硫辅助公用系统：设备控制参数；事故浆液系统；工艺水系统；压缩空气系统的维护。

（7）烟气脱硫系统启停：启动前的检查及启动条件；系统的启动；从长期停运转入短期停运的操作；从短期停运转入热备用的操作；系统的全停。

（8）脱硫事故判断及处理：一般原则；公用系统故障及处理。

（9）电气系统：电气设备负荷参数；电气设备运行维护；电动机运行规定；直流系统的检查维护；电气开关的停送电操作；电气单一负载故障处理。

356. 简述 SNCR 脱硝系统操作规程。

答：（1）概述：主要设备型号；系统概述；设备性能指标。

（2）脱硝系统：氨液储罐；氨液加注泵；氨水供应泵系统；氨气泄漏检测仪；脱硝系统喷射器。

（3）运行控制：氨水加注；脱硝系统投运和停运。

第二节　燃煤机组超低排放的运行

357. 什么是燃煤机组超低排放系统的整套试运？

答：超低排放系统整套试运包括整套试运调试阶段和 72h 满负荷试运两个阶段。从锅炉烟气引入脱硝反应器、脱硫装置、低低温电除尘器、管式 GGH 和湿式电除尘器开始，到完成 72h 试运结束移交试运行为止。

358. 燃煤机组超低排放整套启动应具备哪些基本条件？

答：（1）脱硫系统：①吸收塔循环泵试运完毕，塔的水位已加注至正常水位；②烟道清理完毕，人孔门已封闭；③其他辅助系统检修完毕可正常运行；④各项目完成消缺和检查。

（2）脱硝系统：①催化剂安装完毕，反应器内部完成清灰；②声波吹灰器调试完成；③其他辅助系统检修完毕，可正常运行；④各项目完成消缺和检查。

（3）管式 GGH 系统：①热媒水泵试运完毕，可正常运行；②烟气冷却器和烟气加热器管道冲洗完毕，系统上水完成；③循环水加药完毕；④各有关阀门已调试完毕，动作正常；⑤蒸汽吹灰器调试完毕，动作正常；⑥各项目已完成消缺和检查。

（4）低低温电除尘器系统：①升压试验已完成；②控制系统调试完毕；③振打装置调整完毕；④灰斗蒸汽加热器调试完毕；⑤各人孔门已封闭；⑥各项目已完成消缺和检查。

（5）湿式电除尘器系统：①升压试验已完成；②控制系统调试已完毕；③各个泵试运完毕；④各个阀门已调试完毕；⑤水箱水位已加注到正常水位；⑥各人孔门已封闭；⑦各项目已消缺和检查。

（6）电气设备：①各设备开关调试完毕；②超低排放的电气设备调试完毕。

（7）热控设备：①控制系统工作正常；②有关热控设备处于正常工作状态；③记录和报警系统调试完毕；④各系统程控和自动调试完毕；⑤操作员站和连锁保护正常；⑥CEMS完成标定工作。

359. 燃煤机组超低排放整套启动过程有哪些工作内容？

答：整套启动过程的工作内容包括：脱硫系统的启停；脱硝系统的启停；管式GGH系统的启停；低低温电除尘器的启停；湿式电除尘器的启停。

第三节　燃煤机组超低排放运行的注意事项

360. 燃煤机组超低排放系统正常运行有哪些注意事项？

答：燃煤机组超低排放系统正常运行的注意事项有：管式GGH系统系统运行注意事项；低低温电除尘器运行注意事项；湿式电除尘器运行注意事项；烟气脱硫系统运行注意事项；脱硝系统运行注意事项。

361. 超低排放试运过程有哪些注意事项？

答：试运过程的注意事项包括：调试运行注意事项；岗位值

班人员注意事项；试运外包管理注意事项。

362. 超低排放移交生产后有哪些注意事项？

答：移交生产后注意事项包括：管式 GGH 系统；脱硫系统；湿式电除尘器系统。

363. 超低排放调试运行的注意事项是什么？

答：超低排放调试运行的注意事项包括：①应在就地设备上悬挂"设备试运，注意安全"警告牌，在试运后收回警告牌；②应按照调试组要求进行操作；③工作票采用双签发制度；④逻辑和定值的修改必须由调试人员出具修改审批单，经领导审批同意，运行专业人员签名后才可进行修改；⑤当出现故障时，应由专业调试人员决定后再处理，当故障危及设备和人身安全时，可采取紧急处理措施，并通知现场指挥及有关人员。

第八章

燃煤机组超低排放的异常运行

第一节　燃煤机组超低排放的异常运行

364. 管式 GGH 系统的异常运行是什么？

答：管式 GGH 系统的异常运行包括：烟气冷却器出口温度低；烟气冷却器差压高；烟气加热器进口水温过低；烟气加热器出口水温低；热媒水补水箱压力高；热媒水补水箱液位高；管式 GGH 管内腐蚀等现象。

365. 低低温电除尘器和湿式电除尘器高频电源的异常运行是什么？

答：低低温和湿式电除尘高频电源的异常运行包括：完全短路；不完全短路；输出开路；输入过流；供电装置偏励磁；直流电压升不高；有电压却无电流或电流很小；二次无输出；二次信号反馈故障；阳极或阴极振打失灵；变压器油温高；变压器油箱油位低保护报警；变压器油箱压力高保护报警；除尘器进出口烟气温差大；除尘效率低；直流母线电压低；散热风机故障；高压连锁跳闸等。

366. 烟气脱硫系统的异常运行是什么？

答：烟气脱硫系统的异常运行包括：FGD 进口粉尘浓度过高；脱硫工艺水中断；真空皮带机运行跳闸；除雾器差压高；CEMS 故障报警；pH 计显示异常；浆液密度测量仪故障等。

367. 湿式电除尘器水系统的异常运行是什么？

答：湿式电除尘器水系统的异常运行包括：工艺水箱水位低；

水泵故障或跳闸；喷淋水流量低；循环水箱或喷淋回水箱 pH 值高或低等。

368. SCR 系统的异常运行是什么？

答： SCR 系统的异常运行包括：脱硝效率低；催化剂差压高；锅炉侧氨气泄漏；SCR 反应器入口 NO$_x$ 偏高；氨逃逸率上升；脱硝稀释风总流量下降等。

第二节　燃煤机组超低排放异常运行的处理

369. 管式 GGH 烟气冷却器出口温度低如何处理？

答： 管式 GGH 烟气冷却器出口温度低应：①检查温度测点；②检查烟气冷却器进口水温调节是否正常；③检查热媒水两侧进水调节阀开度是否正常；④检查烟气冷却器进口烟温和流量是否正常；⑤检查烟气冷却器两侧进水调节旁路是否误开；⑥热媒水补水箱液位检查及泄漏修补；⑦热媒水进水流量计校验。

370. 管式 GGH 烟气冷却器差压高如何处理？

答： 管式 GGH 烟气冷却器差压高应：①检查差压测点正常，取样通畅无堵塞；②烟气冷却器烟气量确认；③加强吹灰器蒸汽吹扫；④及时采取防结露措施和泄漏点隔离措施，减少结灰。

371. 管式 GGH 烟气加热器差压高如何处理？

答： 管式 GGH 烟气加热器差压高应：①检查差压测点正常，取样通畅无堵塞；②烟气加热器烟气量确认；③烟气加热器水冲洗；④吸收塔和湿式电除尘器运行控制正常，减少石膏雨影响。

372. 管式 GGH 烟气加热器进口水温低如何处理？

答： 管式 GGH 烟气加热器进口水温低应：①检查温度测点；②检查烟气冷却器出口水温；③机组负荷偏低、烟气流量偏小；④检查热媒水加热蒸汽参数及其蒸汽加热器运行情况。

373. 管式 GGH 烟气加热器出口水温低如何处理?

答：管式 GGH 烟气加热器出口水温低应：①检查温度测点；②检查热媒水加热蒸汽调节阀及控制回路；③检查加热蒸汽压力和温度；④检查热媒水加热蒸汽调节及其旁路；⑤检查蒸汽加热器蒸汽侧疏水。

374. 管式 GGH 热媒水补水箱压力高如何处理?

答：管式 GGH 热媒水补水箱压力高应：①检查压力测点；②氮气压力调整；③检查补水阀无内漏；④检查并控制烟气温度和循环水温度在正常范围；⑤检查热媒水补水箱压力超过安全阀设定值时，安全阀动作正常；⑥做好人身安全防护后，进行热媒水补水箱排气工作。

375. 管式 GGH 热媒水补水箱液位高如何处理?

答：管式 GGH 热媒水补水箱液位高应：①检查液位计；②热媒水水量调整正常；③确认烟气和热媒水温度；④检查补水管阀是否正常。

376. 管式 GGH 管内腐蚀如何处理?

答：管式 GGH 管内腐蚀应：①定期取样监测比对；②加药除去水中的溶解氧，严禁开式系统运行；③严格控制热媒水的 pH 值；④向热媒水系统补水换水及进行定期检查时，容易混入空气，系统内一旦混入空气，除氧剂浓度消耗会加快，浓度降低速度加快，应增加测量频率，如 2 天 1 次；⑤注意停炉保养。

377. 低低温电除尘器高频电源完全短路如何处理?

答：低低温电除尘器高频电源完全短路应：①检查输灰系统与低低温电除尘器灰斗料位计正常，并加强输灰，消除灰斗满灰；②检查拆除高压部件临时接地线；③检查高压隔离开关的高压侧闸刀或电场侧闸刀在电源-电场位置；④检查高频电源供电装置保护正常；⑤阳极振打、阴极振打切换至手动方式，加强振打；

⑥若经运行调整，电场仍不能恢复正常，应停运该整流变，汇报上级，并联系检修处理。

378. 低低温电除尘器高频电源不完全短路如何处理？

答：低低温电除尘器高频电源不完全短路应：①检查输灰系统与低低温电除尘器料位计正常，加强灰斗输灰；②检查阳极振打和阴极振打正常；③切换阳极振打和阴极振打至手动方式加强振打；④检查低低温电除尘器绝缘子，灰斗与阴极瓷轴加热正常，如有必要可切换至手动方式运行；⑤若电场持续拉弧或连续发生跳闸，应停低低温电除尘器整流变，汇报上级，及时联系检修处理。

379. 低低温电除尘器高频电源输出开路如何处理？

答：低低温电除尘器高频电源输出开路应：①检查隔离开关是否断开；②检查电场连接线和高压隔离开关是否可靠连接；③联系检查取样回路是否正常；④联系检查高压硅堆是否断开；⑤当高频处在开路状态时，实际二次输出电压瞬间超过额定电压，手操器或上位机上不会显示数值，高频电源立即自动停止，并且提示输出开路故障；⑥高频电源修复后确认并复位后方能进行操作。

380. 低低温电除尘器高频电源输入过流如何处理？

答：低低温电除尘器高频电源输入过流应：①联系检查二次电流和电压是否校准；②联系检查三相整流回路和变压器是否异常；③联系检查三相输入电源是否平衡；④高频电源修复后，确认并复位后方能进行操作。

381. 低低温电除尘器高频电源供电装置偏励磁如何处理？

答：低低温电除尘器高频电源供电装置偏励磁应：①若高频电源可暂时继续运行，应及时降低二次电压运行，汇报上级并加强监视；②当发生偏励磁时，应立即停运电场，汇报上级并联系检修处理。

382. 低低温电除尘器电场升压，无二次电流如何处理？

答：低低温电除尘器电场升压，无二次电流应：①停运高频电源；②联系检修处理。

383. 低低温电除尘器进出口烟气温差大如何处理？

答：低低温电除尘器进出口烟气温差大，应：①检查低低温电除尘器进出口温度计正常；②修复低低温电除尘器保温；③更换低低温电除尘器人孔门等漏风处的密封填料，补焊壳体脱焊或开裂部位。

384. 湿式电除尘器直流电压升不高如何处理？

答：湿式电除尘器直流电压升不高应：①检查阳极振打和阴极振打运转正常；②切换阳极振打和阴极振打至手动方式加强振打；③高频电源改为自动连续运行方式并试行修改参数；④检查湿式电除尘器水系统喷淋正常；⑤检查湿式电除尘器阴极线喷淋无内漏；⑥增加湿式电除尘器绝缘子密封风机运行，提高密封风压力，清理进口滤网；⑦加强监视，严重时停运电场，汇报上级并联系检修处理。

385. 湿式电除尘器有电压无电流或电流很小如何处理？

答：湿式电除尘器有电压无电流或电流很小应：①检查阳极振打和阴极振打运行正常；②切换阳极振打和阴极振打至手动方式，加强振打；③检查湿式电除尘器喷淋水系统运行正常；④检查各喷嘴无堵塞，保证冲洗效果；⑤检查接地正常；⑥加强阴极线喷淋冲洗；⑦若故障严重，按停运电场处理，汇报上级并通知检修处理。

386. 湿式电除尘器高频电源二次无输出如何处理？

答：湿式电除尘器高频电源二次无输出应：①联系检查

IGBT 模块是否损坏；②联系检查驱动信号是否正常；③联系检查驱动控制板是否正常；④联系检查变压器是否损坏；⑤联系检查高压硅堆是否损坏；⑥高频电源修复后确认并复位后方能进行操作。

387. 湿式电除尘器高频电源二次信号反馈故障如何处理？

答：湿式电除尘器高频电源二次信号反馈故障应：①联系检查取样连接线是否可靠；②联系检查测量取样电阻；③高频电源修复后确认并复位后方能进行操作。

388. 阳极振打或阴极振打失灵如何处理？

答：阳极振打或阴极振打失灵应：①及时查明原因，并联系检修处理；②如果运行工况趋于恶化，应汇报上级，可停运除灰整流变。

389. IGBT 过流报警如何处理？

答：IGBT 过流报警应检查驱动隔离板是否正常；检查过流报警继电器是否正常。

390. 湿式电除尘器变压器油温高如何处理？

答：湿式电除尘器变压器油温高应：①联系检查变压器油温传感器是否正常；②变压器是否正常；③散热风机是否故障，出气口是否堵塞；④当温度达到临界油温时（等于温度设定值减去 10℃），高频电源的二次参数自动降到额定值的 50％ 继续运行；⑤当油温高于环境温度＋40℃时，二次参数需降到额定值的 50％ 继续运行。

391. 湿式电除尘器除尘效率低如何处理？

答：湿式电除尘器除尘效率低应：①及时调整锅炉燃烧工况；②适当调整低低温电除尘器运行方式；③检查湿式电除尘器喷淋水系统运转正常；④加强湿式电除尘器各极板喷淋冲洗；⑤及时

消除漏风；⑥程控柜和低压柜控制系统正常；⑦调整闭环控制参数，检查其功能是否正常。

392. 湿式电除尘器直流母线电压低如何处理？

答：湿式电除尘器直流母线电压低应：①检查交流接触器是否有效吸合；②检查预充电电阻是否断开；③检查滤波电容是否正常；④检查整流模块是否正常。

393. 湿式电除尘器变压器散热风机故障如何处理？

答：湿式电除尘器变压器散热风机故障应：①检查电动机启动器；②启动器修复后确认并复位后方能进行操作。

394. 湿式电除尘器变压器高压连锁跳闸如何处理？

答：湿式电除尘器变压器高压连锁跳闸应：①检查安全连锁盘电源是否失去或连锁钥匙开关是否到位；②带电场运行情况下，检查高压隔离开关位置是否到位，阻尼电阻是否断开；③通知检修处理。

395. 湿式电除尘器工艺水箱水位低如何处理？

答：湿式电除尘器工艺水箱水位低应：①检查和疏通测点；②检查是否有多用户使用或出现外漏；③检查相关阀门状态是否正常；④检查补水阀是否故或拒动；⑤恢复脱硫工艺水补水母管来水或采用备用水源补水。

396. 湿式电除尘器水泵故障或跳闸如何处理？

答：湿式电除尘器水泵故障或跳闸应：①检查和疏通测点；②检查是否有多用户使用或出现外漏；③检查相关阀门状态是否正常；④检查进口是否含固体量过高，进行进出口管路冲洗或稀释；⑤检查继电保护定值；⑥恢复水源水位。

397. 湿式电除尘器喷淋水流量低如何处理?

答：湿式电除尘器喷淋水流量低应：①检查和疏通测点；②检查管路是否堵塞；③检查相关阀门状态是否正常；④检查监测是否固体量过高；⑤加强吸收塔除雾器冲洗并确认除雾器冲洗水箱水质合格；⑥切换水泵运行或冲洗疏通泵体后恢复运行。

398. 湿式电除尘器循环水箱或喷淋回水箱 pH 值高或低如何处理?

答：湿式电除尘器循环水箱或喷淋回水箱 pH 值高或低应：①检查和联系清理测点；②检查管路是否堵塞；③检查相关阀门状态是否正常；④检查是否含固体量过高；⑤检查储碱罐液位计；⑥切换加碱泵运行。

399. 烟气脱硫系统（flue gas desulphurisation，FGD）进口粉尘浓度过高如何处理?

答：烟气脱硫系统进口粉尘浓度过高应：①严格控制低低温电除尘器出口粉尘浓度不超过 $30mg/m^3$，并随时检查其运行工况；②及时调整整流变电电场运行参数和振打周期；③如低低温电除尘器出口粉尘浓度大于 $100mg/m^3$，吸收塔应加强浆泵外排；④一个通道的电场全停应立即降负荷至低低温电除尘器出口烟尘平均浓度小于 $300mg/m^3$；⑤一个通道的两个电场停运，可暂时维持运行，并尽快恢复电场运行；⑥吸收塔容许烟尘总量按照机组满负荷，平均烟尘浓度 $300mg/m^3$ 连续 6h 控制，否则及时降负荷，直至申请停炉。

400. 烟气脱硫系统工艺水中断如何处理?

答：烟气脱硫系统工艺水中断应：①投入备用脱硫工艺水泵，查明运行脱硫工艺水泵跳闸原因；②了解化学脱硫工业水泵和脱硫工艺水泵及工业水泵的运行情况；③提前做好补水工作；④补水方式以小流量连续补水为宜，避免出现大流量而引起水泵过载跳闸；⑤有后备水源的，应及时切换到后备水源运行。

第一部分　燃煤电厂的超低排放

401. 烟气脱硫系统真空皮带运行跳闸如何处理？

答：烟气脱硫系统真空皮带运行跳闸应：①确认电源送上，且投用正常；②确认石膏浆泵，已投运，浆液疏放门已打开；③查找故障原因，故障点排除后，启动真空泵；④启动真空皮带机并清理皮带机上的石膏；⑤冲洗石膏浆液泵，并冲洗滤布 20min。

402. 烟气脱硫系统（flue gas desulphurisation，FGD）烟气温度不正常上升如何处理？

答：FGD 烟气温度不正常上升应：①联系集控确认烟温应正常，否则报修处理；②吸收塔进口烟温不小于 150℃，喷淋水阀应及时投入；③吸收塔进口喷淋后烟温超温应开启消防水脱硫事故减温水阀；④投入一级除雾器下表面所有冲洗，水位较高应排放至事故浆液箱；⑤尽量避免吸收塔出口烟温高引起锅炉 MFT（锅炉主燃料跳闸）。

403. 除雾器差压高如何处理？

答：除雾器差压高应：①检查除雾器冲洗情况，确认冲洗水压力，清洗冲洗水滤网；②检查除雾器前后压力值正常，否则冲洗压力变送器取样管；③检查吸收塔浆液浓度及液位是否正常。

404. 锅炉烟尘烟气在线监测系统（continuous emission monitoring system，CEMS）异常如何处理？

答：锅炉烟尘烟气在线监测系统异常应：①检查 CEMS 设备运行情况，查找故障原因，通知检修处理；②吸收塔石灰石供浆切至手动控制；③通知集控，汇报上级。

405. pH 计显示异常如何处理？

答：pH 计显示异常应：①及时通知检修处理；②偏差过大时，对 pH 计进行冲洗；③如 8h 内不能修复，应汇报上级，宜申请撤出 FGD 运行和停炉。

406. 浆液密度测量仪故障如何处理？

答：浆液密度测量仪故障应：①冲洗密度计，通知检修处理；②缩小浆液外排浓度控制范围；③当密度计故障时，增加测量次数；④控制液位并根据测量密度进行液位换算。

407. SCR系统脱硝效率低如何处理？

答：SCR系统脱硝效率低应：①检查氨逃逸率、氨气压力、管道堵塞情况和调节挡板开度、氨流量计和各控制器；②调整出口NO_x为正确设定值；③适当增加喷氨量；④检测催化剂测试片失效情况；⑤重新调整分配支管的流量；⑥检查氨喷射管道和喷嘴堵塞情况；⑦检查NO_x/O_2分析仪正确性及烟气采样管是否堵塞或泄漏。

408. SCR系统催化剂差压高如何处理？

答：SCR系统催化剂差压高应：①检查烟气流量是否过大；②用真空吸尘器清理催化剂表面；③吹扫取样管，清除管内杂质。

409. SCR系统锅炉侧氨气泄漏如何处理？

答：SCR系统锅炉侧氨气泄漏应：①立即向集控室汇报；②用携带式漏氨检测仪确认漏点位置；③泄漏点如在喷氨调节阀后，关闭该阀和氨气隔离阀，通知检修处理；④泄漏点如在喷氨调节阀和氨气隔离阀之间，保持喷氨调节阀开度及关闭氨气隔离阀，通知检修处理。

410. SCR系统反应器入口NO_x偏高如何处理？

答：SCR系统反应器入口NO_x偏高应：①检查CEMS数据是否正常；②调整氧量；③合理安排制粉系统运行方式；④调整入炉煤种，合理燃烧。

411. SCR系统氨逃逸率上升如何处理？

答：SCR系统氨逃逸率上升应：①检查氨逃逸率仪表是否正

常；②检查喷氨调节阀是否正常；③检查喷氨量与负荷及 SCR 反应器入口 NO_x 是否成比例；④机组检修时，检验催化剂活性。

412. SCR 系统脱硝稀释风总流量下降如何处理？

答：SCR 系统脱硝稀释风总流量下降应：①检查风机入口滤网堵塞情况并进行清理；②检查稀释风机运行情况；③检查流量测量是否正常；④检查管路是否畅通，阀门是否被误关。

第二部分

燃煤电厂的节能改造技术

第九章 概 述

第一节 各国的燃煤电厂节能概况

413. 试述我国的燃煤电厂节能概况。

答：目前我国发电厂主要以火电发电为主，这样不仅消耗大量的煤炭资源，而且给环境造成较大的污染，我国的火力发电机组约占全国总装机容量的 74.5%，而火电机组的 70% 以上是燃煤机组，这与我国的能源结构有关，我国是一个多煤、贫油、少气的国家，其构成是原煤矿 75.4%，原油 12.6%，天然气 3.3%，水电、核电、风电 7.7%，清洁能源的总比例不到 10%。因此，燃煤电厂的节能成为我国节能工作中最主要的任务。

从 2005～2015 年，中国煤炭占能源消费的比重由 72% 下降到 64%，非化石能源占一次能源消费的比重由 7.4% 增加到 12%。2014 年可再生能源的装机容量占全球总装机容量的 25.4%。

414. 试述国外的燃煤电厂节能概况。

答：燃煤发电量占比较大的国家有美国（60%）、中国（62%）、德国（57%）、英国（62%）、澳大利亚（79%）、丹麦（59%）。根据有关报道，在发达国家中，自 2012 年以来美国有 40 座燃煤电厂被关闭，预计到 2020 年全美约 90% 的燃煤发电厂将被关闭。英国计划 2025 年前全面关停境内燃煤发电厂，德国打算在 2050 年停运全部燃煤发电站，法国对燃煤电厂进行新的征税政策。各国都积极开发可再生能源和核电。唯有日本还在建设燃煤电厂，在未来 12 年将建设 43 座燃煤发电厂。

此外，国外发电厂采用火电厂设计优化模式，达到节能降耗的目的，如德国某电厂的 1000MW 燃煤机组，通过设计优化措施，使机组净效率由 35.5％提高到 45.2％。目前电力节能的国际水平为：日本东京电力公司供电煤耗为 320g/kWh，厂用电率为 4％；法国电力公司供电煤耗为 331.6g/kWh，厂用电率为 4.47％；德国电力公司供电煤耗为 332g/kWh，厂用电率为 5.42％（含脱硫装置用电）。电网综合线损率：美国 6.0％；日本 3.89％；德国 4.6％；意大利 3.0％。

第二节　燃煤电厂节能的主要技术措施

415. 如何优化火电结构？

答：（1）发展大型高效燃煤机组，逐步淘汰小机组。超超临界参数机组（26.25MPa/600℃/600℃）的热耗率比常规超超临界参数机组（24.2MPa/538℃/566℃）低约 2.5％，比亚临界参数机组（16.7MPa/538℃/538℃）低 4％～5％。超超临界机组效率比高压机组效率高 12％，煤耗低 39％。

（2）发展热电联产机组，提高能源利用效率。2001～2020 年，全国每年要增加热电联产装机容量约 9000MW，年增加节电能力约 8Mt 标准煤。到 2020 年全国热电联产总装机容量将达到 2×10^5 MW，占全国发电总装机容量的 22％。

（3）发展清洁煤发电技术。清洁煤发电技术包括超超临界火力发电（蒸汽温度为 700℃）；整体煤气化联合循环发电；超临界循环流化床锅炉；增压循环流化床锅炉；绿色煤电技术等。

（4）上大压小，加快停小火电机组。

416. 如何进行火电厂设计的优化？

答：消化吸收国内外现代化大型火电厂先进可靠的成熟设计优化技术和成功经验，采用节能新技术、新产品、新工艺及节能降耗与环保新技术，通过对火电机组的系统设计参数匹配和设计选型进行优化，可进一步提高火电厂效率、降低工程造价，使火电厂设计指标达到先进水平。

417. 什么是综合节能评估技术？

答：综合节能评估技术是指对电厂进行全面的节能评估和诊断，确定各种能量损失的大小，分析其产生原因，确定是否为可控损失和部分可控损失，评估各个环节节能能力，有针对性地分类提出各项节能降耗措施和途径，指导电厂通过加强运行管理、技术改造、设备检修维护、设备消缺、应用节能新技术等手段提高效率、降低能耗，为科学制定降耗措施提供依据。

418. 什么是机组运行优化技术？

答：机组运行优化技术包括锅炉燃烧优化调整、锅炉混烧掺烧、汽轮机组优化运行、提高冷端系统运行性能；脱硫装置优化运行；电除尘器节电技术等。

419. 节能技术改造包括哪些项目？

答：节能技术改造包括：泵与风机变频调速技术；高效节能型风机和水泵；汽轮机通流部分技术改造；电动给水泵改为汽动给水泵；热力系统节能技术；微油点火技术；纯氧燃烧点火技术等。

420. 加强运行管理和优化调度的项目是什么？

答：该项目包括：对称及运行管理；区域负荷优化调度；合同能源管理。

第十章

电 气 节 能 技 术

第一节　变压器的节能

421. 什么是变压器的负载率?

答：变压器的负载率为

$$K = S/S_N = I_2/I_{2N} = I_1/I_{1N}$$

$$S_N = \sqrt{3}U_{2N}I_{2N} = \sqrt{3}U_{1N}I_{1N}$$

式中　S_N——三相变压器额定容量，VA;

　　　U_{1N}——变压器一次绕组上的额定电压，V;

　　　U_{2N}——二次侧开路时，二次绕组的端电压，V;

　　　S——三相变压器实际负载，VA;

I_{1N}、I_{2N}—— 一、二次绕组额定线电流，A。

422. 什么是变压器的平均负载率?

答：变压器的平均负载率为

$$K_j = 1000W_T/TS_N\cos\varphi$$

式中　$\cos\varphi$——时间 T 内变压器计量侧平均功率因数;

　　　S_N——三相变压器额定容量，VA;

　　　T——统计期内的小时数，h;

　　　W_T——统计期内的变压器计量侧的电能，kWh。

423. 什么是变压器的效率?

答：变压器的效率为

$$\eta = P_2/P_1 = P_2/(P_2 + \sum P) = 1 - \sum P/(P_2 + \sum P)$$

式中　P_2——变压器二次侧输出有功功率，W;

　　　P_1——变压器一次侧输入有功功率，W;

$\sum P$——变压器有功损耗，W。

一般中小型变压器效率为 $0.95\sim0.98$，大型变压器效率为 0.99 以上。

424. 什么是变压器的有功损耗？

答：变压器的有功损耗 $\sum P$ 包括铁耗 P_{Fe} 和铜耗 P_{Cu}，即

$$\sum P=P_{Fe}+P_{Cu}$$

额定电压下的铁耗近似等于额定电压时空载试验的输入有功功率 P_0，即

$$P_{Fe}=P_0$$

额定电流下的铜耗近似等于短路试验电流为额定值时输入的有功功率 P_{KN}，忽略励磁电流，任意负载下，铜损与负载率的平方成正比，即

$$P_{Cu}=K^2P_{KN}$$

变压器的有功损耗为

$$\sum P=P_{Fe}+P_{Cu}=P_0+K^2P_{KN}$$

425. 什么是变压器的无功损耗？

答：变压器载某一负载下的无功功率损耗为

$$Q=Q_0+K^2Q_{KN}$$

式中　Q_0——变压器载额定电压下的空载无功功率（励磁功率），var；

　　Q_{KN}——变压器载额定电压下短路时的无功功率（漏磁功率），var。

426. 什么是变压器的综合损耗？

答：在某一负载下，考虑到无功功率引起的附加有功损耗，其综合损耗为

$$\sum P_z=\sum P+K_QQ$$

式中　K_Q——无功功率当量（见表 10-1）。

表 10-1 无功功率当量值 K_Q

类 型	K_Q(W/var)	
	最大负荷时	最小负荷时
直接由发电厂母线供电的变压器	0.04	0.02
供电线路上的变压器（二次变压）	0.07	0.05
区域 35、110kV 的降压变压器（三次变压）	0.1	0.08
区域 6、10/0.4kV 的降压变压器	0.15	0.1
变压器负载侧有功率因数补偿器时	0.04	0.02

427. 什么是变压器的综合经济负载率？

答： 变压器的综合经济负载率为

$$K_{jz} = \sqrt{(P_0 + K_Q k_1 S_N)/(P_{KN} + K_Q k_U S_N)}$$

式中 P_0——变压器空载损耗，W；

       S_N——变压器额定容量，VA；

     P_{KN}——变压器短路损耗，W；

       k_1——变压器空载电流与额定电流之比，0.01～0.03；

      k_U——变压器额定电流下的阻抗电压标幺值 0.04～0.14。

428. 什么是变压器的经济负荷？

答： 变压器的经济负荷为

$$S_{jz} = K_{jz} S_N$$

对于全天负荷平稳，则综合经济负载率，对于非全天负荷平稳的，如受生产班制的影响，应乘以一个大于 1 的修正系数 β，单班生产时取 1.5～1.9；两班生产时取 1.2～1.4；三班生产时取 1.1；连续稳定生产时，取 1.0。

429. 试举例说明变压器经济负荷的计算。

答： 某厂变压器为 10/0.4kV 三相双绕组油浸式电力变压器 400kVA，采用三班倒工作制，求变压器的经济负荷。

变压器的综合经济负载率为

$$K_{jz} = \beta\sqrt{(P_0 + K_Q k_1 S_N)/(P_{KN} + K_Q k_U S_N)} = 1.1 \times 0.42 = 0.46$$

变压器的经济负荷为

$$S_{jz} = 0.46 \times 400 = 184\text{kVA}$$

430. 试画出变压器的效率特性曲线。

答： 变压器的效率可用下式进行计算

$$\eta = P_2/P_1 = P_2/(P_2 + \sum P) = 1 - \sum P/(P_2 + \sum P)$$

$$\eta = P_2/P_1 = 1 - (P_0 + K^2 P_{KN})/(P_0 + K^2 P_{KN} + K S_N \cos\varphi_2)$$

式中　P_2——变压器二次输出有功功率，W；

　　　P_1——变压器一次输入有功功率，W；

　　　$\sum P$——变压器有功损耗，W；

　　　P_0——变压器空载损耗，W；

　　　K——变压器的负载率；

　　　P_{KN}——短路试验电流为额定值时输入的有功功率，W；

　　　S_N——三相变压器额定容量，VA；

　　　$\cos\varphi_2$——变压器二次侧功率因数（负载功率因数）。

从上式可见，对于给定的变压器，其 P_0 和 P_{KN} 一定，则其运行效率与负载大小和负载功率因数有关，当负载功率因数一定时，效率与负载电流的大小有关，用 $\eta = f(K)$ 表示，即为变压器效率特性曲线，如图 10-1 所示。

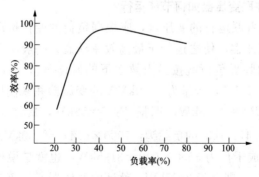

图 10-1　变压器效率特性曲线

431. 什么是变压器的最高效率时的负载率？

答：从图 10-1 可见，变压器输出电流为零时，效率为零，输出电流从零增加时，效率也增加。当效率达到最高值时，这时的负载率称为经济负载率 K_j，效率曲线的最大值出现在 $\mathrm{d}\eta/\mathrm{d}K = 0$ 的地方，取 η 对 K 的微分。其值为零时的 K 即为最高效率时的负载率，即经济负载率，经推导可得

$$K_j = \sqrt{P_0/P_{KN}}$$

式中　P_0——变压器空载损耗；

P_{KN}——短路试验电流为额定值时输入的有功功率。

432. 变压器的并联运行的条件是什么？

答：变压器的并联运行的条件是：

(1) 连接组别相同，保证二次侧电压对一次侧电压的相位移相同。

(2) 变比之差应小于 0.5%，保证空载运行时每台变压器二次侧电流接近 0，各台变压器间环流很小。

(3) 短路阻抗之差小于 10%，（额定容量比值不超过 $3:1$）。保证各台变压器的负载电流基本同相位，总负载电流为各变压器负载电流的算术和。

433. 并联变压器如何节能运行？

答：对并联运行的变压器，应根据负荷的变化情况，合理投入或切除变压器，使之运行于最高效率状态，一般两台容量相同的变压器的临界负荷就按最大效率下的最佳负荷率计算。例如，两台 SF-7500/110，容量为 7500kVA 的变压器并联使用，查技术数据铁损 $P_0 = 13.3\mathrm{kW}$，铜损 $P_{KN} = 58\mathrm{kW}$，最佳负载率 $\beta = \sqrt{13/58} = 0.47$，这时的负载为：$7500 \times 0.47 = 3550\mathrm{kVA}$，取 $\cos\varphi = 0.9$ 折算成千瓦为 $3550 \times 0.9 = 3195\mathrm{kW}$，也就是说单台负载率低于 0.47 时，即低于 3195kW，就证明变压器运行离开最佳效率点，应及时退出一台变压器，所有的负载由另一台承担也不超负荷运行，虽然所投运的变压器也离开了最佳效率点，但由于效率

曲线较平坦，证明效率不太低，而且从减少一台变压器的损耗和基本电费方面考虑是最经济的。

434. 如何提高变压器的运行效率？

答：变压器的最高效率点是在负荷率 40%～70%之间，也就是变压器所带实际负载为其额定负载的 40%～70%时，处于经济运行区。当变压器所带实际负载为其额定负载的 30%～40%或 70%～100%时，算不良运行区，变压器所带实际负载小于 30%时，处于最劣运行区。

435. 什么是对变压器进行技术改造？

答：变压器技术改造是指对在运行的老旧高损耗变压器运用新技术、新材料进行改造，使之达到接近 S7 或 S9 系列低损耗变压器水平。

436. 变压器节能改造的方法有几种？

答：变压器节能改造的方法有降容、保容、增容和调容四种。

437. 试举例对变压器如何进行技术改造。

答：对原 S7-250/10 型配电变压器测量与 S10-M-400/10 型配电变压器结构及形式较为接近，故将其升级改造为 S10 型变压器。

（1）变压器铁芯的改造。S10 型变压器铁芯比 S7 型变压器铁芯大，原有的硅钢片拆开后重新进行叠压，同时添加部分新的硅钢片。

（2）变压器绕组的改造。根据已成型的铁芯窗高和中心距重新选择绕组线规。新变压器绕组中的线圈由圆形变成长圆形。

（3）变压器器身和引线的改造。新变压器绝缘件为全部重新加工。高低压引线配置后，器身整体入炉干燥，以保证新线圈的性能稳定。

（4）变压器油箱的改造。新变压器油箱按全密封波纹油箱加工，该类油箱既能调节油箱内油的膨胀，又能起到散热作用。新变压器采用真空注油工艺。

（5）经济效益。新投入材料成本为 19100 元/台，其他生产成本为 10000 元/台，改造总费用为 29100 元/台，比新购 S10 型变压器节省 20900 元/台。且变压器油经过处理被再利用。

438. 什么是节能变压器？

答：节能变压器是指空载、负载损耗均比 GB/T 6451 平均下降 10％以上的三相油浸式电力变压器（10kV 及 35kV 电压等级）；空载、负载损耗比 Gwr10228（组 1）平均降低 10％以上的干式变压器。

439. 目前节能变压器主要有哪些形式？

答：目前节能变压器的主要形式有：S9、S10、S11 型等系列油浸式变压器和 9、10 型等系列干式变压器，其中有重叠铁芯、卷铁芯和非晶合金铁芯等。

440. 应用节能变压器有什么意义？

答：（1）减少损耗。

（2）节约能源。

（3）减少碳排放：

1）变压器电能损失占发电量的 10％；

2）每年全国变压器损耗电能会达到上千亿千瓦时，产生上亿吨的碳排放；

3）如果降损 10％，每年节约上百亿度电，减少碳排放几千万吨。

441. 节能变压器的种类有哪些？

答：按冷却方式分：油浸变压器和干式变压器。按铁芯结构分：叠铁芯变压器，卷铁芯变压器，非晶合金变压器。按绕组材料分：绕线式变压器和箔绕式变压器。

442. 什么是非晶合金变压器？

答：非晶合金是将熔化的金属快速冷却，原子排列组合上具有短程有序，长程无序特点；具有软磁性能、耐腐蚀性、耐磨性、高硬度、高强度、高电阻率的特点。

非合金变压器的特点是：和硅钢片作铁芯变压器相比，空载损耗下降 80％左右，空载电流下降约 85％；是目前节能效果最好的一类变压器；价格昂贵。

443. 目前我国生产的变压器的型号标注符号的含义是什么？

答：S—三相；M—全密封（油浸变压器）；R—卷铁芯；H—非晶合金铁芯；B—箔式低压绕组；C—固体成型（环氧浇注）；9、10、11、13、15—性能水平代号（损耗水平代号）。

例如：S11-M-R-1000/10 表示，三相油浸式，损耗水平代号 11 系列，全密封，卷铁芯，1000kVA/10kV 变压器。

444. 我国节能变压器应用现状和发展趋势是什么？

答：（1）我国配电变压器中 S9 系列占有较大比重，正在逐步淘汰中。

（2）目前我国推荐使用的节能变压器型号为 S11 系列（油浸变压器）、SC10 系列（干式变压器）以及 SH11 系列（非晶合金变压器）。

（3）新型变压器价格较高，但每年节约大量电量，寿命周期内节能效果显著，经济效益和低碳效益明显，应当大力度推广使用（尤其是非晶合金变压器）。

第二节 电动机的节能

445. 什么是电动机的固定损耗？

答：固定损耗是指电动机运行时的固有损耗，它包括铁芯损耗和机械损耗。铁芯损耗是指主磁场在电动机铁芯齿部和轭部中交变所引起的涡流损耗和磁滞损耗，主要是定子铁芯损耗。机械损耗包括轴承摩擦损耗和通风系统损耗，对绕线式电动机还有电刷摩擦损耗。

446. 如何降低电动机的铁芯损耗？

答：降低电动机铁芯损耗的措施有：①采用薄硅钢片铁芯，降低涡流损耗；②增长铁芯长度降低磁通密度，减少磁滞损耗和涡流损耗；③应用磁性槽楔和槽泥降低空载杂散损耗；④采用高导磁低损耗的冷轧硅钢片；⑤增加磁路截面积，降低磁密；⑥改进加工工艺，减少冲片毛刺等。

447. 如何降低电动机的机械损耗？

答：降低电动机的机械损耗的措施有：①采用优质轴承和轴承润滑油，减少轴承摩擦损耗；②采用高效风机及合理的通风系统；③改进风路结构，使绕组的温升均匀；④尽量减少风扇尺寸，减少通风损耗；⑤提高加工精度和装配质量。

448. 什么是电动机的可变损耗？

答：可变损耗是指由负载电流引起的损耗，包括铜耗、杂散损耗等。铜耗是由于定子绕组和转子绕组流过的电流所产生的电阻损耗，包括定子铜耗和转子铜耗，它占总损耗的 $30\%\sim70\%$。杂散损耗包括附加铜耗和附加铁耗，它占总损耗的 $10\%\sim20\%$。

449. 如何降低电动机的铜损耗？

答：降低电动机的可变损耗的措施有：①增大导线截面积，采用电导率高的铜材，减少绕组电阻；②增加导线数量，用铜线代替铝线，减少绕组电阻；③改善绝缘处理工艺，提高绕组导热性能，降低绕组温升；④采用性能好的绝缘材料，降低温升；⑤减薄槽绝缘厚度，增大导线截面；⑥增加空气隙的磁通；⑦增大转子导条及端环的尺寸和导电率。

450. 如何降低电动机的杂散损耗？

答：降低电动机的杂散损耗的措施有：①在线圈端部附近，

采用玻璃钢的结构件；②定子采用磁性槽楔；③定子压圈用反磁性材料；④选择合理的绕组，改善磁势波形；⑤合理增加空气隙；⑥选择定转子的槽配合；⑦增加转子导条与铁芯的接触电阻，减少横向电流损耗。

451. 什么是电动机的综合损耗？

答：电动机的综合损耗为

$$\sum P_z = \sum P + K_Q Q$$

式中　$\sum P_z$——电动机的综合功率损耗，W；

　　　$\sum P$——电动机额定负荷下的有功功率损耗，W；

　　　K_Q——单位无功功率可能引起的有功功率损耗（对称无功功率当量），对于功率因数为 0.9 以上的厂矿区为 0.02~0.04，对于二次变压的电动机为 0.05~0.07，对于其他未补偿的厂矿或三次变压的为 0.08~0.1；

　　　Q——电动机的无功功率，var。

452. 什么是电动机的综合负载率？

答：电动机的综合经济负载率为

$$K_{jz} = (P_0 + K_Q \sqrt{3} U_N I_{0N}) / \{(1/\eta_N - 1) P_N - P_0 +$$
$$K_Q [(P_N \tan\phi_N / \eta_N) - \sqrt{3} U_N I_{oN}]\}^{\frac{1}{2}}$$

式中　P_0——电动机的空载损耗，W；

　　　K_Q——对称无功功率当量；

　　　U_N——额定电压，V；

　　　I_{0N}——额定空载电流，A；

　　　η_N——额定效率；

　　　P_N——额定有功功率，W；

　　　ϕ_N——额定功率因数角。

453. 什么是电动机的综合经济效率？

答：电动机的综合经济效率为

$$\eta_{jz} = K_{jz}P_N / K_{jz}P_N + 2P_0 + 2K_Q\sqrt{3}U_NI_{0N}$$

损耗不但包括有功功率损耗，还包括无功功率损耗，因此电动机只有在综合经济负载率下运行，才更切合经济效益。

454. 电动机耗能主要有哪几方面？

答：（1）电动机负载率低。由于电动机选择不当，富裕量过大或生产工艺变化，使得电动机的实际工作负荷远小于额定负荷，运行效率过低。

（2）电源电压不对称或电压过低。

（3）老（旧）淘汰型电动机仍在使用。

（4）维护管理不善，长期运行，使损耗不断增大。

455. 电动机节能方案有哪几种？

答：（1）选用节能型电动机，损耗可下降 20%～30%，效率可提高 2%～7%。

（2）适当选择电动机的容量达到节能。负载率在 70%～100% 之间为经济运行区，负载率在 40%～70% 之间为一般运行区，负载率在 40% 以下为非经济运行区。

（3）采用磁性槽楔代替原槽楔，降低空载铁损耗。

（4）采用Ｙ/△自动转换装置。

（5）功率因数无功补偿，提高功率因数，减少功率损耗。

（6）进行变频调速。

（7）绕线式电动机液体调速。

456. 为什么采用磁性槽楔可以节能？

答：磁性槽楔主要降低异步电动机中的空载铁损耗，空载附加损耗是由齿槽效应在电机内引起的谐波磁通而在定子和转子铁芯内感生的高频附加损耗（脉振损耗）。另外，定子转子齿部时而对正，时而错开，齿面磁通发生变动，感生涡流，产生表面损耗。脉振损耗和表面损耗占杂散损耗的 70%～90%，另外的 10%～30% 为负载附加损耗，是由漏磁通产生的。采用磁性槽楔后，比普通槽楔的铁损耗大大下降，达到节能的目的。

457. 为什么采用丫/△自动转换装置可以节能？

答： 为解决设备轻载时对电能的浪费现象，在不更换电动机的前提下，可以采用丫/△自动转换装置以达到节电的目的。当负载率低于40％时，定子绕组从△接法转换到丫接法，加在电动机上的电压减少到原来的 $1/\sqrt{3}$，空载电流也下降，磁通也成比例地减少，铁芯损耗与电压和磁密的平方成正比，铁芯损耗就减少了 2/3，为原来的1/3。达到节电节能的效果。

458. 什么是电动机的功率补偿？

答： 工业生产用电设备多为电感性负荷，大量的无功功率由电源到负荷往返交换，该无功功率使设备电流加大，对发电机转子的去磁效应增加，端电压下降达不到额定出力，电流的加大使供配电设备不能充分利用，设备和线路的功率损耗大幅度上升，线路的电压损失加大，使用电电压质量变坏。

为此，采用无功就地补偿的方法，改善电路的功率因数，也就是在异步电动机附近设置并联电容器。

459. 无功补偿是如何减少电能损耗的？

答： 当电动机有功功率为 P，无功功率为 Q，则线路电流的平方 I^2 写成为 $(P^2+Q^2)/U^2$，线路的损耗为

$$P_{L1}=I^2rL=rL(P^2+Q^2)/U^2$$

式中　r——线路的单位电阻，Ω/m；

　　L——线路长度，m。

采用电容补偿 Q_C 后，线路的电流平方则写成为

$$I^2=[P^2+(Q^2-Q_C^2)]/U^2$$

此时线路损耗为

$$P_{L2}=rL[P^2+(Q^2-Q_C^2)]/U^2$$

电容器的介质损耗为 $\tan\varphi$（W/var），采用电容器补偿后减少的电能损耗为

$$\Delta P = P_{L1} - P_{L2} - Q_C\tan\phi = 2rLQQ_C/U^2 - rLQ_C^2/U^2 - Q_C\tan\varphi$$

式中　Q——电动机在实际负载下输出的无功功率，var；

U——电动机电压，V。

460. 为什么采用变频调速可以节能？

答：采用变频器直接控制风机和泵类的电动机时，当电动机在额定转速的 60% 运行时，节能效率接近 40%，同时也可以实现闭环恒压控制，节能效率将进一步提高，由于变频器可实现大的电动机的软停、软起，避免了启动时的电压冲击，减少了电动机等的故障率，延长使用寿命，同时也降低了对电网的容量要求和无功损耗。

461. 绕线式电动机如何采用液体调速？

答：绕线式电动机采用液体调速是以改变极板间调节电阻的大小达到无级变速的目的，这使它同时有良好的启动性能，它采用了独特的结构和合理的热交换系统，其工作温度被规定在合理的温度之下。该类调速技术具有工作可靠，安装方便，节能幅度大，易维护及投资低等特点，用于一些调速精度要求不高，调速范围要求不高，并且不频繁调速的绕线式电动机，如风机、水泵等设备的大中型绕线式电动机。

462. 高效电动机的标准是什么？

答：高效电动机是现今国际发展的趋势，美国，加拿大，欧州相继颁布了有关法规，最新出台的 IEC 60034-30 标准将电动机效率分为 IE1、IE2、IE3、IE4 四个等级。我国从 2011 年 7 月 1 日起执行 IE2 及以上标准。

高效电动机是从设计、材料和工艺上采取措施，降低损耗，提高效率（从 87% 提高到 92%，平均提高 5%）。

463. 高效电动机如何降低定子损耗?

答: (1) 增加定子槽截面,在同样定子外径的情况下,增加定子槽截面积会减少磁路面积,增加齿部磁密。

(2) 增加定子槽满率,这对低压小电动机效果较好,应用最佳绕线和绝缘尺寸,大导线截面积可增加定子的槽满率。

(3) 尽量缩短定子绕组端部长度,定子绕组端部损耗占总损耗的 $1/4\sim1/2$,减少绕组端部长度,可提高电动机效率,端部长度减少 20%,损耗下降 10%。

464. 高效电动机如何降低转子损耗?

答: (1) 减小转子电流,可从提高电压和功率因数两方面考虑。

(2) 增加转子槽截面积。

(3) 减少转子绕组的电阻。

465. 高效电动机如何降低铁耗?

答: (1) 减小磁密度,增加铁芯长度以降低磁通密度,但电动机的用铁量随之增加。

(2) 减少铁芯片的厚度来减少感应电流的损失,用冷轧硅钢片代梯热轧硅钢片可减小硅钢片的厚度,但薄铁芯会增加铁芯片数目和电动机制造成本。

(3) 采用导磁性能良好的冷轧硅钢片降低磁滞损耗。

(4) 采用高性能铁芯片绝缘涂层。

(5) 硅钢片加工时,应顺着硅钢片的碾轧方向裁剪,并对硅钢冲片进行热处理,可降低 $10\%\sim20\%$ 的损耗。

466. 高效电动机如何降低杂散损耗?

答: (1) 采用热处理及精加工降低转子表面损耗。

(2) 转子槽内表面绝缘处理。

(3) 改进定子绕组设计减少谐波。

(4) 改进转子槽配合设计减少谐波,用磁性槽泥填平定子铁芯槽口，减少附加杂散损耗。

467. 高效电动机如何降低风摩耗？

答：（1）减小轴的尺寸，但需满足输出扭矩要求。

（2）使用高效轴承。

（3）使用高效润滑系统及润滑剂。

（4）采用先进的密封技术。

468. 什么是超高效电动机？

答：高效电动机与普通电动机相比，损耗平均下降 20％左右，超高效电动机比普通电动机相比损耗平均下降 30％以上。超高效电动机是采用增加硅钢片和铜线的用量及缩小风扇尺寸，采用新材料，制造工艺和优化设计的方法达到使电动机的损耗进一步降低。

469. 什么是电动机的节能效能值？

答：欧盟 CEMEP-EU 标准对电动机规定了高低中三挡效率指标，见表 10-2。

表 10-2　　　　欧盟 CEMEP-EU 电动机效率分级标准

功率 (kW)	同 步 转 速（r/min）									
	3000	1500	1000	750	600	3000	1500	1000	750	600
	效　率（％）					功率因数				
0.12	—	57.0					0.72	—	—	
0.18	65.0	60.0	56.0	51.0		0.80	0.73	0.66	0.61	
0.25	68.0	65.0	59.0	54.0		0.81	0.74	0.68	0.61	
0.37	70.0	67.0	62.0	62.0		0.81	0.75	0.70	0.61	
0.55	73.0	71.0	65.0	63.0		0.82	0.75	0.72	0.61	
0.75	75.0	73.0	69.0	71.0		0.83	0.76	0.72	0.67	
1.1	77.0	75.0	72.0	73.0		0.84	0.77	0.73	0.69	
1.5	79.0	78.0	76.0	75.0		0.84	0.79	0.75	0.69	

功率 (kW)	同 步 转 速（r/min）									
	3000	1500	1000	750	600	3000	1500	1000	750	600
	效 率（%）					功率因数				
2.2	81.0	80.0	79.0	78.0		0.85	0.81	0.76	0.71	
3	83.0	82.0	81.0	79.0		0.87	0.82	0.76	0.73	
4	85.0	84.0	82.0	81.0		0.88	0.82	0.76	0.73	
5.5	86.0	85.0	84.0	83.0		0.88	0.83	0.77	0.74	
7.5	87.0	87.0	86.0	85.5		0.88	0.84	0.77	0.75	
11	88.0	88.0	87.5	87.5	—	0.89	0.84	0.78	0.76	—
15	89.0	89.0	89.0	88.0		0.89	0.85	0.81	0.76	
18.5	90.0	90.5	90.0	90.0		0.90	0.86	0.81	0.76	
22	90.0	91.0	90.0	90.5		0.90	0.86	0.83	0.78	
30	91.2	92.0	91.5	91.0		0.90	0.86	0.84	0.79	
37	92.0	92.5	92.0	91.5		0.90	0.87	0.86	0.79	
45	92.3	92.8	92.5	92.0	91.5	0.90	0.87	0.86	0.79	0.75
55	92.5	93.0	92.8	92.8	92.0	0.90	0.87	0.86	0.81	0.75
75	93.0	93.8	93.5	93.0	92.5	0.90	0.87	0.86	0.81	0.76
90	93.8	94.2	93.8	93.8	93.0	0.91	0.87	0.86	0.82	0.77
110	94.0	94.5	94.0	94.0	93.2	0.91	0.88	0.86	0.82	0.78
132	94.5	94.8	94.2	73.7	93.5	0.91	0.88	0.87	0.82	0.78
160	94.6	94.9	94.5	94.2	93.5	0.92	0.89	0.88	0.82	0.78
200	94.8	95.0	94.7	94.5	—	0.92	0.89	0.88	0.83	—
250	95.3	95.3	94.9	—	—	0.92	0.90	0.88	—	—
315	95.6	95.6	—	—	—	0.92	0.90	—	—	—

我国的 Y2 系列电动机能效标准以欧盟 CEMEP-EU 低挡值作为最低能效值，即在国内生产和进口的电动机均要达到此指标；而以 CEMEP-EU 高挡值作为节能评价值，即达到此指标的电动机才称为高效率电动机或节能电动机。

第三节 照明的节能技术

470. 照明电光源是如何分类的?

答:照明电光源分类如下:

```
                          ┌ 热辐射光源(白炽灯、卤钨灯)
          ┌ 固体发光光源 ┤ 场效发光灯
          │               └ 半导体发光器件
电        │
光        │               ┌ 辉光放电灯(氖灯、霓虹灯)
源        │               │            ┌ 低压气体放电灯
          └ 气体放电发光光源┤            │ (荧光灯低压钠灯)
                          │ 弧光放电灯┤
                          │            │            ┌ 高压钠灯
                          │            │            │ 高压汞灯
                          └            └ 高压气体放电灯┤ 金属卤钨灯
                                                    └ 氙灯
```

471. 试述常用电光源的种类。

答:常用的电光源有白炽灯、卤钨灯、粗管荧光灯、高压汞灯(高压水银灯)、管形氙灯、高压钠灯、金属卤化物灯、LED灯等。

472. 试述白炽灯的特性。

答:白炽灯是利用钨丝通过电流时被加热而发出的一种热辐射光源。其特点是:经济、简便、显色性好,但寿命短、光效低、大部分能量转化为红外线辐射损失、可见光不多,为此在灯丝上加碳化物、硼化物,在灯泡内充以氪气等惰性气体,可减少灯丝的热损失和气化速率,发光效率可提高10%,使用寿命延长1倍。采用双螺旋灯丝后比普通照明灯泡的发光效率高15%左右。

473. 试述卤钨灯的特性。

答:白炽灯高温钨丝的蒸发,使钨在玻璃壳内沉积发黑,导致白炽灯光效降低，寿命短。为此在灯泡内充入微量卤化物（碘化物或溴化物），使蒸发的钨和卤素发生化学反应，形成了卤钨循环，既防止了管壁发黑，又使钨丝质量不受损失，提高了光效和寿命。光效比白炽灯提高 30％，寿命比白炽灯延长 1/2 倍。高质量的卤钨灯的寿命比白炽灯提高 3 倍。其缺点是：对电压波动比较敏感，耐震性较差。

474. 试述荧光灯的特性。

答：荧光灯又称日光灯，它是利用低压汞蒸汽放电产生的紫外线，去激发涂在灯管内壁上的荧光粉而转化为可见光的电光源，这是一种气体放电灯。荧光灯在启动时需要专门的启动回路，产生高压，激发汞蒸汽放电，称为启辉器。另外，由于气体放电具有负阻特性，启动后还需要使用镇流器，限制它的工作电流。其特点是：光线柔和，结构简单，光源性能好，发光效率高，其光效超过普通白炽灯的 3 倍以上，使用寿命也达到白炽灯的 3～5 倍。

475. 试述高压汞灯的特性。

答：高压汞灯又称为高压水银灯，它是利用汞蒸汽放电时产生的高气压获得可见光的电光源。工作时，其玻璃壳内的石英放电管气压为 0.2～0.6MPa。其特点是：光效是白炽灯的 3 倍，寿命是白炽灯的 4 倍，由于其显色性太差，除照在绿色物体上外，其他多呈灰暗色，电压下降 5％时，灯就可能自行熄灭，且启动时间长，不能作为事故照明。近几年已被金属卤化物灯或钠灯所替代。

476. 试述高压钠灯的特性。

答：高压钠灯是利用高压钠蒸汽放电发光而制造的电光源。在发光管内充有汞、氙气和钠，以钠的放电发光为主，故称为钠灯。其光效是白炽灯的 8 倍，寿命是白炽灯的 3 倍，光色柔和，节能效果显著，透雾能力强，照明清晰，但显色性较差，光线呈浅黄色。

477. 试述管形氙灯的特性。

答： 管形氙灯是利用高压氙气放电时产生很强的白光制造的，其光谱接近连续光谱，和太阳十分相似，因光色好、功率大，可达几十千瓦，称为"小太阳"，适用于大面积场合的照明。因其辐射强紫外线光，安装高度不宜低于 20m。

478. 试述金属卤化物灯的特性。

答： 金属卤化物灯是在高压汞灯内充入汞蒸汽、卤化物等，通电后，使金属汞蒸汽和钠、铊、铟、铯、锂等金属卤化物分解物的混合体辐射而发光，其特点是：显色性好、光效高、寿命长、尺寸小、性能稳定。紫外线辐射较强，灯具应加罩。节能效果和经济效益明显。

479. 试述 LED 灯的特性。

答： LED 灯是一种半导体光源，属于一种冷光源，产生的热量很少，它不需要高压启动，也不会造成汞污染，白色 LED 灯具有电压低、能耗小、寿命长、可靠性高等优点。同样亮度的 LED 灯耗电量为普通白炽灯的 1/12，寿命可延长 100 倍。改变其电流可以变色发光，可方便地通过化学修饰方法，实现各种颜色的发光，特别适用于美化照明。具有白炽灯和气体放电灯无法比拟的优点。

480. 镇流器的作用是什么？

答： 大多数气体放电灯是利用弧光放电特性制成的，具有电压随电流增加而下降的负特性（又称为负阻特性），不可能建立稳定的工作点，为了使放电稳定，限制灯工作电流，必须在气体放电光源电路中设置镇流器，镇流器已成为气体放电光源电路中重要的附加装置。镇流器的作用是：一是当启辉器断开日光灯的瞬间产生高电压，击穿日光灯灯管中的水银蒸汽电路，使灯丝电路导通；二是镇流器中的自感电动势阻碍交流电电流的变化，使得流过灯管的电流不致过大。

使用半导体电子元件，将直流或低频交流电压转换成高频交流电压，驱动低压气体放电灯，卤钨灯等光源工作的电子控制装置，应用最广的是荧光灯电子镇流器。

481. 镇流器有几种？各有什么特点？

答：镇流器是照明耗能的一部分，传统的电感型镇流器的损耗占总用电量的 20％～30％，而电子镇流器的能耗则为传统的电感型镇流器的 60％左右，电子镇流器品质优良，可靠性好，效率高，不需要补偿电容器和启辉器；此外，低损耗电感镇流器比传统的电感型镇流器节能 40％～50％。

482. 补偿电容的特性和作用是什么？

答：补偿电容是用于提高气体放电灯的功率因数，减少线路损耗。表 10-3 所示。

表 10-3 气体放电灯用的补偿电容

光源种类和规格 (W)	补偿电容量 (μF)	工作电流（A）		补偿后功率因数
		无电容补偿	有电容补偿	
普通高压钠灯	50	10	0.76	0.30	≥0.90
	70	12	0.98	0.42	
	100	15	1.2	0.59	
	150	22	1.8	0.88	
	250	35	3.0	1.40	
	400	55	4.6	2.00	
	1000	122	10.3	4.80	
荧光高压汞灯	50	10	0.62	0.30	≥0.90
	80	10	0.85	0.40	
	125	10	1.25	0.60	
	175	15	1.50	0.70	
	250	20	2.15	1.50	
	400	30	3.25	2.00	
	1000	55	7.50	5.00	

续表

光源种类和规格 (W)		补偿电容量 (μF)	工作电流（A）		补偿后功率因数
			无电容补偿	有电容补偿	
荧光灯	30	3.75	0.30	0.15	≥0.90
	40	4.75	0.40	0.20	
金属卤化物灯	150	13	1.50	0.76	≥0.90
	175	13	1.50	0.90	
	250	18	2.15	1.25	
	400	26	3.25	2.0	
	1000	30	4.10	3.0	

483. 照明节电措施有哪些？

答：照明节电措施有：合理确定照明标准；合理配置电光源；合理选择电子镇流器；加强照明设施的维护；加强照明电压的管理；进行照明工程的改造。

484. 如何合理确定照明标准？

答：根据工作场所的环境特点，确定合理的照度标准，不仅可保证生产生活的正常运行，保护工作人员的视力，提高产品的质量和劳动效率，而且可避免不必要的浪费，达到节约用电的目的。

法国国际照明技术委员会（CIE）对不同区域或不同的活动推荐的照度范围见表 10-4。

表 10-4　　　　　　　　　CIE 推荐的照度范围

推荐照度范围（lx）	区域或活动类型
20～30～50	室外交通区和工作区
50～75～100	交通区，简单地判别方位或短暂访视
100～150～200	非连续使用的工作房间
200～300～500	有简单视角要求的作业
300～300～7500	有中等视角要求的作业
500～750～1000	有相当费力的视角要求的作业
750～1000～1500	有很困难的视角要求的作业
1000～1500～2000	有特殊视角要求的作业
＞2000	非常精细的视角作业

485．如何合理配置电光源？

答：节约照明用电，不仅要采用各种高效照明灯具、照明光源，而且要大力推广使用各种照明节电技术，节电控制装置，以降低照明负荷，减少不必要的照明时间。使相同照明水平上的耗电量最低，达到最大限度地节约照明用电的目的。

486．如何加强照明设施的维护？

答：各类光电源及照明灯具，随着使用时间的延长，其效率要逐渐减弱，特别是照明灯具脏污将使反射的光通量大为降低，照明器的清扫可按表 10-5 进行。对陈旧或损坏了的灯具应进行更换。

表 10-5 　　　　　　　不同污染环境的清扫周期

环境污染特点	生产车间或工作场所性质	清扫次数（次/月）
清　洁	实验室、办公室、设计室、仪器仪表装配车间、电子元器件装配车间	1
一　般	机械加工车间、机械装置车间	1
污染严重	锻工车间、铸工车间	2
室　外	道路、货场等	1

487．为何要加强照明电压的管理？

答：照明供电电压波动，对电灯各种参数影响很大，电压过高会影响电灯的寿命，电压过低，会引起光通量减少，照度降低，甚至有的日光灯启动不起来，亮着也会自然熄灭。所以要加强对照明供电设备的运行管理，保证照明器的端电压偏移在设计允许的范围内。

488．为何选择电子镇流器？

答：电感镇流器是一个高感抗和高电阻的元件，它不但要消耗有功功率和无功功率，而且功率因数也很低，使照明用电效率下降。电子镇流器与电感镇流器相比，具有有功消耗少、功率因数高、点燃速度快、无噪声等优点，节电率高达 75% 左右，频闪效应微乎其微，有利于视力保护和生产安全。

489. 如何进行照明方式的选择？

答：照明方式可分为以下 3 种：

（1）一般照明，即可在整个工作场所或场所的某部分，照度基本上均匀的照明方式。

（2）局部照明。即局限于某一工作部位固定的或移动的照明。

（3）混合照明。即一般照明和局部照明共同使用的照明。

对于工作位置密度大而对光照方向无特殊要求的场所，或在工艺上不适宜装设局部照明的场所，宜采用一般照明；对局部地点要求高照度且对照射方向有特殊要求的场所，宜采用局部照明；对工作位置需要较高照度且对照射方向有特殊要求的场所，宜采用混合照明。

490. 高效照明节电产品有哪些？

答：（1）T8、T5 荧光灯。T8 荧光灯管与传统的 T12 荧光灯相比，节电量可达 10%；T5 普遍采用稀土三基色荧光发光材料，并涂敷保护膜，光效明显提高。目前，T8 荧光灯已普遍推广使用，T5 管也逐步扩大市场。

（2）紧凑型荧光灯（CFL）。它比普通白炽灯能效高、寿命长、安装简便。

（3）高压钠灯。它是由钠蒸汽放电而发光，其寿命长、光效高、透雾性强，用高压钠灯代替高压汞灯，在相同照度下，可节电 37%。

（4）金属卤化物灯。它的特点是寿命长、光效高、显色性好，用它替代高压汞灯，在相同照度下，可节电 30%。

（5）半导体发光二极管（LED）。它是一种固体光源，能在较低的直流电压下工作，光的转换效率高，发光色彩效果好，寿命达 5 万～10 万 h，它广泛用于仪器仪表指示光源，汽车高位刹车灯，交通信号灯和大面积显示屏。

（6）高效照明灯具。选择高效照明灯具与光源合理配套使用，在满足照明要求的情况下，可以有效节约照明用电。

（7）电子镇流器。

491. 举例说明照明工程的改造。

答：某办公大楼原来安装普通荧光灯管 2000 只，每只荧光灯灯管的功率 45W/h，每天照明时间为 8h，每天耗电量为 72kWh，按每度电电费为 1 元计算，每天的电费为 720 元，一个月以 30 天计算，为 21600 元，一年电费为 259200 元。

现把原有的 45W 荧光灯更换为 10W 的 LED 节能灯，每天工作 8h，则每天的耗电量为 160kWh，每天的电费 160 元，一个月以 30 天计算，为 4800 元，一年耗电量为 57600 元。表 10-6 为改造前后的对照表。

表 10-6　　　　办公大楼照明改造前后的对照表

对比项目		2000 只 45W 荧光灯	2000 只 LED 灯 10W	改造后效果
性能对比	光效对比	60lm/W	85lm/W	光效提高 40%以上
	显色指数	50～70	＞84	色彩更舒适自然
	频闪	有	无	避免错觉，有效缓解视觉疲劳
节能效果	照明时长	8h/天	8h/天	
	每天耗电量	2000 只×45W×8h/1000W/h＝720kW	2000 只×10W×8h/1000W/h＝160kW	每天省电 560kW
	每年耗电量	720kW×300 天＝216000kW	160kW×300 天＝48000kW	年省电 168000 元
	每年电费	216000kW×1 元/kW＝216000 元	48000kW×1 元/kW＝48000 元	每年可省电费 168000 元

续表

对比项目		2000 只 45W 荧光灯	2000 只 LED 灯 10W	改造后效果
维护成本	使用寿命	6000h	50000h 以上	更耐用
	每年更换灯具（平均值）	8h×300 天/6000h×2000 只＝800 只	8h×300 天/50000h×2000 只＝96 只	每年减少损坏 704 只光源
	更换灯具费用（平均值）	40 元×800 只＝32000 元（每支按 40 元计算）	180 元×96 只＝17280 元（每支按 180 元计算）	每年多出 2720 元费用
	维护人工费	0.1×800×10＝800 元（按 6min 即 0.1h 换一支，人工费 10 元/h 计算）	0.1×96×10＝96 元（按 6 分钟即 0.1h 换一支，人工费 10 元/h 计算）	每年节省 704 元维护人工费
最终分析		除了初期投入 180×2000 只＝360000 元，每年维护成本 96 元，每年可节约的电费 168000 元，由此计算出（360000 元＋96 元)/168000＝2.1 年		

第十一章

风机和泵节能技术

第一节 概　述

492. 泵与风机在我国的节能潜力有多大？

答：泵与风机数量多，分布面广。我国正在使用的水泵和风机分别超过 3000 万、700 万台，总耗电量占全国总发量的 1/3。泵与风机普遍存在效率较低的问题，有些虽经节能技术改造，使效率有所提高，但由于新型高效调速方式的出现，使它们仍具有节电潜力可挖。

493. 泵和风机是如何分类的？

答：（1）叶片式：离心式、轴流式、混流式、旋流式。

（2）容积式。

（3）其他形式。

494. 泵与风机有哪些性能指标？

答：（1）流量 q_v：单位时间内通过泵或风机的流体量。

（2）扬程（泵）H：单位重量液体通过泵后所获得的能量。

（3）风压（风机）p：单位体积气体通过风机后所获得的能量。

（4）有效功率 P_c：单位时间通过泵或风机的流体后所获得的能量。

（5）轴功率 P：泵或风机轴上获得的功率。

（6）效率 η：泵或风机有效功率与轴功率之比。

（7）原动机输出功率 P_g：$P_g = P/\eta_{un} = P_c/(\eta \cdot \eta_{un})$，其中 η_{un} 为传动效率。

（8）原动机输入功率 P'_g：$P'_g = P_g / \eta_d$，其中 η_d 为原动机效率。

（9）调节效率（变速调节）η_v：变速装置的输出功率与输入功率之比。

（10）比转数：

$$\eta_s = 3.65 n q_v \frac{1}{2} / H^{\frac{3}{4}}$$

495. 泵与风机的性能曲线是什么样的？

答：图 11-1 表示了离心泵的性能曲线，图 11-2 表示了离心风机的性能曲线。

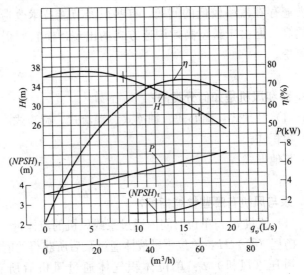

图 11-1　IS80-65-160 离心泵性能曲线

η—效率；P—平均功率；

$(NPSH)_r$—必需汽蚀余量；H—扬程；q_v—流量

496. 试画出泵与风机的工作点。

答：泵与风机的工作点是性能曲线与管路特性曲线的交点，

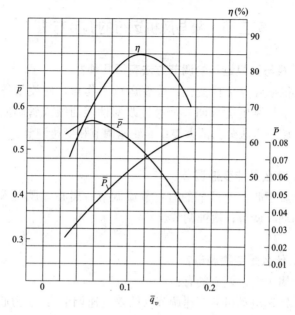

图 11-2　离心风机无因次性能曲线

$\overline{p}$—全压系数；$\overline{P}$—功率系数；

$\overline{\eta}$—效率系数；q_v—流量系数

如图 11-3 所示。

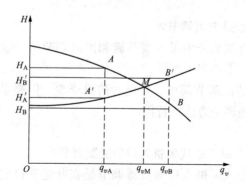

图 11-3　泵与风机的工作点

H—全压力；q_v—流量

177

第二节　泵与风机运行的调节方法

497. 泵与风机运行的调节方法有哪几种？

答：根据外界负荷变化，改变运行工作点，使流量等参数符合要求。泵与风机运行调节是通过改变性能曲线或管路阻力曲线来实现。调节方法分为两大类：非变速调节和变速调节。

498. 什么是非变速调节？

答：属于非变速调节的有：节流调节；离心式风机入口导流器调节；动叶调节；汽蚀调节。

499. 什么是变速调节？

答：属于变速调节的有：

（1）定速电动机的变速调节（低效变速调节）：液力联轴器变速调节；油膜转差离合器变速调节；电磁转差离合器变速调节。

（2）交流电动机的变速调节：绕线式异步电动机转子串电阻调速；绕线式异步电动机串级调速；鼠笼式异步电动机的变极调速；鼠笼式异步电动机的变频调速；原动机调速。

500. 什么是节流调节？

答：节流调节分为吸入端节流和出口端节流，吸入端节流只适用于风机，不适用于水泵。

其特点是：调节简单，方便，初投资少，但能量损失大。现已逐渐被其他调节方法所替代。

501. 什么是离心式风机入口导流器调节？

答：离心式风机入口导流器调节是在叶轮进口前设置一组可调节转角的导流叶片，有轴向导流器，简易导流器和径向导流器。

其特点是：入口导流器结构简单，运行可靠，初投资小，维护方便，比节流调节节省能量。离心风机普遍采用这种调节方式。

502. 什么是动叶调节？

答：动叶调节是改变叶轮上的安装角，改变性能曲线。轴流式和混流式泵与风机具有较大的轮毂，可在其内安装动叶调节机构。

其特点是：初投资高，调节机构复杂，但具有高的运行效率和较宽的高效区，适用于大容量轴流式和混流式泵与风机且调节范围宽的场合。如火力发电厂大型机组的锅炉送引风机和冷水循环泵。

503. 什么是变速调节？

答：泵与风机的流量与转速的一次方成正比，而轴功率与转速的三次方成正比，流量在较大范围内频繁变化时，采用变速装置将取得非常显著的节电效果。

当管路阻力的静扬程为零（风机）时，管路阻力曲线与相似抛物线重合，变速前后的工作点即相似工况点，变速前后的流量比即为转速比，如风机流量降为 80%，则轴功率降为 $0.8^3 = 0.512$，比阀门调节节能显著。当管路阻力的静扬程不为零（泵）时，变速前后的转速比大于流量比。

504. 什么是液力联轴器变速调节？

答：液力联轴器变速调节是改变联轴器的工作腔中工作油的充满度，在电动机全速的情况下，对泵或风机实现无级调速。

其特点是：调节效率等于转速比，调节量越大，其转速比、调节效率越低。工作可靠，转差损失比节流损失小得多。但设备复杂，有调速延时的缺点。广泛用于给水泵、送引风机及循环水泵等。

505. 什么是鼠笼式异步电动机的变频调速？

答：鼠笼式异步电动机的变频调速是用变频电源，通过改变频率实现转速调节，在调节频率 f 的同时对定子相电压 U_1 进行调节，使 f 和 U_1 之间满足一定关系，故变频调速是变频变压调速。

恒转矩（磁通）变频调速：$U_1/f=U'_1/f'$

恒功率变频调速：$U_1/f^{0.5}=U'_1/f^{0.5}$

由于此时磁通发生变化，电动机的效率和功率因数可能下降，变频调速从额定频率下降调速时，应采用恒转矩变频调速，从额定频率上升调速时，宜采用恒功率变频调速。

其特点是：调速效率高、范围宽。国外在泵与风机的调节方面普遍采用变频调速。

506. 什么是鼠笼式异步电动机的变极调速？

答：鼠笼式异步电动机的转速为 $n=60(1-s)f/p$，其中 f 为电源频率；p 为磁极对数；s 为转差率。

从上式中可见，鼠笼式异步电动机的调速可通过改变磁极对数或电源频率实现。

变极调速就是改变电动机绕组的极对数，一般为双速电动机。采用不同的绕组接线方式，可形成转矩与转速平方成正比，恒转矩，恒功率三种特性的电动机。

其特点是：调速效率高，调速控制设备简单，初投资低；缺点是有级调速，不能进行热态变换，变速时有电流冲击现象。

507. 什么是油膜转差离合器变速调节？

答：油膜转差离合器是依靠摩擦力传递功率的无级变速传动装置，其特点是最大传动效率比液力联轴器高，控制转速响应时间比液力联轴器短。

508. 什么是电磁转差离合器变速调节？

答：电磁转差离合器变速调接节包括电枢和磁极两部分，通过改变励磁电流的大小改变泵与风机的转速。

其特点是：结构简单、可靠性高，但对最高转速比较低的电磁调速电动机，运行经济性差。适用于电动机转速较低，调速范围小的中小容量泵与风机的转速调节。

第三节 泵的串并联运行

509. 什么是泵的串联运行？其目的是什么？

答：前一台泵向后一台泵的入口输送流体的运行方式称为泵的串联运行。串联运行的目的是：泵的串联运行的主要目的是提高扬程，但实际应用中还有安全和经济的作用。

510. 泵的串联运行的特点是什么？

答：串联各泵所输送的流量均相等；而串联后的总扬程为串联各泵所产生的扬程之和。即

$$\begin{cases} H_\Sigma = \sum_{i=1}^{n} H_i \\ q_{v\Sigma} = q_{vi} \end{cases}$$

式中　H——扬程；

　　　　q_v——流量。

511. 泵串联后的性能曲线如何画？

答：把串联各泵的性能曲线上同一流量点的扬程值相加，如图 11-4 所示。

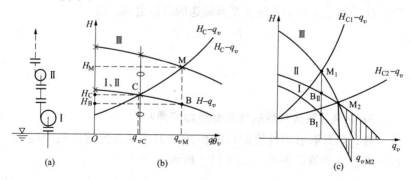

图 11-4　串联泵的性能曲线相加

(a) 泵的串联图；(b) 串联泵的性能曲线相加（较平坦）；

(c) 串联泵性能曲线相加（较陡）

512. 泵串联运行时应注意哪些问题？

答：(1) 宜适场合：性能曲线较陡或较平坦。

(2) 安全性：经常串联运行的泵，应注意防汽蚀，对于离心泵和轴流泵，应注意驱动电动机不致过载。

(3) 经济性：对经常串联运行的泵，应使各泵最佳工况点的流量相等或接近。

(4) 启动程序（离心泵）：启动时，首先必须把两台泵的出口阀门都关闭，启动第一台，然后开启第一台泵的出口阀门；在第二台泵出口阀门关闭的情况下再启动第二台。

(5) 泵的结构强度：后一台泵应能承受前一台泵的升压，选择泵时应考虑两台泵结构强度的不同。

(6) 串联台数：一般泵限两台串联。

513. 什么是泵的并联运行？其目的是什么？

答：泵的并联运行是指两台或两台以上的泵向同一压力管路输送流体的运行方式。其目的是：增大流量；台数调节；一台设备故障时，启动备用设备。

514. 泵并联运行的特点是什么？

答：泵的并联运行的特点是：并联各泵所产生的扬程均相等；而并联后的总流量为并联各泵所输送的流量之和。即

$$\begin{cases} H_\Sigma = H_i \\ q_{v\Sigma} = \sum_{i=1}^{n} q_{vi} \end{cases}$$

515. 泵并联运行后的性能曲线如何画？

答：泵并联后的性能曲线的做法是把并联各泵的性能曲线上同一扬程点的流量相加。如图 11-5 所示。

516. 泵并联运行时应注意哪些问题？

答：(1) 宜适场合：性能曲线较平坦和较陡的场合。

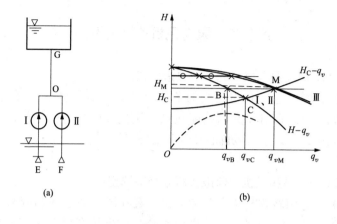

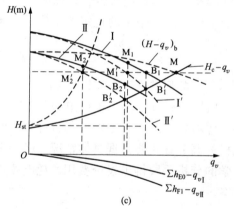

图 11-5 泵的并联运行性能曲线相加

(a) 泵的并联图；(b) 并联泵的性能曲线相加（较平坦）；

(c) 并联泵的性能曲线相加（较陡）

（2）安全性：经常并联运行的泵，应注意防汽蚀；对于离心泵和轴流泵，应注意驱动电动机不致过载。

（3）经济性：对经常并联运行的泵，为保证并联泵运行时都在高效区工作，应使各泵最佳工况点的流量相等或接近。

（4）并联台数：台数越多并联后所能增加的流量越少，即每台泵输送的流量减少，故并联台数过多并不经济。

第四节　泵与风机的节能改造

517. 简述泵和风机的节能改造方法。

答：国内电厂泵与风机的节能改造方法有：科学合理选型；改善调节方式；对原有的高能耗泵与风机加以改造；完善高效率泵与风机；做好泵与风机的安装和维修工作。

518. 对泵和风机如何进行科学合理选型？

答：选用高效节能型泵和风机；泵和风机的驱动和调节方式要根据具体情况选择；原动机应符合长期保持在额定功率的范围内；泵和风机的工作参数和裕量的选定要正确，提高机组整体运行效率。

519. 对泵和风机如何进行改善调节方式？

答：当泵和风机的调节变化与主机组的负荷变化不符时，就会造成巨大的能源浪费，因此就必须采用经济且有效的流量调节方式，泵和风机的调节方式要根据具体情况，坚持安全和高效的原则，通过科学的分析手段得出投资费用、耗电费用和维护管理费用的最低方案。

520. 对原有的泵和风机如何进行改造？

答：电厂可对泵和风机的叶轮、蜗壳等流通部分进行改造或者对原动机进行变频改造，调节装置可以改为轴向导流器，不仅减少了投资费用，还能起很好的节电效果；循环水泵定速，电动机改为双速电动机，能够很好地节省电能。

521. 如何完善高效率泵和风机？

答：高效泵和风机如果选型不当，会使高效泵和风机的效率降低，因此应采取必要的改造提高其运行效率。其次，还应改进管路系统，使其性能符合泵和风机的性能；减少水路管阻力带来的损失。

522. 如何做好泵和风机的安装和维修工作？

答：（1）泵和风机动、静部件之间有合理间隙和转子中心位置。

（2）保证叶片和流通的光滑，减少阻力损失。通过在泵体内部涂漆增加光滑度，可提高 3％的工作效率；打磨泵体和叶轮的粗糙部位，可提高泵 11％的工作效率。

523. 简述泵和风机的改造原则。

答：（1）选用新型节能泵和风机，使效率提高 2％～10％。

（2）根据工艺参数合理配置泵和风机，使其运行在高效区内。

（3）如果水泵的压力、流量过大时，可采取切割其叶轮或更换小叶轮等方法，使其与生产相适应，它比用节流阀门的办法的效率高，其允许切割量见表 11-1。

表 11-1 　　　　　　　　　水泵允许切割量

比转数	40～120	120～200	200～300	>300
最大允许切削量 D_1/D_2	15～20	10～15	7～10	不宜切削

（4）对于多级泵和风机，若出口压力过高，可以减少其级数的方法提高效率。

（5）变频调速是节电的有效方法，特别适用于流量变化大的场合，这是重点推广的项目。

524. 节能型的高效风机和泵的特点是什么？

答：节能型的高效风机和泵的特点是：

（1）较高的效率。改进了叶轮和导叶叶轮的设计，正确选择叶片进出口安装角，合理确定风机和水泵蜗壳内的流动速度，减少叶轮口环与蜗壳之间的间隙，提高零件装配精度和减小流道表面粗糙度，提高了风机和泵的效率。

（2）较高的比转速。比转速可综合反映风机和泵效率的设计参数。

对于风机 $$ns = nQ^{\frac{1}{2}}/P^{\frac{3}{4}}$$

对于水泵 $$ns' = 3.65n'Q^{\frac{1}{2}}/H^{\frac{3}{4}}$$

式中 Q——流量，m^3/s；

P——风压，Pa；

H——扬程，m；

n——风机转速，r/min；

n'——水泵转速，r/min；

s，s'——比转速。

各种风机和水泵能达到的最高效率随比转速变化而变化，对于流量小于 $250m^3/h$ 的离心水泵，其效率随比转速增加而增加。

525. 常用的风机和水泵转速控制和调节方法有哪几种？

答：转子回路串电阻控制（用于绕线式电动机）；串级调速控制（用于绕线式电动机）；变频调速控制；变极调速控制；无换向器电机控制（用于同步电动机）；液力耦合器控制。

526. 什么是切削叶轮法？

答：由于选型不当或使用情况发生变化，使离心泵和风机的容量偏大时，可采用切削叶轮、叶片或更换小叶轮的办法，来降低水泵和风机的使用容量，提高运行效率。下面说明该方法的计算：

$$D' = D(H'_{max}/H)^{\frac{1}{2}}$$

$$D' = Dq'_{vmax}/q_v$$

叶片切削后的流量为

$$q'_v = q_v(D'/D)$$

叶片切削后的全压为

$$H' = H(D'/D)$$

叶片切削后的输入功率为

$$P' = P(D'/D)$$

车削比例为

$$\Delta D = (D - D')/D$$

式中　　　D'——车削后的叶轮外径，mm；

　　　　　D——车削前的叶轮外径，mm；

H'、q_v'、P'——切割后的全压，流量，输入功率，Pa，m^3/s，W；

H、q_v、P——切割前的全压，量，输入功率，Pa，m^3/s，W。

为了防止因为车削量过大，使叶轮端部变粗，叶轮与泵壳间的回流损失增大，效率下降太大，其最大允许车削量见表 11-2。

表 11-2　　　　　　　　　　最大允许车削量

项　　目	数　　据					
水泵比转数	60	120	200	300	350	350 以上
最大允许车削比例（%）	20	15	11	9	7	0
效率下降值	每车小 10%效率下降 1%			每车小 4%效率下降 1%		

527. 什么是切割抛物线方程？

答：根据 $q_v'/q_v = D'/D$ 和 $H'/H = (D'/D)^2$ 可得

$$H'/q_v'^2 = H/q_v^2 = 常数$$

即　　　　　　　　　　　$H = H'/q_v'^2 \cdot q_v^2$

上式就是切割抛物线方程。

528. 试举例说明用切割叶轮法进行的节能改造。

答：某台单级单吸离心泵的性能曲线见表 11-3。其管路曲线方程为 $H_c = 20 + 78000q_v^2$，泵是叶轮外径 $D_2 = 162mm$，水的密度 $\rho = 1000kg/m^3$。为使泵的最大流量为 $0.006m^3/s$，切割后的叶轮直径应为多少？

表 11-3 离心泵的性能曲线

项　目	数　据										
$q_v(\times10^{-3}\mathrm{m^3/s})$	0	1	2	3	4	5	6	7	8	9	10
H（m）	33.8	34.7	35	34.6	33.4	31.7	29.8	27.4	24.8	21.8	18.5
η（%）	0	27.5	43	52.5	58.5	62.5	64.5	65	64.5	63	59

首先把泵的性能曲线和管路性能曲线画在一坐标图上，如图 11-6 所示。则图中的交点 M 为运行工况点。

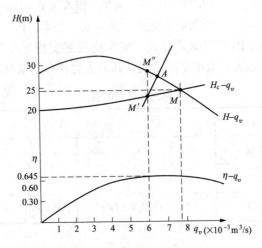

图 11-6　离心泵的运行工况点

切割叶轮后泵的性能曲线要向下移动，管路性能曲线不变，其运行工况点将在管路性能曲线上流量为 0.006 这一点，即图中的 M' 点。

根据管路性能曲线方程可得，当 $q_v'=0.006$ 时，M' 的扬程 $H'=22.81\mathrm{m}$，M' 的切割抛物线为

$$H=H'/q_v'^2q_v^2=22.81/0.006^2 \cdot q_v^2=633611q_v^2$$

切割抛物线与泵的性能曲线交于 A 点，则 M' 点和 A 点是切割前后的相似点，从图中可见 A 点的流量为 $0.0067\mathrm{m^3/s}$，扬程为 $28.4\mathrm{m}$，再用切割定律得

$$D'=D(H'_{\max}/H)^{1/2}=162(22.81/28.4)^{1/2}=145.2\mathrm{mm}$$

$$D' = D \cdot q'_{vmax}/q_{vN} = 162(0.006/0.0067) = 145.1\text{mm}$$

上述两式的结果有出入，为了防止切割过多，取直径最大值，现取 $D' = 145.5$mm。

车削比例为

$$\Delta D = (D - D')/D = 10.2\%$$

529. 风机和泵变频调速是如何实现的？

答： 风机和泵是用鼠笼式异步电动机带动的，鼠笼式异步电动机的转速 n 与电动机定子的频率 f、转差率 s、电机极对数 p 的关系为

$$n = 60f(1-s)/p$$

式中　n——异步电动机的转速；

　　　f——异步电动机的频率；

　　　s——电动机转差率；

　　　p——电动机极对数。

由上式可知，对 1 台电动机，其磁极对数 p 是一定的，因此改变电源频率 f 即可改变电动机的同步转速。异步电动机在带负载运行过程中随着负载的变化，滑差 s 变化不大，可以近似地认为转速 n 与频率 f 呈线性关系。若均匀地改变频率 f。则可以平滑地改变电动机的转速，从而改变泵和风机的出力。

530. 试述风机和泵变频调速的节能原理。

答： 对于风机和泵而言，其流量与风机或泵的转速 n 的一次方成正比，转矩与转速 n 的二次方成正比，功率与转速 n 的三次方成正比。当转速 n 减小时，电动机的能耗将以三次方的速率下降。因此，变频调速的节能效果十分显著。当流量由 100% 下降到 70% 时，转速相应降到 70%，压力降到 49%，电动机的功率降到 34.3%，即节约能耗 65.7%。

531. 变频调速的优点是什么？

答： 由于采用了电力电子技术、计算机控制技术、现代通信

技术和高压电气技术、电力拖动技术等先进技术，变频调速在电厂的应用除了有显著的节能效果外，还有下列优点：

（1）良好的调节性能。变频调速的调节范围大，调节平稳，调节线性度达 0.99，控制精度高；机组可在不同转速下运行，可以实现深度负荷调峰。

（2）减少了启动时的电流冲击。无变频装置时，电动机启动会产生很大的冲击，最大启动电流为额定电流的 6～7 倍，对设备不利；有变频装置时，电动机启动基本无冲击，电流不超过额定电流，实现了软启动。

（3）提高电源容量的利用率。采用变频装置后，功率因数达 0.95 以上，节省了无功，减轻了变压器的负担，提高了电源容量的利用率。

（4）改善了运行环境。变频调速的电动机的运行频率经常为 40Hz，噪声明显下降，大大改善了噪声污染。

532. 试举例说明锅炉风机的变频改造节能效果。

答：锅炉的风机（包括送风机、吸风机、一次风机等）的耗电量占电厂的发电量的 2%～4%，是进行变频改造的主要设备。

某厂 1 台 300MW 机组的 2 台一次风机，在保持原有风机和电动机情况下，加装了变频器，利用变频器对电动机进行调速，并调节风机的风量，实现了节电效果，见表 11-4。

表 11-4 一次风机变频改造节电效果比较（60%额定负荷）

运行状态	电流（A）	功率（kW）	耗电率（%）
变频运行的风机	24.79	344	0.17
工频运行的风机	48.63	1124	0.57

从表 11-4 可见，在 60%额定负荷下，变频运行的风机比工频运行的风机功率减小 1124－344＝780kW，耗电率下降 0.57%－0.17%＝0.4%；按照 80%额定负荷计算，耗电率下降 0.3%～0.35%，其节电效果为每天节电 11520kWh，1 年按运行 300 天计算，全年节电

$$11500 \times 300 = 345.6 \text{（万 kWh）}$$

按电价 0.40 元/kWh 计算，年节电经济效益为

$$345.6 \times 0.40 \times 2 = 276.48 \text{（万元）}$$

533. 试举例说明水泵的变频改造。

答：某厂 1 台 300 机组有 2 台 110％容量的凝结水泵，1 台运行，1 台备用。采用 1 台高压变频器一拖二的方案进行变频改造，表 11-5 表示了凝结水泵变频改造的节电效果比较。

表 11-5　　　　凝结水泵变频改造节电效果比较

负荷 (MW)	流量（t/h）		电流（A）		功率（kW）		凝结水压力（MPa）	
	变频	定速	变频	定速	变频	定速	变频	定速
180	470	793	35	78	166	706	1.08	2.73
240	605	796	46	85	306	751	1.45	2.66
300	780	888	61	97	549	821	1.95	2.56

从表 11-5 可见，以 80％额定负荷计算，变频运行比定速运行每天节电 10680kWh，1 年按 300 天计算，全年节电

$$10680 \times 300 = 320 \text{（万 kWh）}$$

按电价 0.40 元/kWh 计算，年经济效益为

$$320 \times 0.40 = 128 \text{（万元）}$$

534. 试举例说明采用变频调速的节能改造。

答：风机是按照最大风量选型的，一般情况下用风量都大大低于风机的额定流量，而风机的起动采用自耦降压启动，其缺点是电能浪费严重，调节精度差。

现对一台轴流式风机上使用变频调速器代替自耦降压起动，实现了无级调速。改造后的通风系统有如下特点：

（1）任意调节供电频率来改变风机电动机转速，从而满足生产用风量，不需放风，而且增加了调节精度，如风机额定风量为 3680m³/min，而现阶段需要风量为 2564m³/min，为额定风量的 69.7％。为此将风机工作频率设定为 35Hz，经过降低风机的供电

频率减少风机转速，从而减小风量。

（2）节省了电能。电能消耗减少了 66%。表 11-6 表示了风量 Q 与电动机功率 P、转速 n 和节电率 N 的关系。

表 11-6　　　风量 Q 与电动机功率 P、转速 n 和节电率 N 的关系

频率 f	转速 n (%)	风量 Q (%)	压力 H (%)	轴功率 P (%)	节电率 N (%)＝ 100%－P
50	100	100	100	100	0
45	90	90	81	72.9	27
40	80	80	64	51.2	49
35	70	70	49	34.3	66
30	60	60	36	21.6	78
25	50	50	25	12.5	87

由上表可知，当风机转速下降时，电动机的功率迅速降低，其节电潜力非常大，其月电耗节省计算如下：

节省电能＝电动机额定输入功率×省电率×24×30（kWh）
＝110×2×66%×24×30＝104 544（kWh）

（上式中的 2 是指 2 台风机）

以电费 0.38 元/kWh 计算，可节支 0.38×104544＝39726（元）

购置 1 套变频器费用为 10 万元，投入使用后 3 个月即可收回投资。

第十二章

锅 炉 节 能 技 术

第一节　燃煤锅炉的经济运行

535. 什么是过量空气系数？

答：在锅炉的实际燃烧过程中，空气与燃料不可能充分理想混合，燃料中可燃元素不可能都有机会与氧分子进行反应。故实际供给的空气量应比理论空气量多一些，以使燃烧反应能在有多余氧的情况下充分进行。实际供给的空气量 V（m^3/kg，标准状态）与理论空气量 V°（m^3/kg，标准状态）的比值称为过量空气系数，即 $\alpha = V/V^\circ$。

536. 什么是最佳过量空气系数？

答：过量空气系数过大或过小，都会使锅炉的效率降低，当运行中排烟，化学不完全燃烧，机械不完全燃烧热损失总和为最小时的过量空气系数为最佳过量空气系数，即锅炉效率最高时的过量空气系数。

537. 如何计算过量空气系数？

答：计算过量空气系数有两种：

（1）精确计算法：

1）当燃料完全燃烧时，

$$\alpha = 1/\{1 - 3.76 \times O_2/[100 - (RO_2 + O_2)]\}$$

2）当燃料不完全燃烧时，

$$\alpha = \frac{1}{1 - 3.76 \times \dfrac{O_2 - 0.5CO}{100 - (RO_2 + O_2 + CO)}}$$

式中 RO_2——三原子气体占干烟气容积的百分数。

（2）简单计算法：（一般情况下，不完全燃烧产物 CO 很少，可视为完全燃烧）则

$$\alpha = 21/(21 - O_2)$$

538. 锅炉排烟温度对锅炉的经济性的影响是什么？

答：排烟温度越低，排烟损失越小，这需要增加锅炉尾部受热面，增加投资和金属消耗量；排烟温度升高，排烟损失增大，排烟温度升高 1℃，锅炉效率降低 0.05%～0.065%。额定排烟温度一般在 110～160℃之间。

539. 影响排烟温度的因素有哪些？

答：影响排烟温度的因素有：煤的低位发热量越低，收到基水分含量越大，排烟温度就越高；炉膛出口过量空气系数每增加 0.1，排烟温度升高 1.3℃左右；制粉系统增加的漏风量，使排烟温度升高约 16℃；受热面积灰可影响排烟温度 10℃左右；送风温度变化 1℃，排烟温度将同向变化 0.55℃左右；磨煤机出口温度每提高 5℃，降低排烟温度 2℃左右；排粉机出口风压降低 0.2kPa，排烟温度降低约 2℃；煤粉过粗，使排烟温度升高；排烟温度随负荷的增减而增减；给水温度每升高 1℃，排烟温度升高 0.31℃左右；省煤器受热面不足，排烟温度将过高。

540. 锅炉飞灰含碳量对经济性的影响是什么？

答：灰渣影响锅炉效率的主要因素是机械未完全燃烧损失，机械未完全燃烧损失中由于从烟气带出的飞灰含有未参加燃烧的碳所造成的飞灰热损失为

$$q_4 = 337.27 A_{ar} \alpha_{fh} C_{fh} \cdot 100\% / Q_{ar,\ net}(100 - C_{fh})$$

式中 A_{ar}——煤的收到基灰分含量百分率，%；

α_{fh}——飞灰占燃料总灰分的份额，%；

C_{fh}——飞灰中碳的含量百分率，%；

$Q_{ar,net}$——燃料收到基低位发热量，MJ/kg。

194

飞灰可燃物每降低 1%，锅炉效率约升高 0.3%。

541. 锅炉飞灰可燃物含量高的原因有哪些?

答:（1）锅炉设计不合理。设计炉膛热负荷过低，断面尺寸过大，导致燃烧强度不够，使飞灰可燃物含量高。

（2）燃烧器布置不合理。出现燃烧不稳定和不完全现象。

（3）煤粉过粗。燃烧不完全，使飞灰可燃物含量较高。

（4）运行调整不当。

（5）煤质变化。煤的挥发分含量越低，飞灰可燃物含量越高。

第二节　锅炉设备节能改造技术

542. 什么是气泡雾化油枪?

答:气泡雾化原理是将气体（蒸汽或者压缩空气）与燃油低速注入喷嘴出口形成气泡流，气泡运动到喷嘴出口爆破，形成液雾。由于气泡的表面膜远小于液柱或液膜的厚度，因此雾化所需的能量小，雾化的粒度很细，气泡雾化机理完全适用于锅炉点火油枪和助燃油枪。其燃烧效率可达 99%，喷嘴不堵塞，燃烧器不结焦；油枪是流量调节范围大，可以直接点燃煤粉，用油量少。图 12-1 表示了气泡雾化喷嘴的结构；

气泡雾化喷头包括 4 个部分：液体注入口、气体注入口、混合室和喷雾出口。

气泡雾化喷嘴气体的注入方式有内液外气式和内气外液式两种，混合室的几何尺寸控制着喷出前会流经一个收缩段，安装在喷嘴前有一个多孔塞（控制芯），其直径控制着喷头的流量。

543. 改造后的燃油系统是什么样的?

答:改造后的燃油系统包括：中压供油泵出口压力为 1.75MPa，配 75kW 防爆型电动机。供油母管引至炉前，配流量计以计量油量，配总遮断阀用于保护，配进油调节阀直接调控入炉油的流量以调节负荷。为了可靠，配并联的 2 个调节门，平时 1 个

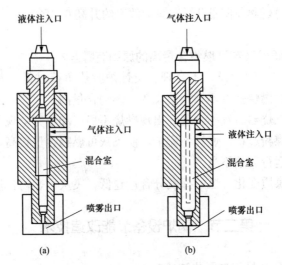

图 12-1 气泡雾化喷嘴的结构图

(a) 内液外气式；(b) 内气外液式

运行，1 个备用。进油调节门后引至炉前环管，从环管各角引至该角各层油枪。每支油枪配进油、进雾化汽和吹扫快关阀，用于远方程控。各角油管顶部引回油阀至回油系统，用于启动前和备用中用油的循环。分别从本机抽汽和公用蒸汽母管引入蒸汽，锅炉正常运行时用本机汽源，启停时用公用汽源。运行中雾化汽压随油压和油量的变化而调节，调节门并联手动门辅助调节。图 12-2 表示了改造后的燃油系统。

544. 试述改造为气泡雾化油枪后的效益。

答：（1）提高了锅炉效率。全年节油量达 2000t（400t/h 锅炉）。

（2）节省了轻油。启动时直接点燃渣油，并燃烧稳定。取消了轻油系统，减少了维护工作量。

（3）增大了调节范围。在正常调峰范围间无需投退油枪操作。

（4）减少了受热面结焦。

（5）降低了备用中的能耗。备用循环时，油温只需 80℃，不

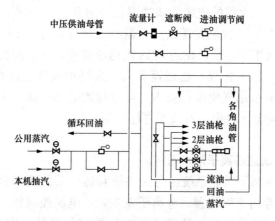

图 12-2 改造后的燃油系统

用另投加热器，回油无需投冷油器。

（6）有利环保。其良好的雾化性能可保证不冒黑烟。基本不发生堵塞，燃烧充分。

545. 试述等离子点火器的工作原理。

答：等离子点火技术的基本原理是以大功率电弧直接点燃煤粉，它是利用直流电流（大于 200A）在介质气压大于 0.01MPa 的条件下通过阴极和阳极接触引弧，并在强磁场下获得稳定功率的直流空气等离子体。等离子点火器本体部分工作原理如图 12-3 所示。

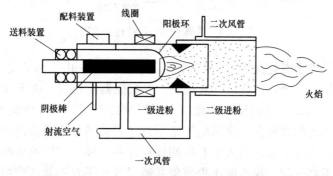

图 12-3 等离子点火器工作原理图

等离子点火器的连续可调功率范围为 $50\sim150\mathrm{kW}$，中心温度可达 $6000℃$，一次风粉送入点火器经浓淡分离后，使浓相煤粉进入等离子火炬中心区，在约 $0.1\mathrm{s}$ 内迅速着火，并为淡相煤粉提供高温热源，使淡相煤粉也迅速着火，最终形成稳定的燃烧火炬，燃烧器壁面采用气膜冷却技术，可冷却燃烧器壁面，防烧损，防结渣，用除盐水对电极及线圈进行冷却。

546. 试述等离子燃烧系统。

答：等离子燃烧系统由点火系统和辅助系统两部分组成。点火系统由等离子燃烧器、等离子发生器、电源控制柜、隔离变压器、控制系统等组成；辅助系统由压缩空气系统、冷却水系统、图像火检系统、一次风在线测速系统等组成。

547. 试述等离子燃烧器的结构。

答：图 12-4 表示了等离子燃烧器的结构图。

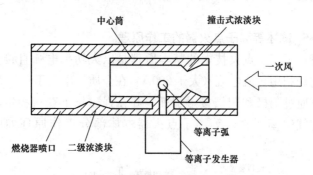

图 12-4　等离子燃烧器结构示意图

等离子燃烧器采用内燃方式，为二级送粉，由等离子发生器、风粉管、外套管、喷口、浓淡块、主燃烧器等组成。由于让燃烧器的壁面要承受高温，因此加入了气膜冷却风。其燃烧机理为：一定浓度的煤粉在一次风的携带下通过燃烧器前送粉管内的均流装置进入燃烧器，进入中心筒的煤粉在通过撞击式浓淡块时浓淡得到重新分配，煤粉向中央聚集并通过等离子发生器产生的高温等离子弧得到迅速加热，在极短时间内产生分解，挥发分再造和燃烧等过程。被分离出的一次风夹带浓度极小的煤粉在内壁流过，未通过中心筒的一次风在外壁通过，对中心筒起到一定的冷却保护作用。在中心筒外通过的风粉混合物在通过第二级浓淡块时被分离，浓粉向中央聚集后被中心筒喷出的高温火焰点燃。

548. 什么是煤粉浓度在线测量原理？

答：带电煤粉产生一定的电场，当带电煤粉粒子通过静电传感器上的金属感应探针时，在探针表面产生等量的感应电荷，大量带电煤粉在探头处的移动，可以产生感应电流，如图 12-5 所示。感应电流的大小与流经探头的煤粉质量流量有关，其近似函数关系为：

$$i = k_1 M \cdot v^n + k_2 QM$$

式中　k_1——与速度有关的比例系数；

　　　k_2——与材料有关的比例系数；

　　　M——质量流量；

　　　v——速度；

　　　n——材料系数；

　　　Q——感生系数；

　　　i——电流。

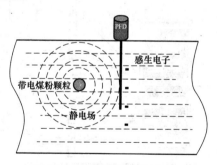

图 12-5　煤粉浓度测量原理图

549. 煤粉浓度测量的系统结构是什么样的？

答：图 12-6 表示了煤粉浓度在线测量的系统结构图一。

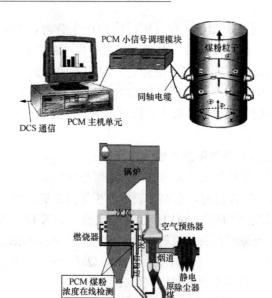

图 12-6 煤粉浓度在线测量系统图一

图 12-7 表示了煤粉浓度在线测量系统结构图二。

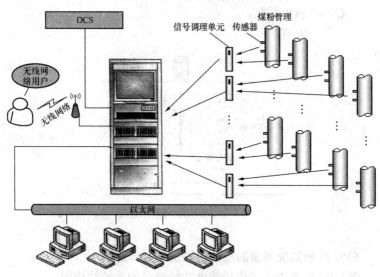

图 12-7 煤粉浓度在线测量系统图二

从图 12-6 可见，该测量系统是采用 PCM 主机，通过 PCM 小信号调试模块和同轴电缆接到煤粉管道上的各传感器上。另在锅炉上采用 PFC 静电传感器在线测量煤粉浓度。

从图 12-7 可见，该测量系统是采用传感器将信号汇集到信号调理单元，再集中到 LFC 煤粉浓度检测装置屏上，对煤粉浓度进行测量。该屏将信号送到 DCS 系统和以太网及各微电脑，进行操作及监视处理。

550. 煤粉浓度在线检测系统有什么功能？

答：煤粉浓度在线检测系统的功能是：实时连续在线检测各煤粉管道中煤粉流的浓度；监测煤粉管道内的煤粉流速；探测在煤粉管道中煤粉流量的不稳定现象；辅助诊断一次风管内堵粉，断粉及煤粉沉积现象；辅助诊断各个一次风管道的煤粉流量均衡性；煤粉浓度，速度的越限早期报警。

551. 煤粉浓度在线检测系统的特点是什么？

答：（1）基于电荷感应技术，无源被动式感应探头提供最高安全性，稳定性，极低清洁维护量。

（2）煤粉浓度，速度同时在线检测，响应时间极短，无时滞。

（3）检测覆盖全管道截面，不因煤粉流偏移影响，测点代表性好。

552. 什么是低压省煤器？

答：低压省煤器是一种利用锅炉排烟余热的设备。它包括省煤器管屏、换热器管束、进口集箱、出口集箱，其特征在于进口集箱与汽机低压回热系统的加热器连接，出口集箱通过管道连接除氧器，低压省煤器安装在锅炉空气预热器出口的尾部烟道上。它利用低压回热系统的凝结水降低锅炉排烟温度，提高发电厂循环热效率。

553. 低压省煤器的连接方式有几种？

答：低压省煤器的连接方式有串联和并联两种，图 12-8 为串联接入热力系统图，图 12-9 为并联接入热力系统图。

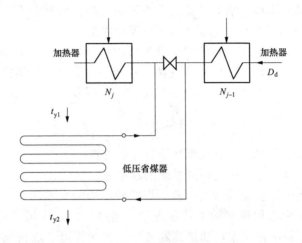

图 12-8 低压省煤器的串联系统图

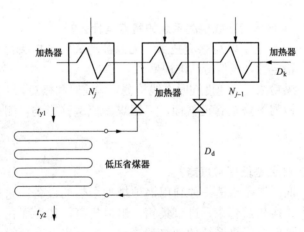

图 12-9 低压省煤器的并联系统图

在图 12-8 中，从低压加热器 N_{j-1} 出口引出的全部凝结水 D_d 送入低压省煤器，在低压省煤器中加热升温后，全部返回低压加热器 N_j 的入口，其优点是：流经低压省煤器的热负荷较大，排烟余热利用的程度较高，经济效果好。其缺点是：一方面这种连接方式直接影响到机组的可靠性；另一方面凝结水流的阻力增加，所需的凝结水泵的压头增加，往往需要更换。

从图 12-9 可见，从低压加热器 N_{j-1} 出口分流部分凝结水 D_d，送入低压省煤器，在低压省煤器中加热升温后，全部返回低压加热器 N_j 的入口处与主凝结水汇合。其优点是：提高热效率的幅度不如串联系统，但不影响机组的可靠性，不需要更换凝结水泵。其缺点是：流经低压省煤器的热负荷因分流量小于全流量而减小，在低压省煤器进口水温相同的前提下，并联系统的低压省煤器出口水温较高。

554. 什么是富集型燃烧器？

答：富集型燃烧器是在总结浓淡燃烧器的优点和不足后，开发研制稳燃性能更佳的煤粉燃烧器。它是一种浓淡型煤粉燃烧器，但在喷口设计有一种称为富集型喷口的特殊结构，如图 12-10 所示。

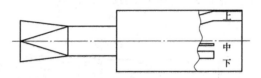

图 12-10 富集型燃烧器示意图

从图 12-10 可见，它由前喷口、上下挡块、方形风道及方圆接头组成。煤粉气流自一次风管道过方圆接头进入方形风道，在上挡块处被分成上下 2 股，上股（约占 1/3）进入前喷口的上方通道，并直接进入燃烧室，下股（约占 2/3）进入有适度向下弯曲的下方通道。煤粉由于这个适当弯曲而受到分离（上部煤粉较浓，下部煤粉较淡），在进入下挡块时被分成上下 2 股，上股为浓股煤粉小通道，下股为淡股煤粉大通道，设计的浓股通道很小，下股淡通道较大，上下通道高比为 1/3～1/4。这 2 股煤粉气流在进入炉膛前，先进入前喷口，在这里，浓股煤粉气流被下面的淡股煤粉气流卷吸而发生向下的急拐弯，并让其后的煤粉由前喷口卷吸的热烟气加以预热及发生滞止增浓，升温着火。前喷口的长度正好保证着火过程发生在前喷口外，形成稳定的小火焰，并用它去点燃整个煤粉气流大火焰。

555. 什么是多重富集型燃烧器？

答： 多重富集型燃烧器是在克服富集型燃烧器的不足而开发的一种燃烧器。它与富集型燃烧器不同，为了缩小喷口尺寸，不采用抽吸炉膛热烟气的方法来预热浓股煤粉气流及组织浓股气流急拐弯的方法，为避免降低火焰的稳燃能力，采取了下列措施：

（1）采用双挡块分离元件，改善煤粉气流的分离能力，提高浓股煤粉气流的煤粉浓度。

（2）将浓股煤气流射到炉膛内稳定的高温区。

（3）在浓股煤粉气流的出口，采用锯齿形稳燃器，形成多股小而浓的煤粉气流；射入炉膛后相互卷吸而粉气自动分离，煤粉射入高温区，滞止增浓，升温着火，形成小火焰。

图 12-11 表示了多重富集型的结构示意图。

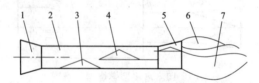

图 12-11　多重富集型燃烧器结构示意图

1—方圆接头；2—方形风道；3—前挡块；4—后挡块；

5—前喷口；6—浓股小火焰；7—淡股大火焰

556. 什么是花瓣燃烧器？

答： 花瓣燃烧器与传统燃烧器不同，它是把波瓣结构应用到煤粉燃烧器中，如图 12-12 所示。

花瓣燃烧器为一扩锥型结构，出口边界为花瓣形曲线，故名"花瓣"，花瓣凸出的地方称为瓣峰，凹陷的地方称为"瓣谷"。花瓣燃烧器主要解决低挥发分煤及低负荷时煤粉的及时着火，稳燃和降低 NO_x 排放等完善燃烧问题，着重于从增加高温烟气回流，增加一次风粉气流与回流高温烟气接触边界，加强两者之间的混

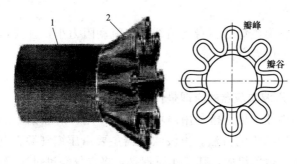

图 12-12　花瓣燃烧器
1—中心风管；2—花瓣燃烧器

合，促使煤粉颗粒进入中心回流区，以加大中心回流区燃烧的煤粉量等方面加以考虑。

557. 花瓣燃烧器有什么优点？

答：花瓣燃烧器具有如下优点：

（1）花瓣燃烧器的周界长，是扩口，扩锥无法相比的。增加了一次风粉气流与高温回流烟气的接触面积。

（2）花瓣燃烧器除中心回流区外，在每个花瓣的后面都存在一个径向和一对轴向回流区，它加速了一次风粉气流和高温回流烟气之间的混合，多种回流区成为风粉气流迅速着火和稳定燃烧的热源。

（3）花瓣燃烧器的存在，把厚度很大的环状一次风粉气流分割为除一层环状气流外，还有相当于花瓣瓣数的数个片状气流，片状气流被回流高温烟气两面加热，容易着火，煤粉燃烧较彻底，片状和薄层环状气流互不分割，连成一体，气流稳定性不受影响。

（4）花瓣的特殊形状和每片花瓣后径向回流区的存在，可促使一次风粉气流中一部分煤粉颗粒进入高温回流区，并可在回流区内循环一定时间，煤粉颗粒在回流区内燃烧，既可提高回流区中烟气的温度（这对贫煤和无烟煤燃烧特别重要），又延长了煤粉颗粒在炉内的燃烧时间，使燃烧较完全。

（5）进入中心回流区的煤粉颗粒在缺氧条件下，对降低 NO_x

十分有利。

（6）花瓣燃烧器本身为流线型，流动阻力小，且气粉流的磨损较轻，使用寿命长。

558. 声波吹灰器的原理是什么？

答：声波吹灰是指利用声场能量的作用，清除锅炉换热器等表面积灰和结焦的方法。声波吹灰器主要由压缩气源、电子控制器和声波发生器组成，其工作原理是：将空气经过过滤器净化后，通过声波发生器并在电磁阀的控制下将压缩空气的能量由声波发生器转变为声能，调制成声波，以声波的方式向外传递，声波通过声波导管经辐射喇叭的规整放大后以一定的频率，工作程序和周期传入容器内；声波在弹性介质里传播，声波形成一个强大的谐振声场，循环往复地作用在容器表面的积灰上，声波的持续工作，灰粒与容器壁之间的结合力减弱，使积灰松散脱离，或被气流冲刷带走，达到吹灰的目的。

559. 声波吹灰器的结构是什么样的？

答：图 12-13 表示了声波吹灰器的结构示意图。

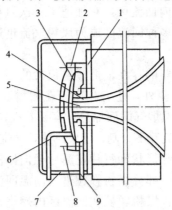

图 12-13　声波吹灰器的结构示意图

1—外壳；2—顶盖；3—膜片；4—传播器；5—孔；6—短管；

7—箱壳；8—紧固螺钉；9—压缩空气进气管

声波吹灰器分为三部分，即压缩气源、电子控制器和声波发生器。压缩空气为动力源，提供产生声能；电子控制器用于控制声波发生器的频率，控制吹灰器的工作时序和工作周期；声波发生器即气声转换装置，声波通过输音管或喇叭进入炉内。

560. 声波吹灰器的特点是什么？

答：与传统的除灰器比较，声波吹灰器的特点如下：

（1）由于声波本身的绕射特性，不存在清灰死角问题。

（2）能量衰减慢。使用蒸汽吹灰时，它靠动能吹灰，动能衰减快，而声波能量衰减小。

（3）无毒副作用，不存在磨损。声波吹灰以空气为介质，不会引起腐蚀。

（4）结构紧凑，活动部件少，全自动操作，故障率低，基本上不需要维护。

（5）运行成本低，耗能低。

（6）一次性成本低，为传统吹灰器的 50％。

（7）安装成本低。

561. 什么是燃气脉冲吹灰器？

答：燃气脉冲吹灰器是利用乙炔（煤气，天然气，液化气）等常用可燃气体和空气，经过各自的流量测控系统后，按一定比例进行均匀混合，然后进入燃烧室中燃烧，与常规的燃烧过程和燃烧方式有所不同，燃气脉冲燃烧是利用不稳定燃烧气体在高湍流状态下，产生压缩波，形成动能、声能、热能，这种燃烧速度较快，燃烧产生的气体压力被限制在一定的范围之内，在输出管的喷口处发射冲击波能与积灰状况适应，通过冲击波的作用使受热面上的积灰脱落，将被污染受热面上的灰尘颗粒、松散物、黏合物及沉积物除去，达到降低锅炉尾部排烟温度，提高锅炉热效率。图 12-14 表示了燃气脉冲吹灰器的示意图。

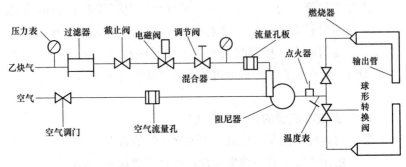

图 12-14　燃气脉冲吹灰器示意图

562. 燃气脉冲吹灰器有什么特点？

答：（1）吹灰介质蓄能多，释放能量和有效吹灰空间大。

（2）吹灰间隔时间长，设备投入时间短，见效快。

（3）适用范围广泛。可用于全炉膛各受热面。

（4）无可动部件，无需日常维护。

（5）相对于其他形式吹灰器，燃气脉冲吹灰器造价低，维护和运行费用低。

563. 什么是干排渣技术？

答：锅炉燃烧排除的渣在锅炉冷渣斗出口的温度为 850℃ 左右，其冷却方式有风冷和水冷两种，采用干式风冷式排渣机除渣称为干排渣方案。它是利用炉内负压就地吸风，进风量为锅炉总燃烧风量的 1%，一方面，冷空气吸收热炉渣的显热，升温到 300～400℃ 送入锅炉炉膛，冷空气回收了渣的热量，提高了锅炉的效率；同时冷空气将 850℃ 的炉渣在传送中冷却，使炉渣温度降到 100～200℃，送入碎渣机，经后续输渣设备送入渣仓储存。这种除渣方式称为干排渣技术。

564. 干排渣系统是如何构成的？

答：干排渣系统主要由干排渣主设备、集中输送系统、储渣仓及卸料系统、电气与控制系统四大部分组成。其中干排渣主设备包括水封槽、储渣斗、炉底排渣装置、钢带输送机、碎渣机、缓冲渣斗等设备，其工艺流程如图 12-15 所示。

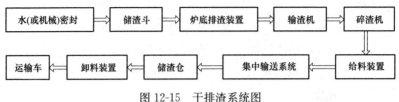

图 12-15　干排渣系统图

其中集中输送系统可采用直接输送（增加一级钢带输渣机）、机械输送（增加链斗输送机，斗式提升机，二级钢带输渣机）、负压输送（使用负压气力输送）和正压输送（使用正压输送）。

565. 干排渣系统有什么特点？

答：节省电费（0.2 万～0.3 万 kWh/MW）；节约检修费［约 30 万元/（年•台）］；降低炉渣可燃物（约 65%）；提高了锅炉效率（0.25%～0.38%）；节水（0.1 万～0.2 万 t/MW）。

第三节　锅炉受热面的节能措施

566. 试述锅炉的分类及特点。

答：（1）按水循环方式分类：自然循环锅炉、控制循环锅炉、直流锅炉。

（2）按燃烧方式分类：室燃炉、流化床炉。

（3）按锅炉参数分类：水的临界压力、水超临界压力和亚临界压力；蒸汽的低压、高压、超高压、亚临界压力和超临界压力。

（4）按蒸发量的大小分类：小于 220t/h 为小型锅炉；大于或等于 220t/h，小于 670t/h 的是中型锅炉；大于或等于 670t/h 的是大型锅炉。

567. 锅炉受热面结渣有什么危害？

答：（1）使传热减弱，工质吸收热量减少，为此需更多的燃料和空气以保持锅炉出力，降低了经济性。

（2）导致炉膛出口烟温升高和过热蒸汽超温，为此需限制锅炉负荷。

（3）燃烧器喷口结渣影响气流正常流动和燃烧过程。

（4）水冷壁结渣影响锅炉水循环和热偏差。

（5）炉膛出口对流管束结渣可能堵塞部分烟气通道，使过热器发生热偏差。

（6）炉膛上部的结渣掉落会砸坏水冷壁管及堵塞排渣口。

568. 防止结渣有哪些措施？

答：（1）进行更合理的锅炉设计：这是防止锅炉结渣是基础措施，具体来说，包括以下两个方面。

1）首先在设计锅炉之前要全面掌握煤粉锅炉的用煤情况，详细了解该发电厂所用煤粉的煤种，煤灰杂质的资料为依据进行锅炉的设计，并保证在使用时煤种没有很大的变化。

2）以煤粉的性质为依据选择合理的燃烧方式。

（2）在炉内建立良好的气流场：锅炉运行时，在炉内的温度达 1500℃，大部分煤灰已处于熔化状态，如果在到达出口之前不能够使之凝固就会黏结在炉壁上形成炉渣。所以应该建立良好的气流场防止结渣：进行合理的炉内切圆；控制一次风射流；控制燃烧器尺寸和喷口间隙。

（3）加强对锅炉的检查和维护。发现结渣现象应立即进行处理。

569. 什么是锅炉受热面的高温腐蚀？

答：锅炉受热面的高温腐蚀包括：高温硫化物腐蚀，它是指高温下金属与硫反应导致的金属腐蚀；氯化物型高温腐蚀，煤中的氯在燃烧加热过程中生成 NaCl，它与水反应生成 HCl，HCl 不但破坏金属表面的保护膜，也加速了烟气中其他腐蚀性气体的腐蚀。

570. 如何防治高温腐蚀？

答：（1）加侧边风。加装贴壁二次风装置，改变水冷壁高温腐蚀区域的还原性气氛，在水冷壁附近形成一层氧化性气膜，可以有效抑制水冷壁管的高温腐蚀。

（2）合理配风及强化炉内的湍流混合。

（3）控制煤粉细度。煤粉细度大的水冷壁的外部腐蚀比煤粉细度小时大得多。

（4）各燃烧器间煤粉浓度要均匀。

（5）采用新型燃烧器。如将原燃烧器换为浓淡型燃烧器等。

（6）采用超音速电弧喷涂技术。它是防止水冷壁高温腐蚀的有效方法。

（7）采用高温远红外涂料技术。

571. 省煤器磨损的主要原因是什么？

答： 省煤器磨损的主要原因是机械磨损和烟气磨损（即飞灰磨损），其部位多发生在省煤器左右两组的中部弯头，两侧靠近墙壁的弯头，靠近前后墙的几排管子和管卡附近的管子。而烟气磨损是造成锅炉四管泄漏的重要因素之一。

572. 防止省煤器磨损的主要措施是什么？

答：（1）控制烟气流速，特别是防止局部流速过高。烟气流速越高，磨损越严重。

（2）降低飞灰浓度。飞灰浓度越高，磨损越厉害。

（3）在易磨损的部位加装防磨材料。

（4）保持受热面的横向节距均匀，防止局部堵灰，在尾部烟道设置导流板。

（5）防止烟道漏风。漏风量越大，磨损越大。

（6）采用顺列管束，减少磨损。

（7）扩大烟道，增加烟气流通面积。

（8）在局部磨损严重的部位，加装防磨板、护瓦、阻力槽等。

（9）采用膜式省煤器，减小磨损速度。

（10）采用螺旋肋片式省煤器，保护管束磨损。

（11）采用鳍片式省煤器，降低烟气流速。

（12）在管壁进行高温喷涂防腐防磨。

573. 试举例说明对锅炉受热面的节能改造（一）。

答： 某厂一台 225t/h 煤粉锅炉由于运行时间的推移，省煤器对流管束磨损严重，爆管次数增加，排烟温度偏高，热损失增大，煤耗增加；同时因工艺要求将给水温度由 160℃提高至 220℃。因此，需要对锅炉省煤器及过热器对流管束等受热面进行改造。

（1）过热器改造方案。将锅炉过热器靠近转向室侧，增加原受热面 2/3 的受热面，总受热面为 423m²，材料为 12CrMoV（原为 15Mo3），规格为 $\phi 28 \times 4mm$，管子的横向节距，纵向节距和横向排数与原管保持一致。将中间隔墙宽节距的膜式水冷壁整体提高 500mm，以保证新增过热器受热面能形成良好的烟气对流通道（见图 12-16）。

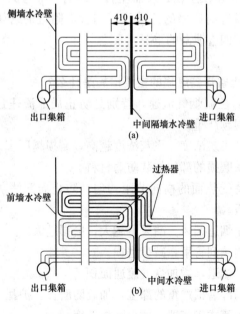

图 12-16　锅炉过热器的改造

（a）改造前（虚线部分为切除部分）；（b）改造后

（2）省煤器改造方案。将锅炉光管式省煤器更新为螺旋翅片管式省煤器，管径 $\phi38\times4mm$，翅片厚 1.5mm，高 15mm，节距为 12.5mm，材料为 20G，换热面积由 765m² 增至 1679.3m²。管屏横向节距由 75mm 增加至 111mm，纵向节距由 130mm 改为 100mm，管屏数由 112 屏减至 75 屏，单屏管数由 22 根减至 14 根，更换省煤器集箱，如图 12-17 所示。

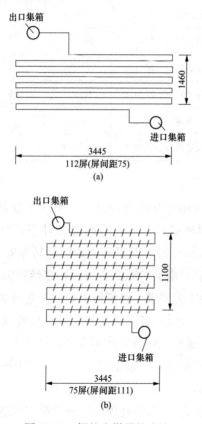

图 12-17 锅炉省煤器的改造

（a）改造前（光管密排式省煤器，管径为 $\phi26.9\times3.6$）；（b）改造后

（3）改造前后典型工况热力参数对比。表 12-1 给出了改造前后的热力参数对比表。

表 12-1　　　　　　　改造前后典型工况主要热力参数对比

负荷率 （%）	给水温度 （℃）	锅炉状态	对流换热面 （m²）	省煤器换热面 （m²）	主蒸汽温度 （℃）	排烟温度 （℃）	煤耗 （t/h）
100	200	改造前	2541.7	765.0	535	227.8	22.64
		改造后	2710.8	1679.3	535	174.2	21.94
	160	改造前	2541.7	765.0	535	232.0	24.25
		改造后	2710.8	1679.3	535	172.0	23.41
85	200	改造前	2541.7	765.0	535	211.3	19.09
		改造后	2710.8	1679.3	535	160.2	18.54
60	200	改造前	2541.7	765.0	504	179.7	12.87
		改造后	2710.8	1679.3	510	135.0	12.62

（4）结论。

1）省煤器采用螺旋鳍片管设计，增大了省煤器的换热面积，使得传热效率明显提高；在同等燃烧条件下烟气流速明显降低，从而受热面的磨损减慢，对提高锅炉的运转率有一定作用。

2）过热器通过增加对流换热面积，在给水温度提高后，各种工况下均能满足工艺要求，也使得锅炉的安全可靠性提高。

3）排烟温度降低，各受热面的管壁温度降低，改善了管束材料的载荷工况，延长了设备的使用寿命，提高了锅炉的热效率。

4）改造后锅炉运行燃烧稳定，负荷调节快速；锅炉因磨损爆管次数明显下降。

5）改造后生产 1t 汽的耗煤，耗油量都比改造前有大幅度的下降，取得了明显的经济效益，全年可节约 184.66 万元。

574. 试举例说明对锅炉受热面的节能改造（二）。

答：某厂一台 600MW 锅炉受热面的改造。对锅炉尾部烟道中低温过热器、低温再热器和省煤器受热面面积进行了重新分配，使改造后的锅炉在运行中可采用较理想的汽温调节方式，从而达到了减少减温水量的目的，提高了锅炉运行经济性和安全性。

第四节 锅炉排烟余热的回收利用

575. 如何对锅炉排烟余热进行回收利用?

答：在空气预热器之后，脱硫塔之前烟道的合适位置通过加装烟气冷却器，用来加热凝结水，锅炉送风或城市热网低温回水，回收部分热量，从而达到节能提效，节水效果。采用低压省煤器技术，若排烟温度降低 30℃，机组供电煤耗可降低 1.8g/kWh，脱硫系统耗水量减少 70%，它用于排烟温度比设计值偏高 20℃以上的机组。

576. 什么是烟气冷却器?

答：烟气冷却器是将高温烟气变为低温烟气的一种换热器，并用于加热凝结水。它有螺旋翅片管型、H 型或双 H 型和针翅管型三种类型，如图 12-18～图 12-20 所示。

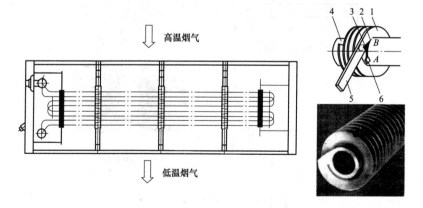

图 12-18　螺旋翅片管型烟气冷却器

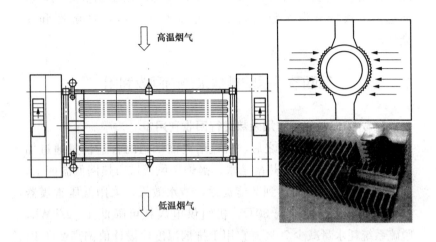

图 12-19　H 形或双 H 形翅片管烟气冷却器

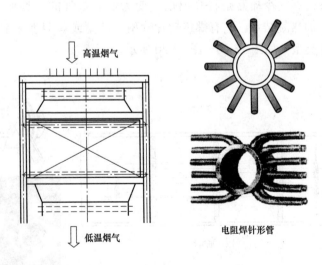

图 12-20　针翅管形烟气冷却器

577. 试画出锅炉排烟余热回收系统图。

答：图 12-21 表示了锅炉排烟余热回收的系统图。在静电除尘器和脱硫塔之间串联烟气冷却器，从除尘器出口的高温烟气经过烟气冷却器后，将来自凝汽器的凝结水加热转变为低温烟气，排往脱硫塔。被加热的凝结水，送往锅炉的省煤器，提高了给水温度，实现了节能的目的。

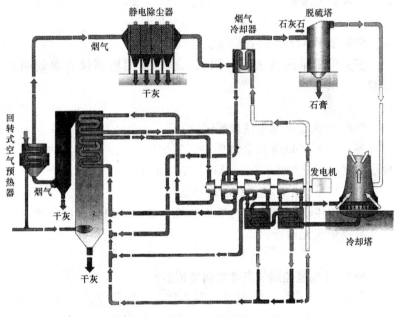

图 12-21 锅炉排烟余热回收系统图

第五节 锅炉运行优化调整

578. 锅炉运行优化调整的目的是什么？

答：（1）提高锅炉运行经济性：减少各种损失，提高锅炉效率；保证正常稳定的汽压、汽温和蒸发量，减少再热器减温水流量，提高机组热效率。

（2）主蒸汽温度每降低 10℃，影响发电煤耗约 0.93g/kWh；

再热蒸汽温度每降低 10℃，影响发电煤耗约 0.75g/kWh，过热器减温水流量每增加 10t/h，影响发电煤耗 0.08～0.12g/kWh；再热器减温水流量每增加 10t/h，影响发电煤耗 0.52～0.63g/kWh。

（3）最大限度减少燃烧过程污染物排放量。主燃烧区域采用低于 0.8～0.9 的过量空气系数，保持还原性气氛，在燃尽风口送入平衡风，达到完全燃烧；在最上层燃烧器上设置燃尽风口，组织全炉膛的分级燃烧，进一步降低 NO_x 生成。

579. 如何对锅炉进行燃烧优化调整试验？

答： 采用单因素法进行调整试验；采用监测仪表参数调整试验。

580. 什么是单因素法调整试验？

答：（1）可以寻求合理的一、二次风配比、风煤比的配比及配煤方式、较佳的煤粉细度及过量空气系数。

（2）确定锅炉燃烧系统的最佳运行参数。

（3）提供不同负荷下过量空气系数曲线、风煤比曲线等。用于指导锅炉优化运行。

581. 什么是监测仪表参数调整试验？

答：（1）运行人员监控风粉浓度、一次风速、烟气含氧量、飞灰含碳量在线检测、煤粉成分在线检测等参数，调整锅炉燃烧，实现锅炉高效、经济燃烧。

（2）提高测量仪表的稳定性、可靠性和准确性，加强检修维护及管理。

582. 为什么对制粉系统掺入冷风？

答： 锅炉设计时热风温度的选择主要取决于燃烧的需要，所选定的热风温度往往高于所要求的磨煤机入口的干燥剂温度，因此要求在磨煤机入口前掺入一部分温度较低的介质。

583. 对制粉系统掺入冷风有什么影响？

答：制粉系统运行时，为了协调锅炉燃烧需要的一次风速和磨煤机风量，往往要掺入部分冷风，以保持一定的磨煤机出口温度，结果使通过预热器的风量小于设计值，因而导致排烟温度的升高。

584. 如何减少掺冷风量对排烟温度的影响？

答：（1）适当提高一次风粉混合物的温度，减少冷风的掺入量。

（2）设计合理的风粉比曲线，定期校验一次风量的测量系统；根据具体情况决定磨煤机不同出力下的风煤比，控制最低一次风速不低于 18m/s。

585. 为什么空气预热器入口温度高引起排烟温度升高？如何防止？

答：在夏天，空气预热器入口温度高，传热温差小，烟气放热量就少，从而使排烟温度升高。同时制粉系统需要的热风减少，流过空气预热器的一次风减少，排烟温度升高，这属于环境因素，是难以克服的，若增加过多的受热面，降低空预器入口温度，则冬季时，排烟温度会低于露点值，为防止空预器低温腐蚀，必须投入暖风器，来提高排烟温度，这样，辅汽损失会增大，所以要根据环境温度变化的规律，综合考虑设计布置受热面及暖风器。

586. CFB 锅炉的全称是指什么？

答：CFB 锅炉（circulating fluidized bed boiler）是循环流化床锅炉的简称。因其具有燃料适应性广、燃烧效率高、负荷调节大、可在床内直接脱硫及实现低 NO_x 排放、燃料制备系统简单、易于实现灰渣综合利用等众多优点，在生产用汽、供热、热电联产、电站锅炉中被广泛采用，它是我国目前乃至今后五十年锅炉蒸发量 10t/h 以上燃煤锅炉首选的节能、环保、安全、可靠的最佳锅炉。

587. 为什么对 CFB 锅炉进行燃烧优化调整试验？

答：目前 $135\sim300$MW 的 CFB 锅炉在我国已有近 200 余台，但它们存在着一些问题，例如运行稳定性差，带不满负荷，热效率低，炉内磨损严重，非停次数多，可靠性欠佳等。因此需要对该类锅炉进行燃烧调整试验，实现该类锅炉的满负荷稳定运行，节能减排，减轻炉内磨损，延长锅炉连续运行时间的目的。

588. CFB 锅炉的冷态试验包括哪些项目？

答：CFB 锅炉的冷态试验包括：标定主要风量表计，得出标准风量与一次测量元件输出值的关系；校验、核对风压表；风机风量和调节特性，风系统挡板调节性能；锅炉烟风系统各部空载阻力，尤其是布风板空床阻力；冷态载料运行试验，测定床料的临界流化速度、床层阻力、布风板布风均匀性、返料性、排渣特性等；给煤机特性试验和点火启动燃油系统冷态试验等。

589. CFB 锅炉的热态试验包括哪些项目？

答：CFB 锅炉热态试验包括：给煤调整试验；一、二风量调整试验；过量氧量试验；床温调整试验；床压调整试验等。

590. CFB 锅炉的给煤调整试验的内容是什么？

答：给煤调整试验主要包括煤质（热值、挥发分、水分）、给煤粒度及给煤方式的调整等。煤的燃烧及燃尽特性于其挥发分密切相关，煤的挥发分高，燃烧反应温度相对低，燃烧速度更快，更易于燃尽。给煤粒度试验是选择适当的入炉煤粒径，一般要求入炉煤最达粒径不大于 10mm，但在煤的挥发分高、灰分低的情况下，应适当放大入炉煤粒径。

591. 什么是 CFB 锅炉的一、二次风量调整试验？

答：通过调整一、二次风量不仅能调节床温、改善燃烧，而且还能降低过渡区床料对炉膛锥段以上部位水冷壁管的冲刷，减轻磨损。当总风量一定时，随着二次风率增加，一次风率相应减少，炉膛下部锥段浓相区流化速度降低，向上部空间的传质和传热过程减弱，下部浓相区床温上升；二次风的提高可使飞灰可燃物降低。

592. 什么是 CFB 锅炉的过量氧量调整试验？

答：当锅炉的负荷一定时，合理的过量氧量是 CFB 锅炉良好运行的重要因素之一。当过量氧量提高时，飞灰可燃物含量则降低；在试验时应兼顾排烟热损失的变化，使 q_2+q_4（q_2 为排烟热损失；q_4 为机械不完全燃烧热损失）为最小。尽可能控制过量氧量，降低炉膛烟气速度，减轻炉内磨损。

593. 为什么进行 CFB 锅炉的床温调整试验？

答：CFB 锅炉床温试验目的是防止炉内超温，保证锅炉安全运行；降低灰、渣可燃物含量，提高燃烧效率；适应炉内传热需要；满足脱硫及脱硝等达到排放要求。

594. 为什么进行 CFB 锅炉的床压调整试验？

答：CFB 锅炉床压与炉膛颗粒浓度相关，其沿床高分布随锅炉负荷而改变，根据具体炉型和煤种而采用适当的床压对于锅炉的安全运行、床压控制、提高燃烧效率和减轻炉内磨损等十分重要。

595. 如何调整 CFB 锅炉的返料器？

答：返料器不仅要按运行需要量回送循环灰至炉膛下部，同时还必须相对隔绝炉膛下部与分离器之间的压力差。因此，需经过调整使之达到合理的工作状态。当其供风量过大时，炉膛下部床温有升高的趋势。

596. 如何调整 CFB 锅炉的脱硫及 NO_x 排放？

答：CFB 锅炉污染物排放的调整参数包含 Ca/S 比、床温、氧量及二次风率等。通过调整影响炉内脱硫及 NO_x 生成的上述运行参数，优化脱硫和 NO_x 排放工况，使 SO_2 和 NO_x 气体排放达标。

597. 试举例说明 CFB 锅炉的燃烧优化调整试验的效果。

答：某厂有 2 台 CFB 锅炉，容量为 440t/h，压力为 13.7MPa，热效率为90.08％，燃用无烟煤，挥发分为9.48％，低位热值为 21.89MJ/kg。运行 10000h 后，出现炉膛上部烟气出口周围水冷壁磨损严重，屏式过热器长期超温并多次爆管，灰渣可燃物高，布风板布风不均匀，锅炉非停次数增加等问题，为此对锅炉进行了燃烧调整试验。

运行和试验分析表明，造成炉膛出口水冷壁管磨损严重的原因是其结构形式，燃用细组分过多的无烟煤种和未注意控制运行负荷及运行风量等多种因素有关。

图 12-22 表示了该锅炉的出口结构形式。

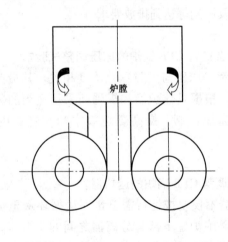

图 12-22　CFB锅炉炉膛出口管结构

从图 12-22 可见，当靠近炉膛两侧墙，向上流动的高浓度气固两相流在离开炉膛时向出口烟道转弯，产生离心作用，将大量的颗粒物料甩向壁面，造成两侧墙水冷壁管磨损，在燃用细组分过多的无烟煤种时，燃烧中心上移，炉膛上部及出口温度和灰浓度均升高，也会加剧磨损。

烟气速度的 3.5 次方与磨损量成正比，控制烟气速度在合理的范围内是十分重要的。

屏式过热器的超温是由于水冷壁的防磨喷涂使蒸发吸热能力减弱，炉膛运行温度升高，长期的超温运行使管材强度降低，直至发生爆管。

为此对受热面进行改造和运行优化后，锅炉飞灰和底渣可燃物含量明显减少，热效率得到提高，磨损和超温情况有所缓解。

第六节　磨煤机的结构和原理

598. 试述磨煤机的作用和分类。

答：磨煤机的作用：把原煤磨制成煤粉。

磨煤机的分类：低速磨煤机（15～25r/min），中速磨煤机（50～300r/min）和高速磨煤机（500～1500r/min）。

低速磨煤机包括筒式钢球磨煤机和锥形球磨机；中速磨煤机包括平盘式钢球磨煤机、中速球式磨煤机、碗式磨煤机、MPS 磨煤机；高速磨煤机包括风扇式磨煤机、锤击式磨煤机。

599. 试述钢球磨煤机的结构和工作原理。

答：图 12-23 表示了筒式钢球磨煤机的结构图。

从图 12-23 可见，其磨煤部件为一直径 2～4m，长为 3～10m 的圆筒，筒内装有适量直径为 25～60mm 的钢球，筒体内壁衬波浪形锰钢护甲，筒身两端是架在大轴承上的空心轴颈，一端是热空气与原煤进口，另一端是空气与煤粉混合物的出口。筒体由低速同步电动机带动旋转，钢球和煤块被筒内护甲带到一定高度，然后落下将煤击碎，并使煤受到挤压和研磨。磨好的煤粉被干燥的热空气从筒体带出。

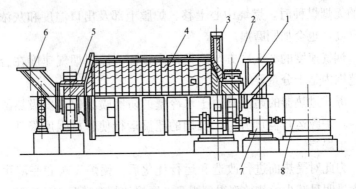

图 12-23　筒式钢球磨煤机的结构图

1—进料装置；2—主轴承；3—传动齿轮；4—转动筒体；5—螺旋管；

6—出料装置；7—减速器；8—电动机

600. 钢球磨煤机有什么优缺点？

答：钢球磨煤机的优点是：煤种适应性强，几乎能磨制各种煤，尤其适合磨制其他类型磨煤机不宜磨制的煤种，如硬度大、磨损性强的无烟煤或高灰分或高水分的劣质煤等；单机容量大，适用于大容量的锅炉机组；对煤中杂质的敏感性差，工作可靠性高；能在运行中补充钢球，可长期连续工作，延长了检修周期。

钢球磨煤机的缺点是：单台设备耗用钢材多，设备笨重，初投资高；运行噪声大；煤粉均匀性差；电耗高，低负荷运行不经济。

601. 普通钢球和新材料钢球有什么差别？

答：普通钢球（即高铬铸铁钢球）耐磨性较差，一般采用大直径钢球，装球直径为 30、40、50、60mm；装球质量比为 m_{40}：m_{50}：$m_{60}=3:4:3$ 或 m_{30}：m_{50}：$m_{60}=1:1:1$。

新材料钢球（铬锰钨系抗磨铸铁钢球）耐磨性好，可以适当增加小球数量，采用装球直径为 20、25、30、40、50、60、70mm；30mm 及以下钢球数量占 $60\%\sim65\%$，$40\sim70$mm 占 $40\%\sim35\%$，总装球质量按普通钢球装载量约 2/3 执行。表 12-2

表示了新材料钢球和普通钢球的运行情况对比表。

表 12-2　　　　　新材料钢球和普通钢球运行情况对比表

项目	A 磨煤机	B 磨煤机
额定电流（A）	130	90
球耗（g/t）（煤）	257	90
给煤量（t/h）	55.4	56.8
磨煤单耗（kWh/t）	20.28	13.8

从表 12-2 可见，B 磨煤机（装新材料钢球）运行电流为 90A，A 磨煤机（装普通钢球）运行电流为 130A。B 磨煤机钢球磨损均匀无破球，球耗为 90g/t（煤），A 磨煤机球耗约 257g/t。新材料钢球耐磨性远优于普通钢球，球磨煤机运转 1000h，磨球直径减小 1.2mm，可实现 1 年清理 1 次废球。

602. 试述中速磨煤机的结构和原理。

答：中速磨煤机有四种结构形式：辊—盘式、辊—碗式、球—环式、辊—环式磨煤机。但其基本工作原理大体相似。原煤都是从上部经中心管送入，在离心力作用下被甩到两组相对运动碾磨部件之间，在压紧力作用下受到挤压与碾磨作用而被粉碎成粉。煤粉在离心力作用下甩到风环处，由热风将煤粉吹起和干燥，送到上部的粗粉分离器。经煤粉管道再送到燃烧器。图 12-24 表示了 E 型（球-环式）磨煤机的结构图。

603. 影响中速磨煤机工作的因素是什么？

答：（1）转速。它有一个最佳转速。如果转速太高，离心力过大，煤来不及磨碎就碾磨部件，大量粗粉来回循环使制粉电耗增加；转速太低，煤磨得过细，将使磨煤电耗和金属磨损增加。推荐的最佳转速为：

平盘磨煤机　　　　　$n = 60/\sqrt{D}$

碗式磨煤机　　　　　$n = 110/\sqrt{D}$

E 型磨煤机　　　　　$n = 115/\sqrt{D}$

式中 D——磨盘或磨环的直径，m。

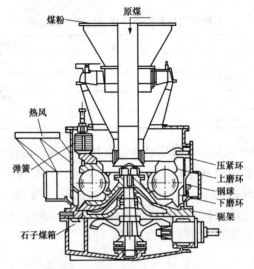

图 12-24 E 型中速磨煤机结构图

（2）通风量。它有一个通风量与出力的关系，通风量过大，煤粉将变粗；通风量小，煤粉变细，但限制了磨煤机出力。各类中速磨煤机的通风量与出力的关系曲线由制造部门给出。

（3）风环风速。风环风速应保证在一定煤粉细度下的磨煤出力。对不同类型的磨煤机风环风速也不同，应按制造部们要求设定。

（4）碾磨压力。碾磨压力应保持一定，随着碾磨部件的磨损，在运行中应随时进行调整。

（5）煤质。要求煤的水分不超过 15%，灰分不大于 30%，哈氏可磨性系数大于 50。

604. 试述风扇式磨煤机的结构和原理。

答：风扇式磨煤机的结构如图 12-25 所示。

从图 12-25 可见，风扇式磨煤机由叶轮和蜗壳组成，壳内壁装有护板，叶轮、叶片和护板都由锰钢制成。从风扇式磨煤机入口进入的原煤与被磨煤机吸入的高温干燥介质混合，在高速转动的

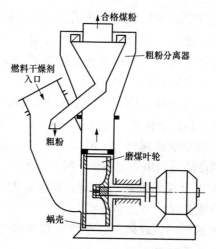

图 12-25 风扇式磨煤机结构图

叶轮带动下一起旋转，煤的破碎过程和干燥过程同时进行，叶片
对煤粒的撞击，叶轮与煤粒的磨损，运动煤粒对蜗壳上护甲的撞
击和煤粒之间的撞击等是主要的粉碎作用。

605. 风扇式磨煤机的特点是什么?

答：风扇磨煤机的特点是：

（1）煤在磨煤机中处于悬浮状态，干燥能力强，可用于磨制
水分大的褐煤和烟煤。

（2）具有磨煤和通风的双重作用，可以直接吹送煤粉进入炉
膛燃烧，省去了排粉机。

（3）结构简单紧凑，金属耗量小，磨煤电耗低。

（4）冲击板和护甲磨损较严重，磨制的煤粉较粗，不宜磨制
硬煤和低挥发分煤。

（5）叶轮磨损严重，检修周期短。

第七节　制粉系统的经济运行

606. 影响中储式制粉系统经济运行的原因是什么?

答：（1）钢球装载量影响磨煤机的出力和电耗。当通风量一定时，出力随钢球重量增加而增加，而出力增长速率大于功率增长速率，单位电耗下降；当钢球装载量增加到一定数量时，出力增长速率小于功率增长速率，单位电耗上升。

（2）钢球尺寸及比例的影响。钢球的单位磨耗量与钢球的直径成反比，当钢球直径变化时，出力与钢球直径的平方根成反比。

（3）护甲磨损影响磨煤出力。波纹形护甲的磨损使钢球在筒内的平均上升高度降低，出力也逐渐下降。

（4）原煤粒度及煤粉细度的影响。原煤粒度与出力成反比；煤粉细度与出力成正比。

（5）通风量的影响。通风量过小使磨煤机出力降低；通风量过大使单位通风电耗增加。

（6）干燥剂的影响。干燥进行越强烈，出力就提高；干燥出力一般大于磨煤出力。

607. 什么是钢球磨煤机的寻优控制技术？

答：采用噪声音频电耳传感器将钢球磨煤矿机运行状态变化时钢球磨煤机筒体振动音频和噪声转换成信号的频率和幅值变化，根据球磨机"筒体振动音频与运行特性之间的特定算法"建立数学模型，通过智能柔性控制理论将其转换成电信号，最终实现球磨机料位在线标定、测量及自动优化控制。

608. 试举例说明寻优控制技术的应用。

答：某公司在 4 号锅炉 1、3 号制粉系统安装寻优控制系统。其运行耗电情况见表 12-3。

表 12-3　　　　4 号锅炉球磨机运行耗电情况表

时　间	1 号磨煤机	2 号磨煤机	3 号磨煤机	4 号磨煤机
5 月 31 日 24 时表码	29933	11471	45843	43116
4 月 30 日 24 时表码	29020	10923	45001	43032

续表

时　间	1号磨煤机	2号磨煤机	3号磨煤机	4号磨煤机
计算耗电量	438240	263040	404160	40320
计算磨煤量	63530			
计算磨煤单耗	17.2	20.8	17.2	21.1

从表 12-4 可见，1、3 号磨煤机磨煤平均单耗为 17.2kWh/t，比未安装寻优控制系统的 2、4 号磨煤机磨煤平均单耗 20.95kWh/t 低 3.75kWh/t，可见其节能效果显著。

609. 试述钢球磨煤机制粉系统经济运行的管理方式。

答：制粉系统经济运行的管理方是：对制粉系统进行全面的试验，根据试验结果，确定最佳钢球装载量、最佳通风量、最佳煤粉细度，建立健全加钢球制度，利用各种停炉机会加强钢球磨煤机护甲磨损情况的检查，发现磨损严重或掉钢甲时应及时更换，规范制粉系统的运行操作。

610. 什么是直吹式制粉系统？

答：直吹式制粉系统是将磨煤机磨制的煤粉直接送入炉膛燃烧，常用的有中速磨煤机制粉系统、双进双出钢球磨煤机制粉系统和风扇磨煤机制粉系统。

图 12-26～图 12-28 分别表示了上述三种直吹式制粉系统图。

611. 试述 E 型中速磨煤机的节能措施。

答：（1）风环间隙的调整。该间隙不能太小，下磨环旋转时会产生摩擦，甚至损坏风环。间隙过大时，漏流量增大，通过风环的热风流量减小，石子煤量排放量增大。

（2）风环出口截面积的调整。调整风环出口截面积是为了从根本上解决石子煤多的问题，保证风环喉部风速在 90m/s 以上。

612. 双进双出钢球磨煤机直吹式制粉系统如何经济运行？

答：（1）保持磨煤机钢球最佳装载量。磨煤机出力与钢球量

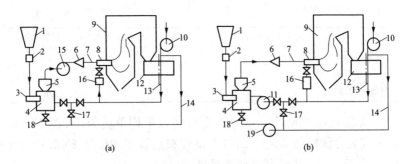

图 12-26　中速磨煤机直吹式制粉系统

（a）负压系统；（b）正压热一次风机系统

1—原煤仓；2—自动磅秤；3—给煤机；4—磨煤机；5—煤粉分离器；6——次风机；

7—煤粉管道；8—燃烧器；9—锅炉；10—送风机；11—热一次风机；12—空气预热器；

13—热风管道；14—冷风管道；15—排粉风机；16—二次风风箱；

17—冷风门；18—密封风门；19—密封风机

图 12-27　双进双出钢球磨煤机正压直吹式制粉系统

1—给煤机；2—混料箱；3—双进双出磨煤机；4—粗粉分离器；

5—风量测量装置；6——次风机；7—二次风机；8—空气预热器；9—密封风机

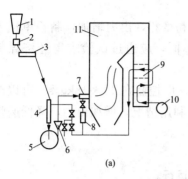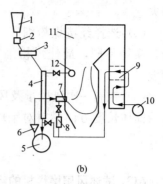

(a)   (b)

图 12-28　风扇式磨煤机直吹式制粉系统（高速磨）

（a）热风干燥；（b）热风-炉烟干燥

1—原煤仓；2—自动磅秤；3—给煤机；4—下行干燥管；5—磨煤机；6—煤粉分离器；

7—燃烧器；8—二次风箱；9—空气预热器；10—送风机；11—锅炉；12—抽烟口

的 0.6 次方成正比，其功率与钢球量的 0.9 次方成正比。钢球装载量超过最佳值后其出力的增长小于功率消耗的增加，制粉单耗反而升高。可以通过试验调整来确定最佳钢球装载量。

（2）磨煤机的耗用功率与内存煤量存在驼峰曲线关系，如图 12-29 所示。

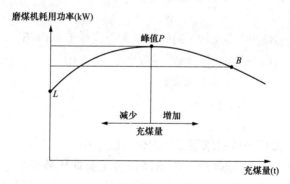

图 12-29　磨煤机功率曲线

电厂运行经验表明：在图 12-29 曲线的 B 点选择在峰值右侧 50kW 左右时，磨煤机出力稳定充分，运行最经济。

（3）减少制粉系统启停次数。它可以降低磨煤机空载电耗损失。

（4）选择经济煤粉细度。煤粉变粗，出力增加，制粉单耗下降，煤种不同，最佳煤粉细度不同，应通过试验求得经济煤粉细度。

（5）控制一次风风量及风速。应控制在 $10\sim18\text{kg/s}$，可以改善沿筒体长度方向燃料对钢球的利用情况。增加出力，降低磨煤电耗。

613. 试述风扇磨煤机的经济运行。

答：风扇磨煤机在运行中调整的任务是：

（1）制粉量应能满足锅炉蒸发量的需要，并保持燃烧稳定。

（2）保持合格的煤粉细度。

（3）维持正常的风温与风压。

（4）降低磨煤机组耗电量。

燃烧自动控制装置运行可靠，及时调整通风量和给煤量。

调整煤粉细度，可用改变分离器的调节挡板位置或旋转分离器转速的方法。

风扇磨煤机的煤粉细度建议如下：

烟煤　　　　　　　　　$R_{90}=V_{\text{daf}}$

褐煤　$R_{90}=V_{\text{daf}}+10$（锅炉容量大于或等于 410t/h）

　　　　$R_{90}=V_{\text{daf}}+5$（锅炉容量小于 410t/h）

式中　R_{90}——70 号筛的细度；

　　　V_{daf}——煤的挥发分。

614. 如何进行钢球磨煤机的优化改造？

答：（1）钢球改造。用超高铬稀土磨球代替低、中铬钢球，大幅度提高钢球的耐磨性。采用钢球配比新技术，提高中小直径钢球配比，大幅度减少装球重量，降低磨煤机运行功率。

（2）衬板更换改造。用新型合金稀土耐磨衬板代替原有的钢衬板，提高材料强韧性和耐磨性。

（3）更换磨煤机的绞轮叶片及辐杆。

615. 如何进行中速磨煤机的优化改造？

答：（1）将静止型喷嘴改为旋转型喷嘴。

（2）将体内炭精密封改为体外炭精密封。

（3）将定加载方式改为变加载方式。

616. 如何进行风扇磨煤机的优化改造？

答：（1）改进分离器回粉口形式，加 30°的倾斜板，减少通流面积。消除煤粉堆积，提高通风能力。

（2）在均煤防护罩上加装导流装置，提高磨煤机的干燥能力。

（3）改造一次风管道，降低炉膛出口温度，防止炉内结焦，降低一次风阻力，减轻磨煤机叶轮径向磨损。

（4）对叶轮的打击板采用堆焊打击板代替锰钢打击板，提高磨煤机的运行周期。

第八节 空气预热器节能改造技术

617. 空气预热器是如何分类的？

答：（1）按传热方式分为管式空气预热器、回转式空气预热器和热管式空气预热气三类。

（2）回转式空气预热器按传动方式分为风罩回转式和受热面回转式两种形式。

（3）管式空气预热器分为横管式空气预热器和立管式空气预热器。

618. 使用空气预热器有什么好处？

答：（1）可以进一步降低排烟温度，减少排烟热损失，提高锅炉效率。

（2）可以提高炉内温度，有利于燃料的迅速着火，改善燃料的燃烧过程，增加燃烧的稳定性，减少燃料的不完全燃烧热损失，提高锅炉效率。

（3）强化了炉内的辐射换热，可以减少水冷壁，节约金属，降低造价。

（4）降低排烟温度，改善引风机的工作条件，降低了引风机的电耗。

619. 管式空气预热器的结构和原理是什么？

答：管式空气预热器的结构如图 12-30 所示，它由许多平行错列布置的钢管组成，管子的两端与管板焊接，形成立方体管箱，管箱通过支架支撑在锅炉钢架上。

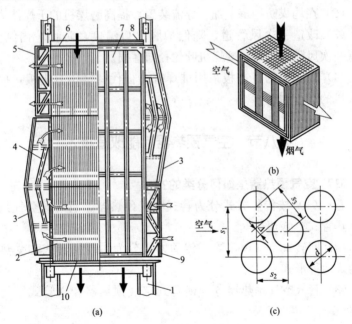

图 12-30 管式空气预热器结构图

（a）纵剖面图；（b）立体图；（c）管子断面布置图

1—锅炉钢架；2—空气预热器管子；3—空气连通罩；4—导流板；

5—热风道的连接法兰；6—上管板；7—预热器墙板；

8—膨胀节；9—冷风道连接法兰；10—下管板

从图 12-30（b）可见，烟气在管内纵向流动，空气从管间的空间横向绕流管子，两者形成交叉流动。为了降低造价并防止堵灰，采用外径为 40～51mm 的有缝薄壁铜管，壁厚为 1.25～1.5mm，由于烟气在管内是纵向流动，因此飞灰对管子的磨损较小。管子采用错列方式排列，如图 12-30（c）所示，使其结构紧凑，提高管外横向流动空气与管壁的放热系数。

620. 回转式空气预热器的结构和原理是什么？

答：回转式空气预热器的结构示意图如图 12-31 所示。电动机通过减速传动装置带动空气预热器转子低速转动，转子中布置很多传热元件，外壳的扇形顶板把转子流通截面分隔成两部分，它们各与外壳上部及下部的空气通道和烟气通道相通，使转子的一边从下向上通过空气，而另一边则逆向由上而下流过烟气，转子转过一圈就完成一个热交换循环，传热元件在烟气侧被加热，在空气侧则放热给空气，使空气温度得到提高。

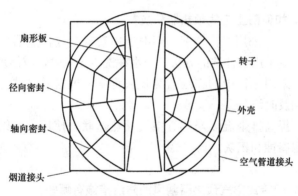

图 12-31　回转式空气预热器结构示意图

621. 热管式空气预热器的结构和原理是什么？

答：热管式空气预热器的结构如图 12-32 所示。它在烟道内放置若干组管箱，管箱内放置若干只作为换热元件的热管。热管由管壳和将管壳抽成真空并冲入适量的水后密封而成。

其热端在下，冷端在上，当烟气对其热端加热时，水吸热而汽化，蒸汽在压差作用下高速流向冷端，并向空气放出潜热而凝结，凝结后的水在重力作用下从冷端流回热端重新被加热，如此重复，便将热量不断通过管壁从烟气传递给空气。

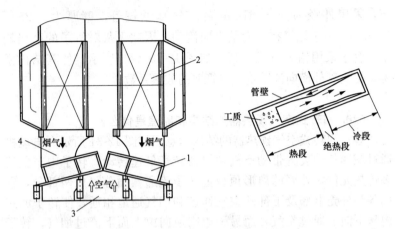

图 12-32　热管式空气预热器结构

1—热管式空气预热器管箱；2—高温段管式空气预热器；3—风道；4—烟道

622. 如何防止空气预热器积灰？

答：（1）采用蒸汽吹灰，但对于回转式空气预热器因通道间隙较小，应采用水冲洗的方法，当水冲洗也无效时，应停炉清灰。

（2）采用运行中的在线监测积灰程度，根据需要进行吹灰操作，做到及时清灰。

（3）提高排烟温度与热管空气预热器联合使用，可以防止预热气低温腐蚀和积灰。

623. 回转式空气预热器漏风的防治措施有哪些？

答：（1）径向和轴向采用多重密封。

（2）采用密封间隙自动跟踪调整装置。

（3）低温段受热元件采用耐腐蚀钢板，波纹板采用防积灰形式。

（4）正确选择露点温度和排烟温度。

（5）装设蒸汽吹灰器和水清洗系统。

（6）加强对排烟温度、引风机和送风机电流、一次风机电流、炉膛氧量、负压的监视。如果炉膛负压提不起来，排烟温度偏低，送、引风机风量和电流很大，说明空气预热器漏风严重，应及时调整密封间隙。

第九节　电除尘器节能改造

624. 电除尘器是如何分类的?

答：（1）按照电极清灰方式分类可分为干式电尘器和湿式电除尘器。

（2）按照气体在电场内的运动方向分类可分为立式电除尘器和卧式电除尘器。

（3）按照收尘极的形式分类可分为管式电除尘器和板式电除尘器。

（4）按照收尘极和电晕极的不同配置分类可分为单区和双区电除尘器。

625. 试述干式电除尘器的结构。

答：干式电除尘器的结构示意如图 12-33 所示。从图 12-33 可

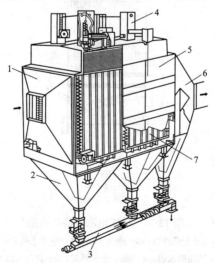

图 12-33　干式电除尘器结构图

1—进气烟道；2—灰斗；3—螺旋输送机；4—高压电源；
5—壳体；6—出气烟箱；7—收尘极板

见，干式电除尘器由电晕电极、集（收）尘电极、气流分布装置、振打清灰装置、外壳和供电设备等部分组成。在干燥状态捕集烟气中的粉尘，沉积在收尘极上的粉尘借助机械振打清灰装置实现除尘。

626. 试述湿式电除尘器的结构。

答：图 12-34 表示了湿式电除尘器的结构图。

从图 12-34 可见。湿式电除尘器的结构特点是：收尘技捕集的粉尘，采用水喷淋或其他适当的方法在收尘极表面形成一层水膜，使沉积在收尘极上的粉尘和水一起流到除尘器的下部排出，它不存在二次飞扬的问题，除尘效率较高，但电极易腐蚀，需要采用防腐材料。

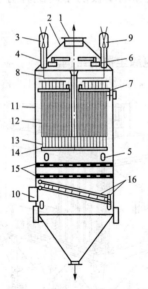

图 12-34 湿式电除尘器结构图

1—出气孔；2—上部锥体；3—绝缘子箱；4—绝缘子接管；5—人孔门；

6—电极定期洗涤喷水器；7—电晕极悬吊架；8—提供连续水膜的水管；

9—带输入电源的绝缘子箱；10—进气口；11—壳体；12—收尘极；13—电晕极；

14—电晕极下部框架；15—气流分布板；16—气流导向板

627. 试述立式电除尘器的结构。

答：立式电除尘器的结构图如图 12-35 所示。

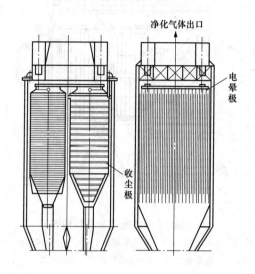

图 12-35 立式电除尘器的结构图

从图 12-35 可见，立式电除尘器的结构特点是：气体在电除尘器内自下而上做垂直运动，这种电除尘器可用于气体流量小，除尘效率要求不高，粉尘易捕集和安装场地狭窄的情况。

628. 试述卧式电除尘器的结构。

答：图 12-36 表示了卧式电除尘器的结构图。从图 12-36 可见，卧式电除尘器的结构特点是：气体在电除尘器内沿水平方向运动，沿气流方向分为若干个电场，各电场施加不同的电压，提高了除尘效率；可任意增加电场长度；可保证气流沿电场断面均匀分布；安装高度低，操作维修方便；可用于负压操作，延长引风机寿命；占地面积大。

629. 什么是电除尘器的节电？

答：电除尘器节电是指在满足机组烟尘排放浓度达标的前提下，采用先进的技术，通过运行优化调整降低电除尘器的电耗。

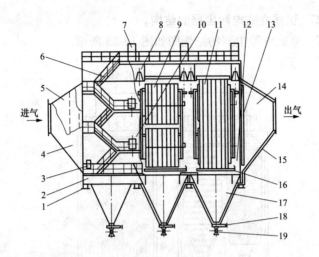

图 12-36 卧式电除尘器结构图

1—支座；2—外壳；3—人孔门；4—进气烟箱；5—气流分布板；6—梯子平台栏杆；
7—高压电源；8—电晕极吊挂；9—电晕极；10—电晕极振打；11—收尘极；
12—收尘极振打；13—出口槽型板；14—出气烟箱；15—保温层；16—内部走台；
17—灰斗；18—插板箱；19—卸灰阀

630. 高压电源节电的一般条件是什么?

答:(1)电除尘器设计有裕度,烟尘排放浓度低于环保要求的排放值。

(2)电除尘器运行在低负荷下。

(3)烟尘条件向有利于除尘和排放浓度的方向转变。如:处理烟气量、烟气温度、煤的含硫量、灰分、灰成分、比电阻、粒度等的改变。

(4)电除尘器电控运行方式和参数存在可调的空间。

631. 电除尘器的高压电源主回路是什么样的?

答:图 12-37 表示了电除尘器的高压电源主回路图。

从图 12-37 可见,高压电源是采用 380V、50Hz 交流电,经晶闸管控制进入变压器初端,升压后经硅整流器整流后送到电除尘

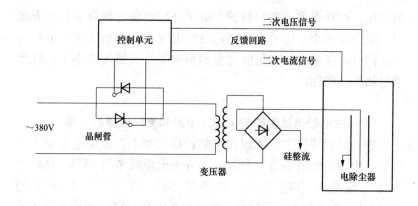

图 12-37　电除尘器高压电源主回路图

器内，晶闸管是供电的主要控制元件，它的开、断时间决定了高压电源送入电除尘器电能的大小，即决定了供电功率的大小。它一般依除尘器状况和烟尘条件而调整变化。

632. 电除尘器节电的主要方法是什么？

答：（1）高压电源采用停部分电场的运行方式。

（2）控制和降低高压电源的运行参数。

（3）高压电源采用间隙供电方式。

（4）利用电除尘器上位机节能控制系统，自动调整运行方式和参数。

633. 什么是新型电源节电？

答：近年来，中频开关电源和三相高压电源已在我国国内应用。该类电源以其优良的供电特性对提高除尘效率非常有利，这也为节电提供了调整空间，同时，因它们的功率因素比单相可控硅电源高、内耗小，这也直接产生节电效果。

634. 电除尘器的工频电源改造为高频电源的作用是什么？

答：将电除尘器的工频电源改造为高频电源可降低电除尘器

的电耗，达到提效节能的目的。由于高频电源在纯直流供电方式时，电压波动小，电晕电压高，电晕电流大，从而增加了电晕功率。同时，在烟尘带有足够电荷的前提下，大幅度减小了电除尘器电场供电能耗。

635. 试比较电除尘器的工频、中频和高频电源的效率。

答：电源节能主要体现在它的转换效率上，工频电源效率为 75%，中频电源效率为 85%，高频开关电源效率为 95%，高频电源比工频电源节电 20%，如果是 2000mA/70kV，每天节约 672kWh，每年按 300 天计算，可节约 201600kWh，每度电按 1 元计算，每年可节省 20 万元。

636. 相对工频电源为什么高频电源能减少粉尘排放？

答：(1) 电除尘器相当于一个 RC 并联等效电路，其电容比较恒定，一般为 20000~40000pF，对低频 50Hz 来说，滤波作用较小，而对 20kHz 来说，则滤波作用就很明显了，其输出峰值电压和直流平均电压基本上是一个数值，供电电压高，输出电流大，除尘效果自然就好。

(2) 工频电源只能是 50Hz 或 100Hz 波形，对高比电阻粉尘的除尘效果差，而高频电源采用微机控制，可获得不同频率的波形，对高比电阻的除尘效果好。以工频电源为基数（0），高频电源 20kHz 减少粉尘排放量则为 50%。

637. 相对工频电源为什么高频电源损耗小？

答：根据电磁感应定律，变压器的匝数与频率成反比，即频率越高，其匝数越少，体积重量越小，耗铜和铁越少，一般来说，工频中频高频三种电源变压器耗铜耗铁耗油空间的比为 6:3:1。以工频电源为 0 计算，中频为 40%，高频为 80%。

638. 试说明电除尘器电源节能改造的效果。

答：我国目前火电机组为 6 亿 kW，大部分采用电除尘器，如果全部改用高频电源，按节电 70% 计算，每年可节约 50 亿 kWh 的电能，产生 18 亿元的节能效益，总投入 35 亿元，投资回收期为 2 年。

639. 什么是电袋复合式除尘器？

答：电袋复合式除尘器是将静电除尘器和布袋除尘器两种技术相结合而产生的一种新型高效的除尘技术。图 12-38 表示了这种除尘器的结构图。

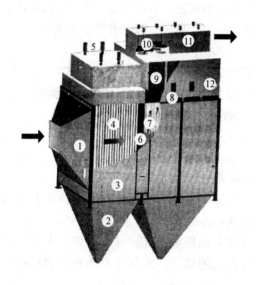

图 12-38 电袋复合式除尘器结构图

1—进气烟箱；2—灰斗；3—壳体；4—收尘极；5—振打装置；
6—导流装置；7—滤袋；8—清灰系统；9—净气室；
10—提升机构；11—出气烟箱；12—人孔门

从图 12-38 可见，电袋复合式除尘器主要有前级的电除尘区和后级的布袋除尘区组成。粉尘在电场中充分荷电除去粗尘，剩下荷电不充分但可在电场中被极化进入滤袋除尘，而覆膜滤袋对微细粉尘有很高的除尘效率。因此，可以结合各种除尘机理使不同粒径粉尘达到最佳收集效果，以期让烟尘达到"零排放"。

640. 电袋复合式除尘器的技术特点是什么?

答:(1) 适应煤种,粉尘比电阻变化能力强,对细微颗粒和超细粉尘的捕集效果优于其他除尘装置。出口排放浓度满足小于 $30mg/m^3$ 的排放要求,必要时可达 $5mg/m^3$。

(2) 进入滤袋区的烟气粉尘浓度大幅度降低,由于这些荷电粉尘的同性相互排斥和异性静电凝并作用,使滤袋表面粉尘层呈蓬松结构,降低滤袋内外压差。

(3) 除尘器系统阻力低,节省后级引风机电耗。

(4) 滤袋清灰周期长,节省压缩空气压缩机的电耗。

(5) 电场数量少,高压电源用电量大大减少。

641. 影响电袋除尘器性能的因素有哪些?

答:(1) 粉尘特性的影响。当粉尘的黏附性大到一定值后会阻碍滤袋的清灰性能,增加滤袋的初始阻力。

(2) 烟气性质的影响。烟气的温度和成分对滤袋的使用寿命影响大,温度越高,加快滤袋的老化,缩短滤袋的寿命。烟气湿度大时其表面附着力加大,不利于滤袋清灰。

(3) 结构的影响。合理的结构避免滤袋的不均匀破损,合理的气路结构降低本体的压损。

(4) 操作因素的影响。清灰过于频繁产生的二次扬尘增加袋区阻力和振打机构的故障。清灰压力低和周期长利于滤袋的使用寿命。

(5) 滤袋的选择。应采用防水、防油、防腐、防糊袋、抗氧化、耐高温 190℃以上的滤袋。

642. 试举实例说明电袋除尘器的应用(一)。

答:2006 年徐州某新建燃煤电厂在 2 台 75t/h 循环流化床锅炉上配备了一套电袋复合型除尘器,2007 年进行了测试,测试时带 80% 以上的锅炉负荷,测试结果表明:2 套除尘器出口烟气中烟尘排放浓度为 $12.6mg/m^3$,符合国家排放标准,除尘效率为 99.92%,测试数据见表 12-4。

表 12-4 电袋复合除尘器测试数据和计算结果

项 目	1号锅炉电袋除尘器		2号锅炉电袋除尘器	
	进口烟道	出口烟道	进口烟道	出口烟道
烟温（℃）	111	110	110	108
静压（Pa）	−1543	−1645	−1670	−1703
动压（Pa）	41	42	42	45
流速（m/s）	7.81	7.96	7.95	8.20
湿度（%）	6.1	6.2	6.2	6.1
工况流量（$\times 10^4 m^3/h$）	10.96	11.17	11.16	11.51
标况流量（$\times 10^4 m^3/h$）	7.19	7.34	7.33	7.62
含氧量（%）	—	8.5	—	8.4
实测烟尘浓度（mg/m^3）	14018	10.4	13607	10.4
折算烟尘浓度（mg/m^3）	—	12.6	—	12.5
烟尘排放速率（kg/h）	1008	0.76	997	0.79
除尘效率（%）	—	99.92	—	99.92

643. 试举实例说明电袋除尘器的应用（二）。

答： 平顶山姚孟电力公司2号锅炉电除尘器改造为电袋除尘器，改造前除尘器出口烟尘排放浓度为 $380mg/m^3$，远高于国家排放标准（低于 $50mg/m^3$），改造后（机组额定负荷250MW下）除尘效率达99.95%以上。烟尘排放浓度为 $21.84mg/m^3$，远小于国标规定。漏风率为1.73%，小于设计保证值2.0%。每年可减少向大气排放烟尘3782t，实现了可观的经济效益和环保效益。

第十节 电除尘器运行优化

644. 电除尘器的二次飞扬对效率的影响是什么？

答： 电除尘器除尘的原理是利用磁场将灰尘沉淀在粉尘收集斗中，收集斗并不具备控制粉尘的功能，因此很容易发生粉尘的二次飞扬的情况，它会导致一开始的时候就沉淀下来的灰尘重新被烟尘带走，导致除尘效率的下降。

645. 造成二次飞扬的原因有哪些？

答：造成二次飞扬的原因有：烧高炉煤气的时候，因为粉尘烟气的流速太快，产生二次飞扬；当振打频率设置不适当的时候，频率太快，也会导致粉尘在收集极板落下的时候呈粉末状而被烟气重新带走；电除尘器本身或者是锁气的地方漏风，导致的二次飞扬。

646. 如何优化清理及检修工作防止二次飞扬？

答：工作人员平时要注意及时清理电极上的粉尘，保证电除尘器的正常工作。在检修的时候对电场进行严格的检查，当积灰严重时进行及时清理，不严重时将阴阳极振打全部调整为连续振打去除极板上的灰尘，从而防止二次扬尘。

647. 电除尘器的漏风对效率的影响是什么？

答：电除尘器的许多地方存在不同程度的漏风口，这是因为电除尘器的焊接和法兰的存在而不可避免的。当外面的空气漏进来的时候，就会造成电除尘器的内部的风速被强行加大，使得荷电粉尘还来不及沉积就被带走，造成电除尘器的除尘性能效率低下。

漏风同时是引起二次飞扬的直接原因之一，从灰斗下部漏入的空气还会使灰斗内积灰产生二次飞扬降低除尘效率；漏风还会增加烟气处理量，而且因为烟气温度下降的原因，会比较容易导致电晕板凝结灰尘变得肥大，以及除尘器的机身受到腐蚀性破坏的后果。

648. 如何减少漏风优化除尘效率？

答：减少电除尘器漏风的方法就是利用一切手段尽可能提高电除尘器的密封性，在必要的地方追加焊接。从而提高电除尘器的除尘效率。

649. 电除尘器的湿度对除尘效率的影响是什么？

答：湿度对除尘效率有一定增益效果，湿度的增加会使得电磁场的导电性能变得更好，从而增加除尘效率。当湿度达到一定程度之后，其对于除尘效率的影响就变得并非那么有效，过大的湿度会对电极和壳体造成腐蚀，从而降低除尘效率。

650. 如何平衡湿度与电除尘器工作效率之间的关系？

答：采用湿式电除尘器可以完美地平衡湿度与电除尘器效率之间的关系，湿式电除尘器所采用的材料比较特殊，因此其对于湿气的腐蚀也有一定的抵抗效果，从而避免了因为湿气对阳极与外壳的腐蚀而降低电除尘器的除尘。

第十三章

汽轮机节能技术

第一节 汽轮机的分类与构成

651. 汽轮机的工作原理是什么？

答： 汽轮机是将蒸汽的热能转换成机械能的一种旋转式原动机，具有一定压力和温度的蒸汽进入汽轮机，流过固定不动的喷嘴并在喷嘴内膨胀，蒸汽的压力和温度不断地降低，获得很高的速度，使蒸汽的热能转化为动能，高速流动的蒸汽流以一定的方向进入动叶通道中，汽流给动叶一定的作用力，动叶带动汽轮机转子均匀转动而产生轴功率。这就是汽轮机工作原理。

652. 汽轮机是如何分类的？

答：（1）按新蒸汽压力分类：高压、超高压、亚临界压力、超临界压力、超超临界压力汽轮机。

（2）按汽轮机额定功率分类：小型汽轮机（50MW 及以下）；中型汽轮机（50～200MW）；大型汽轮机（200MW 及以上）。

653. 试对各种压力的汽轮机的经济性进行比较。

答： 各种压力的汽轮机的经济性比较见表 13-1。

表 13-1　　　　各种压力的汽轮机经济性比较

序号	机组类型	主蒸汽压力（MPa）	蒸汽温度（℃）	机组效率（%）	供电煤耗（g/kWh）
1	中压机组	3.43	435	27	460
2	高压机组	8.83	510	33	390
3	超高压机组	13.24	535/535	35	360

续表

序号	机组类型	主蒸汽压力 （MPa）	蒸汽温度 （℃）	机组效率 （%）	供电煤耗 （g/kWh）
4	亚临界压力机组	16.67	540/540	38	324
5	超临界压力机组	25.00	567/567	41	300
6	高温超临界压力机组	24.52	600/600	44	278
7	超超临界压力机组	29.42	600/600/600	48	256
8	高温超超临界压力机组	29.42	700	57	215
9	超 700℃临界压力机组		超过 700℃	60	205

654. 试简述汽轮机本体的结构。

答： 汽轮机本体的结构图如图 13-1 所示。

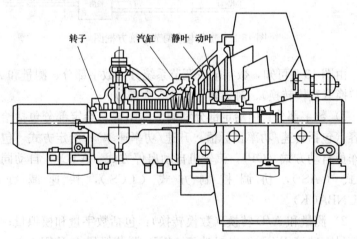

图 13-1　多级汽轮机结构示意图

从图 13-1 可见，汽轮机本体结构可分为下列部分：

（1）汽轮机转动部分：由主轴、叶轮、联轴器、盘车装置和动叶片等组成。

（2）汽轮机静止部分：由汽缸、隔板、喷嘴、静叶片、汽封和轴承等组成。

655. 试简述汽轮机的调节系统。

答：现在国内外较普遍地采用数字电液调节系统（即 DEH 系统），原来设计的老机组也大多数通过改造的方式把传统的液压调节改成数字电液调节。为此，下面对数字电液调节作一简单介绍。

（1）数字电液调节系统的方框图如图 13-2 所示。

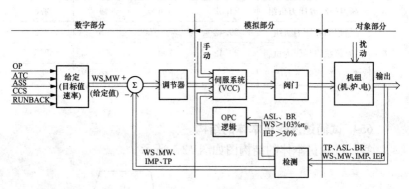

图 13-2　数字电液调节系统方框图

由图 13-2 可知，数字电液调节系统分为数字部分、测量和 A/D 转换（数模转换）、对象调节部分三大部分。

1）数字部分：由给定部分和调节器组成。给定部分包括给定内容（包括转速/功率目标值，升速/功率速率）；给定方式〔包括操作员自动方式（OP），汽轮机自动启停方式（ATC），自动同期方式（AS），协调控制方式（CCS），快速减负荷（RUNBACK）〕。

2）测量和 A/D 转换（数模转换）：包括数字量和模拟量；重要信号有转速 WS、发电机功率 MW、调节级压力 IMP、主汽压 TP 和超速保护转速信号 OPS 等，均采用三路信号输入，用"三取二"方式进行选择。

3）伺服控制回路：每个阀门配一个油动机、一个伺服回路控制卡，手动信号、OPC 保护信号也送入伺服控制卡。

4）调节器：共设 5 个 PI 调节器（转速控制阶段有 TV 调节器、IV 调节器和 GV 调节器；负荷控制阶段有 MW 调节器和 IMP 调节器）。

（2）抗内扰和高调门动态过开。功频调节系统均具有高调门动态过开功能和抗内扰能力。

（3）伺服系统。由伺服放大器、电液伺服阀、油动机及其线性位移变送器组成的伺服系统，承担功率放大，电液转换和改变阀门位置的任务；调节汽门则因位移而改变进汽量，执行对机组控制的任务。

656. DEH 系统由哪些元件组成？

答：（1）电子控制器。包括计算机、混合数模卡件、接口和电源等，6 个控制柜，用于给定、接受反馈、逻辑运算和发出指令等。

（2）操作系统。包括操作盘、图像、显示器和打印机等为运行人员提供运行信息，监督，人机对话和操作等服务。

（3）EH 供油系统。包括 EH 高压油泵、油再生装置、冷油器等为控制系统提供控制与动力用油。

（4）保护系统。包括 OPC、AST 电磁阀。隔膜阀等在危急情况下遮断和手动停机之用。

657. 数字电液调节系统（DEH）有什么优点？

答：（1）可靠性高：计算机取代模拟电路；功能分散至各处理单元。

（2）计算机的运算，逻辑判断等能力强大。实现的功能强大（控制、监视、保护、诊断及运行管理等）。

（3）调节品质高，静、动态特性好。

（4）有利于实现协调，ATC 厂级控制和优化控制等。

658. 试简述汽轮机的保护系统。

答：汽轮机的保安系统包括：超速保护；低油压保护；轴向位移保护；低真空保护；振动保护；热应力保护；低汽压保护；防火保护；差胀保护等。

659. 试简述汽轮机的供油系统。

答：汽轮机的供油系统由油泵、油箱和注油器组成，其主要任务是：

（1）供给调节系统和保护系统用油。

（2）供给轴承润滑用油。

（3）供给各运行附属机构的润滑用油。

（4）对于氢冷发电机，向氢气环密封瓦的气侧供密封油。

（5）供给盘车装置和顶轴装置用油。

660. 试简述汽轮机的其他辅助设备。

答：汽轮机的辅助设备包括凝汽设备、回热加热设备、除氧器等。凝汽设备由凝汽器、循环水泵、抽气汽器、凝结水泵等组成；回热加热器设备包括高压加热器和低压加热器。

第二节　汽轮机的经济运行

661. 什么是汽轮机的定压运行？

答：汽轮机的定压运行的进汽调节方式有节流调节和喷嘴调节两种方式。节流调节是指进汽经过一个或几个同时启动的节流阀，额定功率时节流阀完全开启，低于额定功率时节流阀开度减小；喷嘴调节是指改变第一级喷嘴面积来调节进汽量，每个调节汽门控制一组喷嘴，根据负荷多少确定调节汽门的开启数目，定压运行时，汽轮机的进汽压力和汽温保持不变。

662. 什么是汽轮机的滑压运行？

答：汽轮机的滑压运行是指单元制机组中，汽轮机所有的调节阀均全开（或开度不变），随着负荷的改变，调整锅炉燃料量、空气量和给水量，使锅炉出口蒸汽压力（蒸汽温度不变）和流量随负荷升降而增减，以适应汽轮机负荷的变化，汽轮机的进汽压力随外界负荷增减而上下"滑压"，故称为滑压运行。

663. 汽轮机滑压运行的方式有几种？

答：汽轮机滑压运行的方式有下列几种：纯滑压运行方式；节流滑压运行方式；复合滑压运行方式。

664. 什么是纯滑压运行方式？

答：纯滑压运行方式是在整个负荷变化范围内，所有的调节阀均处于全开位置，完全依靠锅炉调节燃烧改变锅炉出口蒸汽压力和流量以适应负荷变化。

665. 什么是节流滑压运行方式？

答：节流滑压运行方式是在正常运行情况下，汽轮机调速汽门不全开，留有 5%～15% 的开度，当负荷急剧升高时，开大节流汽门应急调节，以迅速适应负荷变化的需要，待负荷增加后，蒸汽压力上升，调节阀恢复到原位。负荷降低时，可关小调节汽门进行调节，待锅炉燃烧状况跟上后，再将调节阀恢复到原位。

666. 什么是复合滑压运行方式？

答：复合滑压运行方式是将滑压与定压相结合的运行方式。高负荷区内定压运行，较低负荷区内进行滑压运行，负荷急剧增减时，可启闭调节汽门进行应急调节。这是调峰机组最常用的运行方式。它有较高的热经济性。

667. 机组滑压运行的优点是什么？

答：（1）机组滑压运行的热经济性：

1）机组高压缸在低负荷时的相对效率高于定压运行机组。

2）当负荷降低时，蒸汽在喷嘴通道内和喷嘴出口的流速不变，保证了汽轮机的内效率。

3）保证了再热器蒸汽温度，改善了低负荷时机组的循环热效率。

4）低负荷时给水泵电耗减少。

（2）机组滑压运行的安全性：

1）当负荷变化时，汽轮机各部件的金属温度变化小，减少了热应力和热变形。

2）减少了湿蒸汽损失，减轻了叶片的侵蚀。

3）锅炉受热面，主蒸汽管道及汽轮机进汽部分，在部分负荷时压力较低，改善了上述部件的工作条件，延长了使用寿命。

668. 机组滑压运行的缺点是什么？

答：（1）变压运行时，随着负荷降低机组循环效率明显下降。

（2）调压迟缓，不宜担任电网一次调峰任务。

669. 汽轮机辅机系统优化运行有几种？

答：汽轮机辅机系统优化运行有：循环水泵优化运行；开式水泵优化运行；真空本优化运行；给水泵节能运行。

670. 循环水泵如何优化运行？

答：循环水采用扩大单元制系统，每台机组设 2 台循环水泵，其母管间设联络门，实现不同季节和负荷下的优化运行。夏季 1 台机组 2 台泵运行，春、秋季 2 台机组 3 台泵运行，冬季 1 台机组 1 台泵运行。

671. 开式水泵（升压泵）如何优化运行？

答：（1）开式水泵双速改造，春秋季低速运行，夏季高温时高速运行。

（2）将 2 台开式水泵进行联络，机组启停时可以不用循环水泵而提供冷却水。

（3）非高温季节是开式水泵停运，将其进出口隔离阀开启，维持循环水温度在允许范围内。

672. 真空系统如何优化运行？

答：2 台真空泵运行时，当机组负荷为 90% 额定负荷时，可以停止 1 台真空泵。但应经过试验确定。

673. 给水泵如何节能运行？

答： 一般在机组开停机时，用 1 台电动泵供水，负荷升到 50% 时额定负荷切换为汽动泵供水，但电动泵耗电量大，可以采用邻机提供的汽源冲转汽动泵，用汽动泵上水，节约耗电量。

第三节 汽轮机的节能降耗

674. 如何对汽轮机进行节能降耗？

答： 从电厂汽轮机节能降耗实际工作开展下现状来看，主要是通过引进先进的汽轮机来实现节能降耗，但是所耗费的成本远远高于对现有汽轮机的技术改造成本，在现有汽轮机基础上进行改造，同样能够达到节能降耗的作用，这种汽轮机改造方法，不仅能够大大降低电厂技术改造费用，还能够达到节能降耗作用，从经济角度来看，这一举措是切实可行的，值得推广应用。

675. 汽轮机的节能降耗的主要方法有哪些？

答： 汽轮机的节能降耗的主要方法有：

（1）保障汽轮机良好的真空度。

（2）合理控制汽轮机给水温度。

（3）强化汽轮机运行管理。

（4）保持汽轮机凝汽器最佳真空状态。

（5）基础设备的维护与改造：包括调节系统的改造；热工仪表和控制系统的改造等。

（6）主、辅机设备的现代化改造：包括主机组流通部分的改造；机组流通部分的大修和维护；采用先进的改造技术等；辅机（循环水泵，抽气设备，凝结水系统，给水泵和加热器等）的优化运行。

（7）节能诊断技术的开发和应用。

676. 如何保障汽轮机良好的真空度？

答：汽轮机运行过程中需要较高的真空度，才能维持高效率的运转，因此需要保障汽轮机在真空度良好的条件下运转，提高电厂的经济效益。由于停止第二台真空泵需要在高负荷真空系统不泄漏的条件下才能进行，因此要达到保障汽轮机真空度良好的目标，首先需要保障第二台真空泵和循环水泵的启动时间极为准确。当低负荷泄漏时应及时启动第二台真空泵，通过该操作程序才能提高汽轮机运行的真空度。

677. 如何强化汽轮机的运行管理？

答：汽轮机在高负荷运行时，为了保证运行效率，可以通过喷嘴调节通流面积，在低负荷运行时，可以采用定压调节方法，保证机组内燃料的燃烧和水循环稳定，在中间负荷运行时可结合实际情况进行调整，可采用锅炉调整压力大小，加热器的高投入率降低端差，提升汽轮机内部压力和温度等方法；正常运行后，可将转速调整到 1400r/min，维持 1h 左右，并检查各项情况，包括油位、油温、油压、油流、各部件的膨胀状况；辅助油泵的运行状态，上、下缸的温度差是否超过 50℃，机组内部是否有摩擦声等。

678. 如何保持凝汽器最佳真空状态？

答：（1）定期检查。将水垢清理干净，并阻止水垢的生成速度，保证循环水具有良好的品质，提高凝汽器运行的热交换效率。

（2）水位稳定。定期对射水池进行检查、维护、换水等工作，射水池内的水位应稳定，不能过高和过低，否则将影响其工作效率。

（3）保持合理的凝结水位。凝汽器空间过小，会严重缩小冷却面积，当凝结水位过高，其真空将下降。应保持其水位在合理的水平。

（4）保持良好的密封性。防止凝汽器出现泄漏问题。

679. 为何要合理控制汽轮机的给水温度？

答：汽轮机的给水温度，对升温时能源的消耗有直接影响，当给水温度较高时，升温时间就较短，能源消耗量也较低，锅炉排烟时间也较短，排烟过程中的热量损失就较低；当给水温度较低时，升温时间就较长，需要消耗大量的能源来保持温度，锅炉的热效益将受到较大的限制。因此，需要合理控制汽轮机的给水温度。

680. 如何合理控制汽轮机给水温度？

答：（1）高压加热器投入率。在机组滑停、滑启的操作时，应根据相关程序规范进行，保持高压加热器水位的稳定性，应重视高压加热器的维护，如及时清除换热器积垢、清理管内沉积物、减少换热管泄漏、提升投入率。

（2）加热器检漏。检漏时应认真观察汽轮机各个结构的外形是否良好，全面检验各个构件性能，包括水室隔板密封性，高压加热器筒体的密封性等，应重点检查加热器钢管是否有漏点。

（3）加热器水位。应保持加热器的水位处于正常状态，以提高设备运行的安全稳定性和经济性。

681. 如何对调节系统进行改造？

答：对调节系统进行改造是指将机械液压式调节系统改为数字电液调节系统。前者是以透平油作为介质，对汽轮机进行转速控制，荷载调节等措施时，是利用凸轮配汽质执行机构的喷嘴来实现调节的，而后者的功能十分丰富，包括调控负荷、调节转速控制、调节主蒸汽的压力、收集运行数据、准确显示运行参数、报警功能、超速保护、超速控制、制表输出等。有效地提高了机组的控制能力，优化了其自动化水平，在对系统进行维护和监控方面，也十分方便。

第四节　汽轮机通流部分改造

682. 为什么要对主机组通流部分进行改造?

答: 对于12.5万、20万 kW 汽轮机和2000年前投运的30万、60万 kW 亚临界汽轮机, 通流效率低、热耗高; 采用全三维技术优化设计汽轮机通流部分, 采用新型高效叶片和新型汽封技术改造汽轮机, 节能效果明显, 预计可降低供电煤耗 10～20g/kWh。

683. 如何对主机组流通部分进行改造?

答: 对于流通部分进行改造时, 应考虑到各方面的情况, 具体措施包括以下几种: ①利用焊接隔板代替其原有的拉筋装置, 且将宽叶片及窄叶片有机结合, 形成分流叶栅的结构; ②通过大修精修叶片, 严格控制通流面积, 重新调整级组的焓降分配; ③采用成熟的高效叶型, 如后加载叶型, 提高级效率; ④采用三维设计方法构造弯扭联合成型叶片, 提高级效率; ⑤取消隔板的加强筋, 采用窄叶片或分流叶片弱化二次流, 提高级效率; ⑥采用薄出汽边 (0.3～0.6mm), 提高级效率; ⑦调节级采用子午收缩喷嘴, 提高级效率; ⑧改进汽封结构, 增加汽封齿数, 提高级效率; ⑨光滑子午面通道, 提高级效率。

684. 试述汽轮机隔板的结构。

答: 图13-3表示了汽轮机隔板的结构图。

685. 汽轮机隔板的作用是什么?

答: 在汽轮机汽缸中用来固定喷嘴或导叶或静叶, 并形成汽轮机各级之间的分隔间壁的部件。

686. 汽轮机隔板有几种形式, 各适用于什么范围?

答: 汽轮机隔板可分为焊接隔板和铸造隔板两种结构。焊接

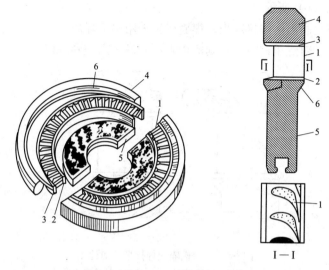

图 13-3　汽轮机隔板结构示意图
1—喷嘴静叶；2—喷嘴静叶内围带；3—喷嘴静叶外围带；
4—隔板外缘；5—隔板体；6—焊接处

隔板具有较高的强度和刚度，较好的严密性，主要用于中、高参数汽轮机的高压部分，有时也用于低压部分。铸造隔板加工比较容易，制造成本低，一般用于汽温低于 300℃ 的低压部分。

687. 试述焊接隔板焊缝结构。

答：汽轮机隔板焊缝形式对比图如图 13-4 所示，导叶两头插入内外围带固定，导叶头部比围带低 1～1.5mm，导叶两头进出汽边围带与隔板内外环体有 4 条焊缝，焊缝深度约为导叶宽度 1/4。这种结构不合理，导叶两头比固定内外围带低 1～1.5mm，当二氧化碳气体保护半自动焊接电流，焊接速度掌握不好或焊丝离导叶头部较远时，就会产生导叶两头与内外隔板体未焊牢，在机组运行时隔板在高温及前后压差作用下，会产生永久变形。

近年来，我国对这种焊接结构进行了改进如下：

（1）导叶两头进出汽边侧应伸入焊缝 1～1.5mm（为了保证内外板体装配顺利，导叶两头中间部分仍缩入围带 1～1.5mm），如

图 13-4（b）所示。

（2）高温区焊接隔板主焊缝尽量采用手工焊焊接。

（3）对焊工进行有计划的培训，并摸索出一套规律来。

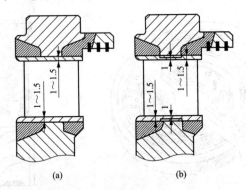

图 13-4 汽轮机隔板焊接形式对比图

（a）改进前结构形式；（b）改进后结构形式

688. 如何将汽轮机的宽叶片与窄叶片有机结合，形成分流叶栅结构？

答：汽轮机高、中、低压隔板前后压差大且温度高，为提高隔板刚度和降低静叶应力，须使叶型放大并减少静叶片数，但带来动叶片调频和隔板刚度，静叶栅强度等问题。为此曾采用带有加强筋的叶栅，但加强筋却明显地增加了气流损失，而采用分流叶栅解决了上述问题，如图 13-5 所示。

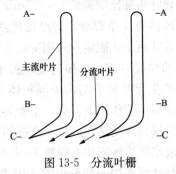

图 13-5 分流叶栅

分流叶栅的优点是：它可实现动叶片调频所需的静叶片数和保证隔板刚度，静叶栅强度所需几何特性之间的大范围组合；因静叶栅端损大幅度下降，而型损增加不明显而使级效率改善。

689. 如何采用后加载叶型，提高级效率？

答：图 13-6 表示了原型叶型和后部加载叶型，图中圆圈所示的三个区域最为体现这种叶型的特征，即叶型前缘对气流角变化不敏感，具有较大的攻角适应性；吸力面上沿流向大范围内具有顺压力梯度，扩压区仅在靠近尾缘处才开始，控制并减弱了附面层的增长与堆积；后部加载叶型具有比较薄的尾缘，这对于降低叶型损失是有利的。

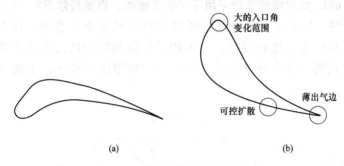

图 13-6 原型叶型和后部加载叶型
（a）原型叶型；（b）后部加载叶型

690. 如何取消隔板加强筋，提高级效率？

答：某厂有 2 台 12.5 万 kW 汽轮机，其高压缸相对内效率过低，热耗率指标达不到保证值。分析其原因是各级隔板的结构设计不合理，加强筋布置过密，各加强筋之间节距不等，厚度过大，使机组的汽道受阻，影响经济性。

在检修时对高压第一级到第八级的隔板加强筋减少 1/3，而不影响隔板强度，如图 13-7 所示。

在去筋前后分别进行了强度和挠度试验，并进行了应力测量。改造后的强度、挠度和应力都是合格的。由于去筋使效率提高

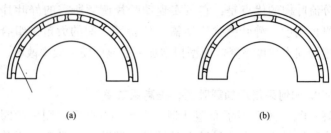

（a）　　　　　　　　　（b）

图 13-7　高压隔板筋分布图
（a）改造前的分布；（b）改造后的分布

了 1.5%。

691. 如何将调节级采用子午收缩喷嘴，提高级效率？

答：目前为了大幅度降低调节级叶栅的损失系数，应对调节级喷嘴进行优化设计，即采用子午面外轮廓线沿汽道收缩和内弧面沿叶高朝转子旋转方向凸出的弯曲成型规律，如图 13-8 所示。

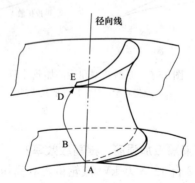

图 13-8　喷嘴叶片复合弯曲示意图

子午面的型线和叶片的弯曲规律直接影响动叶的进口流场，子午面型线和叶片弯曲规律选取得好将使动叶进口流场变得均匀，动叶逐渐进入和离开喷嘴尾迹区而使汽流激振力趋于均匀，这对提高动叶振动的可靠性有利。

第五节 汽轮机汽封改造和汽封间隙调整

692. 什么是汽封？其作用是什么？

答：汽轮机高压端轴封称为高压轴封，低压端轴封称为低压轴封，装在隔板汽封槽中的汽封称为个板汽封，不论轴封还是隔板汽封，其结构及外形大同小异，阻汽原理一致，轴封和隔板汽封统称为汽封。高压轴封的作用是减少高压汽缸向外漏汽；低压轴封的作用是防止空气漏入低压缸；隔板汽封的作用是维持隔板前后的压力差。

693. 汽封有多少种？

答：现代汽轮机最常用的汽封仍为梳齿式结构，近几年来，随着技术的发展从国外引进了多种新型汽封，较典型的如：以燃气为介质的蜂窝汽封和刷式汽封；可调式汽封；接触式汽封；侧齿汽封等。尽管这些汽封结构型式不尽相同，但设计者的指导思想主要是想通过增加齿数、减少间隙、增加阻力来提高密封效果，减小漏汽所造成的损失。

694. 什么是梳齿式汽封？

答：梳齿式汽封属于曲径式汽封的一种，也称为传统汽封。它分为平齿和高低齿两种，如图 13-9 所示。

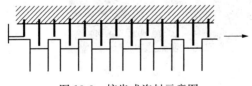

图 13-9 梳齿式汽封示意图

695. 梳齿式汽封的原理是什么？

答：梳齿式汽封原理是通过多次节流膨胀产生阻尼效果，减少蒸汽沿轴向泄漏。轴端汽封、级间汽封和叶顶汽封等各部位的密封大多数为梳齿式密封，它具有较好的密封效果。但也有自身无法克服的缺陷，即其径向间隙和轴向齿间距较大，大大减少了涡流降速的效果，可能导致汽轮机产生蒸汽激振，现采用把径向间隙放大，以牺牲经济性为代价，确保机组的安全性。

696. 什么是蜂窝汽封？

答：图 13-10 表示了蜂窝汽封的结构图。蜂窝汽封是在静叶密封环的内表面上由蜂窝状的正六边形的密封带状物构成，其密封原理是：当蒸汽漏入蜂窝带时，在每个蜂窝腔内产生蒸汽涡流和屏障，从而有很大的阻尼，使蒸汽泄漏量减少，并使进入密封腔内的压力汽流能量迅速耗散，在蜂窝孔端部与轴径表面的缝隙间产生一层汽膜阻止汽流流动。这两种阻尼作用使汽流速度降低，达到良好的密封效果。

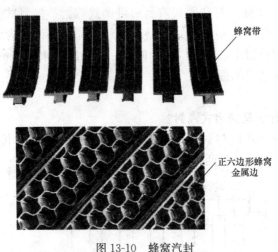

蜂窝带

正六边形蜂窝
金属边

图 13-10　蜂窝汽封

697. 什么是刷式汽封？

答：刷式汽封是接触式汽封的一种。其刷子纤维材料采用高温合金 Haynes25，汽封侧板材料采用 300 或 400 系列不锈钢，刷子纤维沿轴转向成一定角度安装，可柔性的适应转子的瞬态振动，它采用电子束焊接与刷环自成一体，刷环由特种细金属丝组成，和转子相碰磨时，刷子会弹性退让，不易被磨掉，保证机组在小间隙和零间隙下安全运行。如图 13-11 所示。

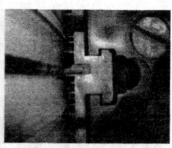

图 13-11　刷式汽封

698. 什么是可调式汽封？

答：可调式汽封也称为布莱登汽封。与传统汽封相比，主要区别是在工作机理上。结构上除了汽封段上有差别外，其他部件基本相同，其特点是将传统汽封块退让改进为由螺旋弹簧安装在两相邻汽封块垂直断面的结构形式，如图 13-12 所示。

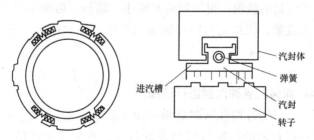

图 13-12　布莱登可调式汽封

在自由状态下，在弹簧力的作用下汽封弧块处在张开状态而远离转子的，随着蒸汽流量的增加，汽封弧块背部压力也增加，当此压力大于弹簧应力和摩擦阻力时，弧块关闭处于工作状态，并与转子保持最小间隙（0.25～0.5mm）运行。停机时，蒸汽量减少到 2%，汽封全部张开，间隙达到较大值（3mm），实现了汽封的可调性。

699. 什么是王常春汽封?

答:王常春汽封也是接触式汽封的一种。其汽封齿为复合材料，具有自润滑性，它是在原汽封圈中间开一个 T 形槽，将 4～6 块接触齿装入槽内，其汽封环背部弹簧产生预紧力，使汽封齿始终与轴接触，如图 13-13 所示。

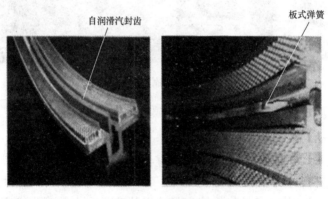

自润滑汽封齿　　　　　　　　板式弹簧

图 13-13　王常春汽封

这种汽封的接触齿组环后内径略小于轴径，后面用弹簧支撑，使它有给进量。机组运行时，该结构和轴面轻微接触，起到密封作用。

700. 如何对各种汽封进行选择?

答:汽封的特性和密封效果取决于三个因素，即汽封安装结构形式;汽封齿的结构形式与齿的数量;密封径向间隙的大小。无论是传统式汽封还是各种新式汽封，均能达到较好的效果，但应根据各自的技术特点，结合汽轮机的结构和实际状况，因地制宜的使用，关键是汽封的结构设计、加工工艺与质量和安装技术水平，否则无法达到应有的效果。

701. 试述汽封间隙调整的重要性。

答：汽封间隙调整是汽轮机检修中一项非常重要而细致的工作，是影响汽轮机热效率的重要因素，也是耗费工时和人力，影响检修进度的关键工序。而高压缸汽封间隙每增加 0.10mm，其轴封漏汽量就会增加 1～1.5t/h，高压隔板汽封每增加 0.10mm，级效率将降低 0.4%～0.6%。可见汽封间隙的调整对降低热耗的重要性。

702. 汽封间隙调整前应具备什么条件？

答：（1）原始汽封间隙测量完毕。

（2）轴系中心预调合格。

（3）隔板洼窝调整结束。

（4）汽封槽道及汽封块，弹簧清扫干净，损坏弹簧已经更换。

703. 汽封间隙调整的影响因素有哪些？

答：（1）上下缸温差的影响。下缸温度低于上缸温度，故下部汽封间隙应大于上缸汽封间隙。

（2）汽封垂弧的影响。越靠近汽缸中部，汽缸垂弧越大，下部的间隙应越大。

（3）转子旋转方向。顺时针转向的机组左侧的间隙应大些，逆时针转向的机组右侧的间隙应大些。这样正常运行时汽封间隙就成为一个正圆。

（4）油膜的影响。它使转子运行中心位置发生变化。

（5）猫爪膨胀的影响。

（6）转子静挠度的存在，使静挠度最大的汽封下部间隙应最大。

（7）汽封形式的影响。布莱登汽封的间隙可以比设计值的下限还小；接触式汽封可留 0.10mm 的间隙；蜂窝汽封的间隙不低于设计值的下限；侧齿式汽封和传统汽封的间隙不低于设计值的下限。

704. 汽封间隙调整的测量方法是什么？

答：目前应用最广泛的测量方法是压胶布和塞尺。在测量中应注意下列问题：

（1）汽封块的固定，最好将汽封块的背部用木楔塞住。

（2）贴胶布的要求：每层胶布厚度为 0.25mm，做成阶梯形，每层胶布间应错口 2mm，根据间隙大小决定层数，按转动方向增加层数，减少被刮掉的可能性。

（3）测量读数的要求。根据胶布印痕情况决定对应的间隙值，见表 13-2，并用塞尺测量进行对比。

表 13-2　　　　　　　　胶布印痕情况对应间隙值

序号	胶布接触情况	间隙值
1	3 层胶布未接触	大于 0.75mm
2	3 层胶布刚见红色	0.75mm
3	3 层胶布有较深的红色	0.65~0.70mm
4	3 层胶布表面被压光，颜色变紫	0.55~0.60mm
5	3 层胶布表面磨光呈黑色，2 层胶布刚见红色	0.45~0.50mm

705. 如何进行径向间隙过小的调整？

答：检修现场常用的方法是捻汽封定位内弧，如图 13-14 所示。先用游标卡尺测量汽封定位内弧面 B 之间的距离，然后用尖

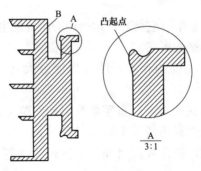

图 13-14　汽封间隙小加工示意图

铲或样冲在定位面内弧侧面捻出一个凸起点，测量凸起点与圆弧面 B 之间的数值，两次测量之差就是汽封间隙在此点的增大数值，间隙变化值如果与理想变化值不符，可做进一步调整。若间隙值过大，可用锉刀将凸起点锉掉一点，若间隙值过小，再将凸起点捻大一些，直到汽封间隙合格为止。

706. 如何进行径向间隙过大的调整？

答： 由于汽封齿损坏或严重磨损变形引起汽封间隙严重超标时，应更换新汽封块，若汽封间隙超出标准值不是很大，可采用加工汽封块定位内弧的方法，如图 13-15 所示。汽封径向间隙超出标准的数值就是汽封块定位内弧 8 的加工量。

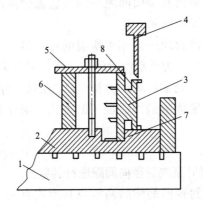

图 13-15　汽封间隙大加工示意图

1—加工台；2—底座；3—汽封块；4—定位针；5—压板；
6—垂直靠板；7—垫板；8—汽封块定位内弧

对于可调整汽封块，如图 13-16 所示，汽封径向间隙大于标准多少，就在汽封体 4 与调整块 2 之间增加多厚的调整垫片。

707. 如何进行轴向间隙的调整？

答： 轴向间隙的调整采用轴向移动汽封套或汽封环的方法，也可以采用局部补焊和加销钉的方法。但对于隔板汽封，一般不

第二部分 燃煤电厂的节能改造技术

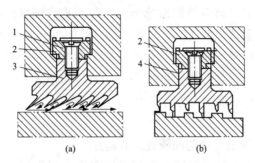

图 13-16 可调整汽封块结构示意图
1—调整块固定螺钉；2—调整块；3—汽封块；4—汽封体

允许用改变隔板套轴向位置的方法来调整，以保证隔板与叶轮的轴向位置。当隔板汽封轴向间隙与隔板通流轴向间隙调整方向一致时才能改变隔板的轴向位置。

　　一般采用将汽封块一侧车去所需的移动量，一侧补焊的方法来调整其轴向位置，为调整汽封间隙而将汽封套向进汽侧移动时，不能采用加销钉或局部补焊的方法。必须加装与凸缘宽度相同的环垫用沉头螺钉紧固或满焊后加工的方法，保证其出汽侧端面的严密性。

708. 如何对叶顶汽封径向间隙进行调整？

　　答：叶顶汽封径向间隙的调整与其形式有关。可调式蜂窝式汽封和梳齿叶顶汽封的叶顶汽封直径较大，加工比较困难，镶片式叶顶汽封比较麻烦，需先车去间隙超标的叶顶汽封，重新镶汽封片进行加工，但工期长，难度大，往往需返厂处理。

709. 汽封间隙调整的注意事项有哪些？

　　答：（1）膨胀间隙应符合标准，一般汽封块的膨胀间隙为 0.2～0.3mm。

　　（2）汽封块的位置不能装反。

　　（3）各汽封齿应修尖、修直，不许倒伏。

　　（4）汽封块的退让间隙应大于或等于 2.5mm。

（5）汽封块脖颈厚度应大于或等于 1.5mm。

（6）各段汽封齿的接口处应圆滑过渡。

（7）过上半部汽封间隙时应将下部汽封拔出一块，防止因为膨胀间隙过盈，导致汽封块整劲。

（8）汽封块的压板及其螺钉应低于中分面 0.5～0.8mm。

（9）可调汽封块的紧固螺钉，在调整后应点焊或捻封，以防脱落。

710. 试举例说明汽封改造的节能效果（一）。

答： 洛阳市双源热电公司 2 号汽轮机，其汽封为梳齿式汽封，背弧由弹簧片支撑调节，汽缸共有 74 圈汽封。每圈汽封均由 6 块弧块组成，高、中、低压缸轴封平均间隙为 0.40～0.50mm，高、中、低压隔板汽封平均间隙为 0.5～0.7mm。大修前间隙大部分超标，有的为标准的 2 倍，热耗为 9350.7kJ/kWh；大修后热耗为 9324.7kJ/kWh，但并未达到设计值。

为此，该公司对 2 号汽轮机进行了汽封改造，即将汽封改造为布莱登和敏感汽封。改造后的轴端汽封阻汽性能试验说明汽封已经达到闭合状态，功能正常，见表 13-3。

表 13-3　　　　　　　汽封阻汽性能试验数据

项目	修前	修后	备注
均压箱供汽压力（MPa）	0.065	0.064	
高压前轴封供汽压力（MPa）	0.04	0.021	
高压后轴封供汽压力（MPa）	0.02	0.016	
真空严密性试验（kPa/min）	0.8	0.416	
机组负荷（MW）	140	148	

711. 试举例说明汽封改造的节能效果（二）。

答： 长春第二热电厂 2 号机 200MW 机组，将低压缸两端的后汽封改成蜂窝汽封，改造后运行情况是：真空密封性在不停泵的

情况下为 0.14kPa/min，真空度提高了 0.7kPa，按真空度每提高
1kPa 降低标准煤耗 2.6g/kWh 算，年节约标煤 2002t（标煤单价
300 元/t）计算，年节约资金 57.8 万元，年投资收益率 289%。

712. 试举例说明汽封改造的节能效果（三）。

答： 淮北国安公司 2 号机 300MW 机组，高压叶顶，中压隔板
及叶顶，低压隔板及叶顶全部改造成蜂窝汽封，改造后运行实测情
况是：煤耗下降 15g，特别是中压缸效率在大修前为 86.94%，大修
后为 92.35%，已经超过设计值。中压缸每提高 1% 效率，煤耗可下
降 0.89g/kWh，则中压缸效率的提高可降低煤耗 4.8g/kWh，按利
用小时 5500h，年发电量 16.5 亿 kWh，标煤单价 500 元/t 计算，每
年将节约标煤 7920t，折合人民币 396 万元，效益显著。

713. 汽轮机主汽滤网结构形式优化的好处是什么？

答： 为减少主再热蒸汽固体颗粒和异物对汽轮机通流部分的
损伤，主再热蒸汽阀门均装有滤网，常见滤网孔径均为 7mm，已
开有倒角，但滤网结构及孔径大小需进一步研究；可减少蒸汽压
降和热耗。

第六节 汽轮机冷端系统改造

714. 什么是汽轮机冷端系统？

答： 电厂汽轮机冷端系统是由汽轮机低压缸的末级组、循环
供水系统、循环水泵、冷却塔、凝汽器等几个部分构成。按它的
介质换热过程，可将汽轮机冷端系统划分为两台换热设备和两个
子系统，即凝汽器设备、冷却塔设备、凝结水系统和循环水系统。
汽轮机冷端系统组成如图 13-17 所示。

715. 试述汽轮机冷端系统的运行过程。

答： 由图 13-17 可见，汽轮机排汽进入凝汽器的壳侧，然后由
循环水泵提供的冷却水进行热交换，把从汽轮机低压缸排出来的

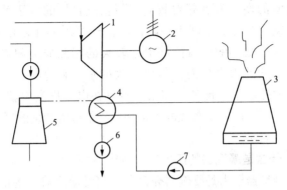

图 13-17　汽轮机冷端系统组成
1—汽轮机；2—发电机；3—冷却塔；4—凝汽器；
5—抽气器；6—凝结水泵；7—循环水泵

蒸汽凝结成水，所以凝汽器内的压力骤然下降，从而在凝汽器内形成一定的真空。为了使凝汽器内具有一定的真空，则需将蒸汽凝结时释放出非凝结气体和漏入凝汽器内的空气不断地用抽气设备抽出，以免不凝结气体和空气在凝汽器内逐渐增加，导致凝汽器内的压力升高，影响凝汽器内的真空。由凝汽器内蒸汽凝结而成的凝结水，经凝结水泵抽出，经过低压加热器—除氧器—高压加热器—锅炉，作为锅炉的给水。

716. 冷端设备性能的指标是什么？

答：冷端设备性能最重要的指标有两个：一是凝汽器的真空，另一个指标是循环水泵的电耗，另外从热力系统角度考虑凝结水的过冷度也是一个重要的经济性指标。凝汽器本身是个换热器，评价其性能优劣最重要的指标是凝汽器的端差，要想获得最佳真空，主要措施是降低循环水温度和降低凝汽器端差，对于循环水泵电耗，主要是考虑循环水泵经济调度运行。

717. 汽轮机冷端系统的意义是什么？

答：汽轮机冷端系统的重要设备是凝汽器，当凝汽器的真空状态越好，相对于汽轮机而言，它的排汽压力就越大，因此循环系统和能源的使用率就相对较高，而且汽轮机的背压就会减小。相反，当凝汽器的真空度不高时，汽轮机的背压就会有微量的增加，但是这个微小的增量能够引起较大的能源损失和成本上升。其次对于大型的火电厂而言需要很大的水量来冷却排出的热量，这也是较大的成本，再者冷却系统本身在电厂投资中就占到将近一半的金额，因此冷端系统的优化和改善是毋庸置疑的事。

718. 什么是凝汽器的压力？

答： 凝汽器压力是凝汽器壳侧蒸汽凝结温度对应的饱和压力，但是实际上凝汽器壳侧各处压力并不相等。所谓凝汽器压力是指蒸汽进入凝汽器靠近第一排冷却管管束约 300mm 处的绝对压力（静压），也叫凝汽器计算压力。凝汽器进口压力是指凝汽器入口截面上的蒸汽绝对压力（静压），或称排汽压力，也称汽轮机背压。大型凝汽器的压力采用真空计测量，也有用绝对压力表测量，测点在离管束第一排冷却管约 300mm 处，通常情况下，常把凝汽器压力看成排汽压力（或称背压）。这是在假设凝汽器喉部压力损失为零和排汽缸蜗壳损失系数等于 1 的情况下。

719. 凝汽器的结构是什么？

答： 现代汽轮机采用表面式凝汽器，其结构如图 13-18 所示。

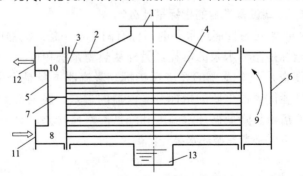

图 13-18　表面式凝汽器结构图

1—排汽进口；2—凝汽器外壳；3—管板；4—冷却水管；5、6—水室的端盖；

7—水室隔板；8、9、10—水室；11—冷却水进口；12—冷却水出口；13—热水井

凝汽器的外壳呈椭圆形或矩形，两端连接着形成水室的端盖 5 和 6，端盖与外壳之间装有管板，管板上装有很多冷却水管，使两端水室相通。冷却水从进口进入水室 8，经冷却水管进入另一端水室 9，转向从出口流出。汽轮机排汽从排汽进口进入凝汽器冷却水管外侧空间（即汽侧），并在冷却水管外表面凝结成水，凝结水汇集到热水井后由凝结水泵抽出，冷却水在凝汽器中要经过一次往返后才排出，这种凝汽器称为双流程凝汽器。

720. 凝汽器的作用是什么？

答：汽轮机排汽在凝汽器内的凝结过程是等压过程，其绝对压力取决于蒸汽凝结时的饱和温度，而该温度决定于冷却水温度及冷却水与蒸汽之间的传热温差，凝汽器是在远低于大气压力下和较高真空下工作的，所以采用抽气器抽出空气建立真空，包括漏入的空气和排汽中的空气，以维持真空。

721. 影响凝汽器真空度变化的原因有哪些？

答：（1）负荷变化引起汽轮机排汽量的变化。

（2）冷却水进水温度变化，季节的变化也使其温度变化。

（3）冷却水量的变化。在相同负荷下，若凝汽器冷却水出口温度上升，即冷却水进、出口温差增大，说明凝汽器冷却水量不足，应增开一台冷却水泵。

722. 如何加强对凝汽器的运行管理？

答：（1）对凝汽器的冷却面进行清洗。一般选择酸洗法和干洗法组合的方式。酸洗法是用 5% 浓度的有机酸，当铜管腐蚀速率小于 $1m^2/h$ 时，应加入浓度为 0.2% 的氢氟 W 酸，及浓度为 0.5% 的铜腐蚀剂与酸腐蚀剂，按照 0.1m/s 流速进行清洗作业。

（2）热负荷。通过降低凝汽器热负荷来提升其热效率，如在凝汽器喉部设置雾化喷头，吸收凝汽器的热；或在凝汽器上部与排汽缸喉部间设置表面式加热器。连接加热器入口与工业水系统，使其出口送达到化学供水系统，完成生水加热操作。

723. 凝汽器真空急剧下降的原因是什么?

答:(1) 冷却水泵工作失常,冷却水中断。

(2) 抽气设备工作失常。

(3) 凝汽器水位升高或满水使真空下降。

(4) 真空系统发生空气大量泄漏。

724. 凝汽器真空缓慢下降的原因是什么?

答:(1) 凝汽器结构落后,严密性和传热性差。

(2) 真空系统有漏点,漏入的空气量增加。

(3) 凝汽器清洁系数降低。

(4) 冷却水泵工作失常。

(5) 冷却水进口水温度高。

(6) 射水抽气器工作水温高。

(7) 凝汽器水管入口堵塞。

(8) 凝汽器热负荷增加。

(9) 机组负荷变化。

725. 提高凝汽器真空的主要措施是什么?

答:(1) 降低冷却水入口温度。

(2) 适当增加冷却水量。

(3) 加强凝汽器的清洗。

(4) 使胶球清洗装置处于良好状态。

(5) 保持真空系统的严密。

(6) 查清凝汽器热负荷增加的原因,并降低热负荷。

726. 如何查找凝汽器的真空泄漏?

答:(1) 烛光查漏法。如果火焰被吸入,即该处漏气。

(2) 卤素检漏仪法。在怀疑部位上喷氟利昂气体,如检漏仪有指示,即该处有泄漏。

(3) 灌高水位查漏。位于灌水水面以下的任何漏水点即为漏气点。

（4）氦质谱检漏仪查漏。

（5）超声波查漏。

727. 试述胶球清洗装置的工作原理。

答： 胶球清洗装置由胶球泵，装球室，收球网和管道及其附件组成。其作用是：用胶球清洗凝汽器冷却管内壁的污垢，保证凝汽器有高的换热效率，使凝汽器保持汽轮机经济运行所需的真空。其胶球是海绵状橡胶球，球径比铜管内径大 1～2mm，它随冷却水进入铜管，在水流作用下，变成椭圆球，在行进中将铜管中的污垢抹下来，带出铜管外，由于是整圆的擦抹，也把管壁上的静止水膜破坏，从而提高了管子的传热效果。

728. 目前我国老式凝汽器存在哪些问题？

答：（1）国产 200MW 及以下机组的凝汽器，其管束排列不能优化，排管布置设计落后，汽阻大，热负荷分布不均匀，流场不平衡，管板支撑间距不合理，直接影响凝汽器的经济性和安全可靠性。

（2）100、125、200MW 机组已运行 20 年以上，凝汽器管束受高速汽流冲蚀损坏严重，堵管比较多，造成传热面积减少，铜管管壁减薄，强度降低；有的腐蚀和磨蚀严重，导致冷却管壁保护膜剥离、脱落。

（3）凝汽器冷却水管支撑管板间距设计不合理，造成管子固有频率与激振频率有发生共振的可能，尤其是机组冬天高负荷低水温的情况下，出现高速汽流诱振造成冷却水管振动损坏，及管子与中间管板管孔摩擦使管壁磨损。

（4）冷却塔效率低，冷却水质差，水中泥沙含量大，漂浮杂物多，经常磨蚀管子，堵塞管孔；真空系统严密性差，漏气大等，致使凝汽器传热效果差，端差大，真空偏低，严重影响机组的经济性和安全可靠性。

729. 举例说明我国老式凝汽器的改造（一）。

答：济宁电厂4号机凝汽器已运行20多年，存在循环水量不足，真空严密性差，堵管率高，管壁腐蚀减薄泄漏等问题，造成凝汽器换热效果差，真空下降，端差达10℃以上，其运行中的泄漏严重影响机组的安全经济运行。采取下列措施进行改造：

（1）更换全部隔板、管板，全部采用新铜管；提高空气区的抗腐蚀及氨蚀能力。

（2）隔板间距由1400mm改为750mm，改善铜管振动情况。

（3）铜管采用补偿涨接法，降低了铜管纵向膨胀应力。

（4）空气冷却区为三角形排列，空气通过空气管经管板前水室引出，转向顶壁抽出。

（5）铜管布置方式为BD-TP结构，减少了低压缸的蒸汽排汽阻力，提高了换热效果。

改造后真空系统严密性为267Pa/min，各项指标均达到并略好于设计水平。凝结水过冷度为-0.29℃；（保证值≤1℃）；端差为3.0℃（保证值4.05℃以下）；在相同热负荷、相同冷却水量、相同冷却水温下，压力比设计值低0.55kPa。

2台循环水泵改为高效双速水泵后，节电效果显著，运行效率达到88%，比原泵提高20%~28%，年节电2300MWh。

730. 举例说明我国老式凝汽器的改造（二）。

答：胜利发电厂2台200MW机组，凝汽器为三壳体单背压双流程式，冷却管为HSn70-1A铜管，管束有5块支撑管板。改造前循环水质差，堵管频繁，有管子断裂现象，真空较低，不能满足机组安全经济运行要求。

采取下列措施进行改造：

（1）管束排列重新设计：采用优化的模块式排管替代原来的卵状排管，排汽阻力小，热负荷分布均匀，无明显的蒸汽涡流区和空气积聚区存在，无过冷度，总体传热系数高。

（2）空冷区冷却管选择TP316不锈钢管，抗氨蚀及沙蚀、冲蚀能力强，且抗氯能力比铜管强。主冷凝汽区冷却管选择抗脱锌能力强的HSn70-1B铜管，以保证凝汽器总体传热性能。

（3）中间支撑管板与壳体侧板的连接采取小夹板连接方式，排管的改变，前水室盖板与中间流程分割板也做出相应改变。

改造后运行状况良好，新排管使凝汽器总体传热系数提高20％以上。保证背压由5.2降到4.85kPa。

731. 双山峰式排管排列的优点是什么？

答：双山峰式排管排列如图13-19所示，其优点是：

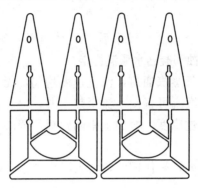

图13-19 BD-TP双山峰式排管排列图

（1）两山峰形管束排列顺汽流方向的汽流直而短，蒸汽在管束中流速低、汽阻小。

（2）抽空气通道的布置与管束排列形状一致，使蒸汽从管束四周进汽，每一冷却管束热负荷分布均匀，传热系数较高。

（3）空冷区结构先进，蒸汽-空气混合物在空气冷却区沿冷却水管向抽气口纵向流动，与管内冷却水进行强逆流换热，使混合物中蒸汽充分凝结，降低了汽-汽混合物出口温度，改善了抽气设备的工作条件。

（4）蒸汽流程在凝汽器内的分配最佳，无涡流区，蒸汽通道中的蒸汽流速度保持恒定，保证了凝汽器的良好的综合性能。

（5）壳体有4组管束，增大了回热通道数，使每组管束进汽均匀，传热系数提高，热井中凝结水得到有效回热。

（6）排管汽阻小，热负荷分布均匀，流场平稳，蒸汽涡流区少，除氧效果好，总体传热系数比标准高15％～30％；换热效率高，背压低于标准值。

732. 举例说明我国老式凝汽器的改造（三）。

答： 东方汽轮机厂采用"Tepee（双山峰）"模块式排管技术对老式凝汽器进行改造。其特点是：

（1）抽空气管分两路，直接抵空抽区，空抽区有一直径45mm通孔，隔板孔由直径25.2mm增加到26.6mm，使不凝结气体被迅速抽走。

（2）增加了蒸汽凝结成水后的疏水挡板，采用双层多孔板，保证管束不被腐蚀和凝结水顺流排走。

（3）设置3条蒸汽通道，汽流速度均匀，无反流，取消了淋水盘除氧装置，汽流可直接下流至热水井，提高了回热效率和除氧效果，降低了过冷度；增加了中间管板，解决了振动引发的激振问题。

采用了不锈钢管替代铜管，增大了安全性，而其总体换热效果和改造前基本相当。

733. 什么是"洁能芯"？其工作原理是什么？

答： "洁能芯"是一种新型的强化传热装置，它是管壳式换热器强化传热与自清洁技术，它用特殊材料制成的精密转子，其结构如图13-20所示。

(a)　　　　　　　　　　　　(b)

图13-20 "洁能芯"转子结构

(a)"洁能芯"转子；(b)立体图

"洁能芯"装置由固定架、转子和支撑轴等组成。固定架固定在传热管的两端，转子外表面有螺棱，转子上有中心孔。支撑轴穿过转子的中心孔固定在固定架上。在换热器传热管内放置多个转子，转子在流体介质作用下不需要外部动力就能转动，固定架侧壁和轴向有多个进流孔，可以使换热管程的介质流入传热管内。洁能芯装置工作原理图如图 13-21 所示。

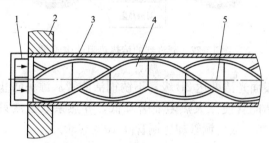

图 13-21 洁能芯装置工作原理图
1—固定架；2—管板；3—传热管；4—转子；5—支撑轴

这种装置具有在线自动清除污垢和强化传热双重功能。在凝汽器的冷却管内水流速不小于 0.2m/s 时，就能正常旋转。从而持续不断地阻止污垢沉积，使凝汽器的铜管内壁保持清洁状态。

734. 试比较不锈钢洁能管和铜管的性能。

答：目前，结合凝汽器的改造，一些机组将铜管更换为不锈钢洁能管，提高了凝汽器的各项性能。下面对它们的冷却能力加以说明：

凝汽器的传热阻力由四部分构成：对流热阻、污垢热阻、导热热阻、凝结热阻，管壁的导热热阻仅占 5%～8%，起决定作用的是污垢热阻、对流热阻和凝结热阻（见图 13-22）。

洁能管采用了类似平板换热器的粗糙元强化换热结构，具有三维粗糙元的换热特性，且既具有螺旋槽管的旋流强化作用，又具有横纹管的涡流强化换热效果，使得管内对流换热系数大幅度提高。管外壁的花纹有效阻止凝结水膜的形成，变低效的膜状凝结为高效的珠状凝结，其效率是前者的十倍，凝结热阻大幅降低；

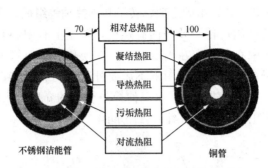

图 13-22 凝汽器的传热热阻的构成图

不锈钢的表面光洁度达 2B 级，不锈钢洁能管从源头防止了污垢生成，因此洁能管使三大热阻显著降低，导热系数虽然只有铜管的 1/8，但传热系数比铜管却比铜管高 10%～30%。

735. 什么是不锈钢洁能管的自洁作用？

答：自洁作用是指借助凝汽器循环冷却水的冲蚀机理对污垢产生清除作用，水流流速越高冲蚀作用越强；不锈钢洁能管通过特殊的花纹构造来利用流体的冲蚀作用在管壁人为制造清除污垢的冲蚀点，让冲蚀作用由点到面直至整个管壁，达到对既有污垢的清除；同时结合粗糙元流动特性对造成污垢和影响换热的附面层进行有效清除，从源头防止污垢生成。将清洗凝汽器管的周期从三个月延长到 22 个月。

736. 不锈钢洁能管价格比铜管贵很多吗？

答：满足同样换热要求的一台设备，不锈钢洁能管的用量只有铜管用量的 60%～70%，因此总价一般不会超过铜管，而且不锈钢洁能管的使用寿命是铜管的 3 倍，因此年平均成本只相当于铜管的 15%。

737. 试述洁能管的"一高、二低、三抗"机理。

答：高效换热：洁能管采用了类似平板换热器的三元强化换热结构，故传热系数比常规管高出很多，它既具有螺旋槽管的旋流强化作用，又具有横纹管的涡流强化换热效果，而且其换热强化结构参数结合三维粗糙管、螺纹管、横纹管三者的优点而又避免了各自的缺点，使管内对流换热系数大幅度提高，管外壁花纹能有效地阻止凝结水膜的形成，凝结成高效的珠状凝结而 10 倍于膜状凝结，凝结放热系数大幅提升，使三大热阻显著降低，总体传热热阻大幅度下降。

低热阻：由于三大热阻降低，其总体热阻低于铜管。

低成本：满足同样换热要求的一台设备，不锈钢洁能管用量为铜管的 60%，而使用寿命为铜管的 3 倍，加上运行维护费用低，年平均成本相当于铜管的 15%。

抗污垢：三维粗糙管结构破坏了附面层，从源头防止污垢生成；用特殊的花纹人为制造清除污垢的冲蚀点，让冲蚀作用扩展至整个管壁。

抗腐蚀：抗污垢特性使得垢下腐蚀减轻或不存在，加上不锈钢的抗腐蚀性能和耐冲蚀能力，抗腐蚀能力大大提升。

抗振：三元花纹构造相当于工字钢的筋，加强了管子轴向和径向刚度，使同样壁厚的管子具有更高的刚度，抗振性能得以提高。

738. 试举例说明不锈钢洁能管的应用（一）。

答：包头第二热电厂 100MW 汽轮机凝汽器采用不锈钢洁能管改造，改造后投运试验，端差由 13℃下降到 4℃，排汽压力降低 3kPa 左右，表 13-4、表 13-5 为改造前后的数据。

表 13-4   按排汽计算的凝汽器传热系数

凝汽器参数	面积 (m^2)	冷却水量 (m^3/h)	凝结水温度 $t_s(℃)$	进口温度 $t_1(℃)$	出口温度 $t_2(℃)$	端差 δ_t	温差 Δt (℃)	对数平均温压 $\Delta t_m(℃)$	带走热量 Q (kJ/s)	传热系数 K [W/$(m^2 \cdot K)$]
改造前	6800	14 260	34	15	17	17	2	17.981 466	33 114.89	270.825 334 4
改造后	6800	14 260	33	23	27	6	4	7.830 460 8	66 229.78	1243.818 66

表 13-5　　　　　　　按循环水计算的凝汽器传热系数

凝汽器参数	面积 (m²)	排汽量 (t/h)	凝结水温度 t_s(℃)	进口温度 t_1(℃)	出口温度 t_2(℃)	端差 δ_t(℃)	温差 Δt(℃)	对数平均温压 Δt_m(℃)	带走热量 Q (kJ/s)	传热系数 K [W/(m²·K)]
改造前	6800	189	34	15	17	17	2	17.981466	127570.8	1043.319357
改造后	6800	238	33	23	27	6	4	7.8304608	159644.5	2998.179256

739. 试举例说明不锈钢洁能管的应用（二）。

答：徐州华润电力有限公司 1 号 320MW 机组凝汽器改造，采用不锈钢洁能管更换原有的黄铜管，结果表明：不锈钢洁能管的实测传热性能与黄铜管设计传热性能基本相同，较普通不锈钢管设计传热性能明显提高；不锈钢洁能管较黄铜管具有明显的价格优势。

1 号机组 300、240、190MW 负荷工况，在单台循环水泵运行和设计冷却水进口温度 20℃条件下，改造后相对改造前凝汽器压力分别降低了 1.545、1.270、1.291kPa，供电煤耗分别降低了 3.960、3.305、3.445g/kWh。

740. 什么是凝汽器补水节能技术？

答：凝汽器补水节能技术是电力部推广的重点节能措施。它在凝汽器中增加一套补水装置，把化学补水喷入，使排出的汽体迅速冷却，从而提高机组真空和回热的经济性。同时使进入除氧器的水温提高，含氧量降低，提高除氧效率。采用该装置后，煤耗可下降 1～3g/kWh，半年就可回收投资。

741. 凝汽器补水节能的工作原理是什么？

答：凝汽器补水通过补水节能装置雾化从其喉部补入，形成一个雾化带，流经轴封冷却器、抽气器、低压加热器后到达除氧器，这一过程，产生的效能为：

（1）补充水吸收了一定的热量，大幅度提高了给水温度，增加低压系统抽气量，减少高压抽气量，提高了热功转换效率，使这部分蒸汽在机内做功。

（2）补水在凝汽器中吸收排汽热量，减少了余额损失，强化了热交换，降低了排汽温度，改善了机组真空。

（3）凝汽器对补水进行真空除氧，提高了回热系统的除氧能力。

（4）利于机组带负荷。

742. 试举例说明凝汽器补水的应用（一）。

答： 机组 7MW 抽凝机组补水量按 20t/h 计算，按补水装置年运行 7500h 计算回热效益，除盐水按 50℃ 计算，年节约标煤量约为 671t（不考虑真空效益和减少循环水效益），按燃煤价格 490 元/t 计算，节约成本为节约标煤量×单价＝671×490＝301950 元/年。全部投资为 7.5 万元，可在 3 个月内全部收回，经济效益明显。

743. 试举例说明凝汽器补水的应用（二）。

答： 机组 12MW 供热机组，供热抽汽 50t/h，补水量为 30t/h。

在排汽温度 54.2℃，真空 0.085MPa，当补水量为 30t/h，温度为 25℃时，排汽温度降低 1.8℃；排汽温度为 47.8℃，真空为 0.092MPa，补水量为 30t/h，温度为 25℃时，排汽温度降低 1.2℃。经过计算可得：补水节约的热量为 438.3 亿 kJ/年，节约煤 798t（热量为 5600kJ/kg）。

744. 什么是双背压凝汽器？

答： 所谓双背压凝汽器，就是将凝汽器的汽室分隔成两个独立部分，各低压缸排汽分别排入各自的汽室，冷却水则串联通过各自汽室的管束（见图 13-23），由于各汽室的冷却水进口温度不同，各汽室的压力也就不同，因此汽轮机各低压缸分别在不同的背压下运行。

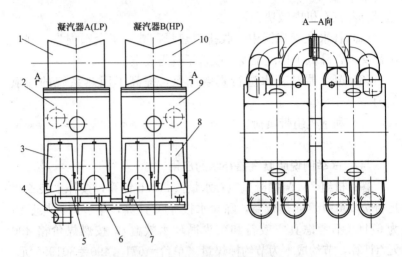

图 13-23 双背压凝汽器外形图

1—低压汽轮机；2—低压凝汽器；3—进口水室；4—凝结水出口；5—热井分隔板；

6—凝结水连通管；7—回热淋水管；8—出口水室；9—高压凝汽器；10—高压汽轮机

745. 双背压凝汽器的优点是什么？

答：（1）提高了汽轮机的经济性。与单背压凝汽器比较，双背压凝汽器以凝结相同量的蒸汽而使用相同的冷却水量和冷却面积，却可以获得较低的平均背压，因此汽轮机低压缸的焓降就增大了，从而提高了汽轮机的经济性。

（2）减少了冷却水量。在较低的平均背压下运行，在与单背压相同的热负荷下，要求减少冷却水量，而冷却管内流速和水阻是相同的，这样就节省了凝汽器、泵和电动机的最初投资及安装价格。

（3）减少了冷却面积。当使用相同的冷却水量，双背压凝汽器就可以减少冷却表面积，若考虑单背压与双背压的平均背压相同，采用 $\phi 28$ 的铜管，冷却表面积相差约 10％。

746. 如何将单背压凝汽器改造为双背压凝汽器？

答：（1）对于双壳体，双流程表面式凝汽器，完全可以改造成两个独立的凝汽器，可以双背压运行，只要把联通水室隔开，且外围的循环水管加以改造，再把两个凝汽器中间的平衡孔堵上，就可把两侧凝汽器从并联运行的单背压方式改成串联运行的双背压方式。

（2）对于单流程表面式凝汽器也可改造为双背压凝汽器，但比较复杂一些。将凝汽器的前、后水室重新制作，全部更换，为减少水室涡流区，改善凝汽器水室布水的均衡性，更换凝汽器前、后水室为全新的同弧型水室，重新适配凝汽器进、出循环水接口管道。为了解决凝汽器铜管泄漏问题，采用不锈钢管代替铜管。采用新型的 Tepee 排管方式代替原排管方式，以改善凝汽器的性能。

747. 试举例说明单背压凝汽器改造为双背压凝汽器。

答： 国内的 350MW 级机组的单背压凝汽器均为横向布置、单壳体、双流程、双道制形式。其水室分前水室和后水室，前水室又分成左右两个独立的前水室，每个前水室由隔板分成上下两部分，下部冷却水进，上部冷却水出；后水室无隔板。

单背压凝汽器的平面及剖面示意图如图 13-24 所示

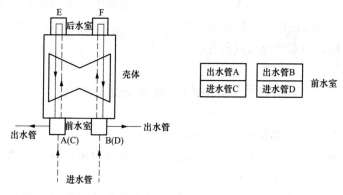

图 13-24 单背压凝汽器结构示意图

为了将原来的双流程单背压凝汽器改造成单流程双背压的凝汽器，在凝汽器的壳体中间，平行冷却管方向增加一个隔压板，将凝汽器的壳体分隔成两个封闭的空间，并将后水室按照前水室的形式进行改造，后水室的 E 点与 F 点用联络管相连，G 点与 H 点相连。同时厂区外的循环水管道相应切换连接，设置一个辅助凝结水泵，将低压汽室内的凝结水送至高压汽室加热。改造后的示意如图 13-25 所示。

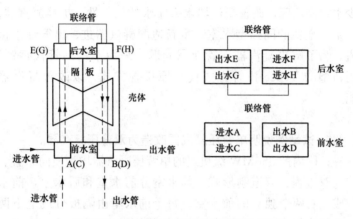

图 13-25　单壳体双背压凝汽器结构示意图

改造后，双背压凝汽器的平均背压明显低于单背压凝汽器的背压，对降低机组运行背压大有益处。只要汽轮机有两个排汽口，就可以进行双背压凝汽器改造。

第七节　汽轮机冷端系统运行优化

748. 凝结水系统如何优化运行？

答：（1）在启动中凝结水系统提前冲洗合格，避免启动中由于水质不合格造成排水量大。

（2）启动过程中要操作紧凑，保证设备的可靠性，避免设备不必要的长期运行。

（3）运行中根据季节和负荷情况在一台凝结水泵能够保证的情况下，避免两台泵运行，重点体现在低负荷时凝结水泵上。

749. 凝结水优化运行的具体措施是什么？

答：（1）确保凝结水泵流量扬程特性与系统阻力特性相匹配，如果不匹配，则造成除氧器水位调整门节流损失增大，凝结水泵运行效率降低。

（2）对凝结水泵采用变频运行，并对其进行性能试验，确认其运行效率在80%以上，作为凝结水泵增效改造的依据。

（3）在保证凝结水量满足所带负荷的情况下尽量降低凝结水流量。

（4）加强杂项用水治理，安装可调阀门控制杂用水用量，降低凝结水泵出口流量和厂用电消耗。

（5）启动过程中，凝结水冲洗要合理，减少凝结水泵运行时间。

（6）机组停运时，排汽室温度降低到60℃时，及时停运凝结水系统。

（7）冬季采暖供热时，应提出凝结水泵的运行优化方案。

750. 举例说明凝结水优化运行促节能降耗。

答：灞桥热电厂通过研究凝结水泵压力-流量曲线并反复试验，在凝结水泵出口平均流量小于550t/h的时候只运行一台凝结水泵，打破了以前根据负荷大小启停凝结水泵的规定，将凝结水泵运行压力降低到1.7MPa，最低不低于1.5MPa，既满足系统安全运行的需要，又降低了凝结水泵出口压力，从而进一步降低凝结水泵耗电，同时对凝结水系统的各类阀门查漏，及时进行处理，降低漏流40t/h，实现了供热期负荷在66.7%以下时单台凝结水泵运行，改变凝结水泵最大出力只能满足55%负荷的老观念。此外，正常情况投入凝结水泵变频自动调节，使凝结水泵调整精细化，确保凝结水泵始终运行在最优状态。

该厂凝结水泵系统运行的优化，使节能降耗成效显著，降低厂用电率0.02%，降低煤耗0.058g/kWh。

751. 对高参数大容量机组为什么必须进行凝结水精处理?

答:随着机组容量的增大,对于机组的水汽指标的要求也相应提高了,凝结水是水汽指标中重要的一项,凝结水水质好坏将直接影响机组运行情况,减少补给水对锅炉水质恶化,减少杂质的带入,因此对于高参数大容量机组的凝结水,必须进行精处理。

752. 电厂凝结水精处理的目的是什么?

答:凝结水精处理的目的是:去除凝结水中的金属腐蚀产物;去除凝结水中的微量溶解盐类;去除随冷却水漏入的悬浮物。

753. 电厂凝结水精处理的作用是什么?

答:(1)机组正常运行时,除去系统中微量溶解盐类,提高凝结水水质,保证优良的给水品质和蒸汽质量。

(2)冷却水泄漏时,除去因泄漏而融入的溶解盐类和悬浮物,为机组按正常程序停机争得时间。

(3)机组启动时,除去凝结水中的铜,铁腐蚀产物,缩短启动时间。

754. 凝结水精处理设备如何分类?

答:从压力上分为低压系统和中压系统两种。低压系统,即精处理设备连接在凝结水泵和凝结水升压泵之间,一般压力为1.0~1.3MPa;中压系统,即精处理设备连接在凝结水泵(中压)之后,一般压力为2.5~4.2MPa。

从凝结水精处理工艺上分带前置过滤的凝结水精处理系统和不带前置过滤的凝结水处理系统。

755. 什么是凝结水精处理的低压连接方式?

答:凝结水精处理低压连接方式是将水处理设备串联在凝结水泵和凝升泵之间,如图13-26所示。由于凝结水泵在1~1.3MPa压力下运行,因此混床是在较低压力下工作的,为了能将混床处理后的水再经低压加热器送入除氧器,需在混床之后设置凝结水升压泵。在该系统中为便于除氧器水位调节，系统中还需设置密封式补给水箱。

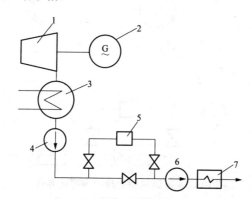

图 13-26 凝结水精处理低压连接方式
1—汽轮机；2—发电机；3—凝汽器；4—凝结水泵（低压）；
5—凝结水处理设备；6—凝升泵；7—低压加热器

756. 什么是凝结水精处理的中压连接方式？

答： 凝结水精处理中压连接方式是将水处理设备串联在凝结水泵和低压加热器之间，如图 13-27 所示。其压力为 2.5～3.5MPa，它简化了热力系统，提高了系统的严密性，能耗省，也为凝结水处理系统布置在汽机房创造了条件。中压凝结水系统要求凝结水处理设备的结构强度和防腐衬垫都能承受较高压力。离子交换树脂的机械强度要求高，并需采用各种中压电动，气动耐腐蚀阀门。

757. 试述凝结水精处理系统的组成。

答： 凝结水处理系统分为过滤和除盐两大部分。过滤主要除去金属腐蚀产物及悬浮物等杂质；除盐主要除去水中的溶解盐类。其组成有：

（1）前、后置过滤器的水处理系统，即前置过滤器、混床、后置过滤器。

（2）无前置过滤器的水处理系统，即混床、树脂捕捉器。

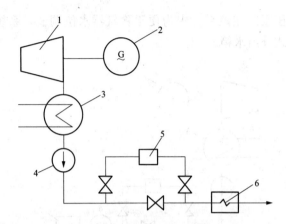

图 13-27　凝结水精处理中压连接方式

1—汽轮机；2—发电机；3—凝汽器；4—凝结水泵；

5—凝结水处理设备；6—低压加热器

第八节　凝结水泵的变频改造

758. 什么是凝结水泵的变频改造？

答： 由流体力学可知，泵与风机的流量与转速的一次方成正比，压力与转速的平方成正比，功率与转速的立方成正比，如果水泵的效率一定，当要求调节流量下降时，转速可成比例地下降，而此时轴输出功率成立方关系下降，即水泵电动机的功率与转速近似成立方比的关系。变频器就是利用电力电子器件的通断作用将工频电源变换为另一频率的电能控制装置。

759. 凝结水泵变频改造有什么效果？

答： 高压凝结水泵电机采用变频装置，在机组调峰运行可降低节流损失，达到提效节能效果，可降低供电煤耗 $0.5g/kWh$，在 30 万～60 万 kW 机组上应用。

760. 试简述凝结水泵的变频改造方案。

答： 由于凝结水泵正常运行方式是一运一备，故将采用"一拖二"方案，即每台机组的 2 台凝结水泵可共用 1 套变频装置。

高压变频器接入电气系统如图 13-28 所示。

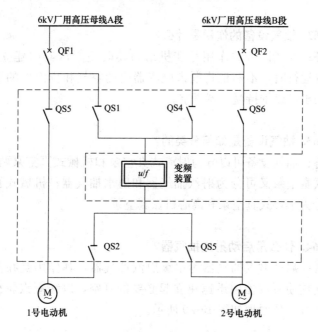

图 13-28　高压变频器接入电气系统图
QF1、QF2—高压开关；QS1、QS4—入口刀闸；
QS2、QS5—出口刀闸；QS3、QS6—旁路刀闸

整个改造分为三部分：就地高压变频器的安装和接入；电气开关部分的改造；热工逻辑和 DCS 操作画面的改造。

761. 凝结水泵变频器频率设置的方法有几种？

答：凝结水泵变频器频率设置方法有两大类，第一类是利用变频器操作面板进行频率设置；第二类是利用变频器控制端子进行频率设置。第一类不需要外部接线，方法简单，频率设置精度高，适用于单台变频器的频率设置；第二类又分两种方法，一种是利用外接电位器进行频率设置，另一种是利用变频器控制端子的特写功能，用电动电位器进行频率设置。

第九节　真空泵与抽气器的改造

762. 抽气设备的作用是什么？

答：抽气设备的作用是在机组启动时使凝汽器内建立真空，在正常运行时，不断地将漏入凝汽器内的空气和排汽中的不凝结气体抽出，以维持凝汽器真空。

763. 抽气设备是如何分类的？

答：抽气设备可以分为射流式真空泵和机械式真空泵两大类。射流式真空泵又可分为射汽抽气器和射水抽气器；机械式真空泵又可分为水环式真空泵和离心机械真空泵。

764. 什么是启动射汽抽气器？

答：启动射汽抽气器为单级射汽抽气器，其作用是在汽轮机启动之前使凝汽器内迅速建立起必要的真空，以缩短汽轮机启动时间。其工作原理如图 13-29 所示。

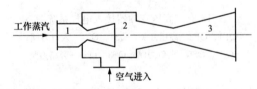

图 13-29　启动射汽器工作原理图
1—工作喷嘴；2—混合室；3—扩压管 1

从图 13-29 可见，它由工作喷嘴、混合室和扩压管三部分组成。工作蒸汽在喷嘴中自工作压力膨胀至混合室压力（略低于凝汽器压力），由于喷嘴前后的压降很大，喷嘴出口蒸汽的流速很高，混合室压力略低于抽气口压力，因此凝汽器中的蒸汽和空气的混合物被吸进混合室，它们与喷嘴出口的工作汽流混合，最后以 c_1' 的速度进入扩压管。在扩压管中速度降低，压力升高，在扩压管出口处，混合物的压力稍高于大气压力，然后排入大气。

765. 什么是主射汽抽气器？

答：主射汽抽气器是带有中间冷却的多级抽气器，其作用是在运行中为了达到凝汽器所要求的真空、减少耗汽量、回收蒸汽凝结时释放出的热量和凝结水水。其工作原理如图 13-30 所示。

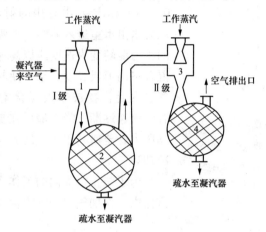

图 13-30　两级主射汽抽气器工作原理图
1—第一级抽气器；2—第一级冷却器；3—第二级抽气器；4—第二级冷却器

从图 13-30 可见，凝汽器的蒸汽、空气混合物由第一级抽气器抽出并压缩到低于大气压力的某个中间压力，然后进入第一级冷却器，使其中一部分蒸汽凝结成水，而其余的蒸汽、空气混合物在冷却后被第二级抽气器抽走，混合气体在第二级抽气器中被压缩到高于大气压力，再经过第二级冷却器将大部分蒸汽凝结成水，最后将空气和少量未凝结的蒸汽排入大气。

766. 射汽抽气器的优缺点是什么？

答：射汽抽气器的优点是以蒸汽为工质，无转动部件，可以回收蒸汽的热量，效率比较高；缺点是制造复杂，造价大，喷嘴容易堵塞，过载能力小，节流损失较大，在大机组上的应用较少。

767. 什么是射水抽气器？

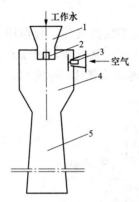

图 13-31　射水抽气器结构图
1—工作水入口水室；2—喷嘴；
3—止回阀；4—混合室；
5—扩压管

答：射水抽气器工作原理基本与射汽抽气器相同，不同的是它以水代替蒸汽作为工作介质，如图 13-31 所示。

从图 13-31 可见，工作水压保持在 $0.2\sim0.4$MPa，由专用的射水泵供给，压力水由水室进入喷嘴，喷嘴将压力水的压力能转变为速度能以高速射出，在混合室内形成高度真空，使凝汽器内的气、汽混合物被吸入混合室进入扩压管，流速逐渐下降，最后在扩压管出口其压力升至略高于大气压力而排出进入冷却池。

为了防止喷嘴内的工作水倒吸入凝汽器内，在抽气器的气汽混合物的入口处装有止回阀。

768. 试比较射汽抽气器和射水抽气器。

答：与射汽抽气器比较，采用射水抽气器能够节省消耗在射汽抽气器上的蒸汽量，且不需用到冷却器，系统简化，结构紧凑，喷嘴直径大，易于加工制造，运行中不易堵塞，维修方便，运行可靠，在同一台机组上使用射水抽气器可获得比射汽抽气器更高一些的真空度。

射汽抽气器抽气效率较低，但其结构简单，能回收工作蒸汽的热量和凝结水，常用于汽封凝汽器（轴封加热器）上。

769. 新型高效节能多通道射水抽气器是按什么措施设计的？

答：新型射水抽气器的结构原理打破了传统的水、气垂直交错流动的设计模式，采用等截面喉管末端具有较高流速及整个喉管之间互不干涉原理，按下列措施进行设计：

（1）在吸入室中选取水的最佳流速及单股水束的最佳截面，

以期水束能实现最佳分散度，分散后的水质点具有最佳动量，以最小的水量裹胁最多的气体。

（2）吸入室内水质点与空气的接触达到最均匀，使水束所裹胁的气体全部压入喉管。

（3）制止初始段的气相返流、偏流，以免造成冲击四壁而发生振动磨损。

（4）喉管的结构分气体压入段、旋涡强化段和增压段三部分，能实现两相流的均匀混合，降低气阻，消除气相偏流，增加两相质点交换，利用余速使排出的能量损失达到最少。

新型高效节能射水抽气器如图 13-32 所示。

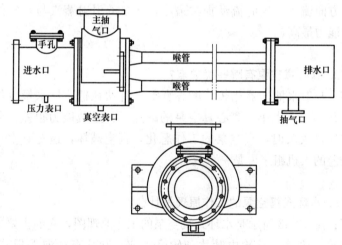

图 13-32 新型高效节能射水抽气器

770. 新型高效节能射水抽气器的优点是什么？

答：（1）抽吸能力强，安全裕量大，电动机功耗低。

（2）抽吸内效率不受运行时间影响，检修间隔期长。

（3）启动性能好，无需另配辅抽。对工作水所含杂质浓度及体积浓度要求低。

（4）抽气器喉管出口设置余速抽气器，可同时供汽轮机分场抽吸轴封加热器之不凝结气体。

（5）因无气相偏流，所以运行中振动磨损极小，寿命长。

771. 离心式真空泵的结构是怎样的？

答：离心式真空泵主要由泵轴、叶轮、叶轮盘、分配器、轴承、支持架、进水壳体、端盖、泵体、泵盖、止回阀、喷嘴、喷射管、扩散管等零部件组成。泵轴是由装在支持架轴承室内的两个球面滚珠轴承支承，其一端装有叶轮盘，在叶轮盘上固定着叶轮；在叶轮内侧的泵体上装有分配器，改变分配器中心线与叶轮中心线的夹角（一般最佳角度为 8°），就能改变工作水离开叶轮时的流动方向，如果把分配器的角度调整到使工作水流沿着混合室轴心线方向流动，这时流动损失最小，而泵的引射蒸汽与空气混合物的能力最高。

772. 离心真空泵有哪些优缺点？

答：与射水抽气器比较，离心真空泵有功耗低，耗水量少的优点，并且噪声也小。离心真空泵的缺点是：过载能力很差，当抽吸空气量太大时，真空泵的工作恶化，真空破坏，这对真空严密性较差的大机组来说是一个威胁。

773. 水环式真空泵的工作原理是什么？

答：图 13-33 所示是水环式真空泵的工作原理图，它的主要部件是叶轮和壳体。叶轮由叶片和轮壳组成，叶片有径向平板式，也有向前弯式，壳体由若干零件组成，在壳体内部形成一个圆柱体空间，叶轮偏心地装在这个空间内，同时在壳体的适当位置上开设吸气口和排气口，进行轴向吸气和排气。

由于叶轮偏心地装在壳体上，随着叶轮的旋转，工作液体在壳体内形成运动着的水环，水环内表面也与叶轮偏心。由于在壳体的适当位置开有吸气口和排气口，水环泵就完成了吸气、压缩和排气这三个相互连续的过程，从而实现抽送气体的目的。

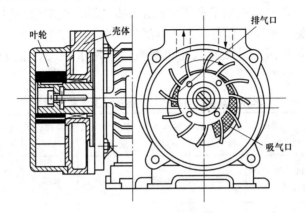

图 13-33　水环式真空泵工作原理图

774. 离心式真空泵和水环室真空泵有什么区别？

答：离心式真空泵为被吸气体在高速度旋转的叶轮作用下产生离心力，逐级增压被排至泵外。

水环式真空泵为泵内偏心叶轮旋转并搅动壳体内的液体（通常为水），与壳体同心的液环与偏心叶轮的叶片形成空腔随叶轮的旋转而发生容积变化（由无到大，然后由大到无循环），从而产生真空抽吸气体，然后压缩气体增压排到泵外。

775. 离心式真空泵和水环式真空泵都用在什么地方？

答：离心式真空泵用作抽吸或输送空气及物理、化学性质类似于空气的气体介质。通常真空度不高（小于 20kPa），气量较小，转速高，噪声大，但是相对于水环式真空泵其效率较高。

水环式真空泵可以抽吸基本上任何气体，尤其适用于含有饱和蒸汽的气体，真空度最高可以达到 98kPa。通过与其他形式真空泵的配合使用，其吸入压力可以达到 3kPa 以上。因为需要搅动液体形成液环，其效率低于干式真空泵，但是由于液环的存在，其适用于要求可靠性较高，维护量少，腐蚀气体，爆炸性气体，含有固体杂质，要求排气温度较低，热敏性气体等场合。

776. 试对水环式真空泵和射水抽气器的经济性能进行比较。

答：表 13-6 表示了水环泵和射水抽气器的经济性能的比较表。由表可见，水环式真空泵的运行经济性明显优于射水抽气器，这就是近几年国内外大型汽轮机凝汽器采用水环式真空泵的主要原因。

表 13-6　　水环式真空泵与射水抽气器的经济性能比较

项目 抽气器类型	工作水温度（℃）	吸入压力（kPa）	抽吸干空气量（kg/h）	计算耗功率（kW）	单位耗功率（kWh/kg）
上海汽轮机厂 200MW 机组射水抽气器	20	3.92	61.5	192	3.1
东方汽轮机厂 125MW 机组射水抽气器	20	3.42	25	80	3.2
300MW 机组 2BW4353-0 循环泵	15	3.39	73.4	55	0.749

第十节　凝汽式汽轮机的供热改造

777. 什么是凝汽式汽轮机？

答：凝汽式汽轮机，是指来自锅炉的蒸汽在汽轮机内部喷嘴流出后推动动叶片膨胀做功，推动汽轮机转子高速旋转并带动发电机向外供电。除小部分轴封漏汽之外，汽轮机的排汽全部进入凝汽器凝结成水的汽轮机。

实际上为了提高汽轮机的热效率，减少汽轮机排汽缸的直径尺寸，将做过部分功的蒸汽从汽轮机内抽出来，送入回热加热器，用以加热锅炉给水，这种不调整抽汽式汽轮机，也统称为凝汽式汽轮机。火电厂中普遍采用的专为发电用的汽轮机，其凝汽设备主要由凝汽器、循环水泵、凝结水泵和抽气器组成。汽轮机排汽进入凝汽器，被循环水冷却凝结为水，由凝结水泵抽出，经过各级加热器加热后作为给水送往锅炉。

778. 什么是供热式汽轮机？

答：供热式汽轮机是指既能提供动力又能提供热能的汽轮机，它提供的动力可用于驱动恒速运行的发电机发电或带动变速运行的泵、风机等机械，提供的热能可用于工业生产或民用。供热式汽轮机可以是背压式、抽汽凝汽式、抽汽背压式和低真空凝汽式等。同时，抽汽式汽轮机又可分为单抽汽和双抽汽式汽轮机。其中双抽式汽轮机可供给热用户两种不同压力的蒸汽；而抽汽背压式汽轮机则以一定压力的抽汽和排汽同时供热。

779. 为什么要对凝汽式汽轮机进行供热改造？

答：对纯凝汽式汽轮机组蒸汽系统适当环节进行改造，接出抽汽管道和阀门，分流部分蒸汽，使纯凝汽式汽轮机组具备纯凝发电和热电联产两用功能，大幅度降低供热煤耗，可达到 10g/kWh 以上，适用于 2.5 万～60 万 kW 纯凝汽式汽轮机组。

780. 试述对小型凝汽式汽轮机进行的供热改造。

答：在小型凝汽式火电站运行循环过程中，汽轮机冷源损失在整个循环中占有很大的比例，高达 60% 以上，严重影响了整个电站运行效率的提高，致使发电标煤耗大大高于全电网平均发电煤耗 400g/kWh。因此，建议对小型凝汽式火电站进行热能综合利用改造，具体来说是在汽轮机汽缸上增开抽汽口（开口位置取决于热用户对蒸汽参数的要求），使汽轮机以非调整抽汽方式运行。即汽轮机在发电的同时又对外供热，从而提高了电站循环效率，使发电煤耗大大降低，接近或低于 400g/kWh 的水平。

781. 试举例对小型凝汽式汽轮机进行的供热改造。

答：某厂的 25MW 凝汽式汽轮机，其通流部分由 1 级双列调节级和 12 级压力级组成，调节阀全开时最大流量为 131.5t/h。回热系统由两级高压加热器、一级除氧器和两级低压加热器组成。假设对外供汽要求抽汽压力为 0.981MPa，则确定在第 1 级压力级后增开抽汽口。为了减少冷源损失，在抽汽工况下，全部补给水均进入凝汽器喉部，以充分利用汽轮机排汽的汽化潜热。这种对外供热方式是一种节约能源，降低发电煤耗的有效措施。表 13-7 表示了汽轮机改造前后的比较表。

表 13-7　　　　　　　25MW 汽轮机改造前后的比较表

名称	符号	单位	改造前	改造后			
进气量	D_0	kg/h	93000	112500	116400	123044	131500
进汽压力	p_0	MPa(a)	3.43				
进汽温度	T_0	℃	435				
进汽焓	i_0	kJ/kg	3305.06				
抽汽量	D_c	kg/h		25000	30000	40000	50000
抽汽压力	p_c	MPa(a)		0.997	0.985	0.931	0.9
抽汽焓	i_c	kJ/kg		3061.8	3057.2	3043	3043.4
电功率	N_e	MW		22			
排汽量	D_k	kg/h	72168	62799	61101	56657	53509
排汽焓	i_k	kJ/kg	2321.16	2309.02	2305.25	2300.65	2301.07
相对内效率	Z_0		0.8308	0.8350	0.8369	0.8378	0.8354
汽耗	d	kg/(kWh)	4.2323	5.1241	5.2754	5.5951	5.9635
热耗	Q	kJ/(kWh)	11376	10330	10145	9692.6	9356
机组发电标煤耗	m	kg/(kWh)	0.4584	0.4162	0.4089	0.3905	0.377
全电网年均发电标煤耗	m_0	kg/(kWh)	0.400				
年运行节标煤量	m_1	t	−8993.6	−2494.8	−1370.6	1463	3542
相对纯冷凝工况年节标煤量	m_2	t		6498.8	7623	10456.6	12535.6

注：年运行时间按 7000h 计。

从表 13-7 可见，汽轮机改造后与改造前相比，在发电能力相同的情况下，其相对内效率提高，当抽汽量为 25、30t/h 时，虽然其发电煤耗高于全网平均煤耗，节煤量为负值，但是相对于纯凝汽运行工况，其发电煤耗下降幅度仍然很大，相对年运行节标煤量高达 6498.8、7623t，节能效果十分明显。

302

782. 试举例对打孔抽汽汽轮机改造为调整抽汽式汽轮机。

答：某公司将 25MW 非调整打孔抽汽式汽轮机（额定抽汽量 30t/h，供热压力 0.7MPa）改造为调整抽汽式汽轮机，该方案机组额定进汽量 207t/h，额定抽汽量 100t/h，额定工况下电负荷 25MW 以上，调抽压力 1.67MPa（1.4～1.67MPa），可满足计划热负荷 112t/h 的需要。

本次改造对汽轮机的末三级叶片进行了全三维改造，汽轮机前后汽封分别采用二道接触密封，同时对机组的调速系统也进行了改进，机组电热负荷的调控能力增大，热效率得到提高。表 13-8 表示了改造前后的主要技术参数的对比表。

表 13-8　　　　改造前后主要技术参数对照表

汽轮机型号	凝汽式汽轮机	调整抽汽汽轮机
型号	FC25-3.43-0.89	C25-3.43/1.67
额定功率（MW）	25	25
最大功率（MW）	25	25
主蒸汽门前压力（MPa）（A）	3.43	3.43
主蒸汽门前温度（℃）	435	435
额定汽量（t/h）	125	207
一段抽汽压力（MPa）（A）	0.961	1.67
二段抽汽压力（MPa）（A）	0.435	0.8481
三段抽汽压力（MPa）（A）	0.199	0.3369
四段抽汽压力（MPa）（A）	0.119	0.3369（三段抽汽切入）
五段抽汽压力（MPa）（A）	0.04	0.0786
六段抽汽压力（MPa）（A）	无	0.0260
一段抽汽温度（℃）	373	364.6
二段抽汽温度（℃）	297	299.7

第二部分 燃煤电厂的节能改造技术

续表

汽轮机型号	凝汽式汽轮机	调整抽汽汽轮机
三段抽汽温度（℃）	151	208.3
四段抽汽温度（℃）	183	208.3（三段抽汽切入）
五段抽汽温度（℃）	98	93.0
六段抽汽温度（℃）	无	65.9
额定抽汽量（t/h）	20	100
最大抽汽量（t/h）	25	120
排汽温度（℃）	32	30.33
额定工况汽耗（kg/kWh）	4.384	8.241
冷却水进水温度（℃）	20～33	20～33
冷却水回水温度（℃）	26.34	26.34

从表 13-8 可见，改造后额定抽汽量从 20t/h 增加到 100t/h；最大抽汽量从 25t/h 增加到 120t/h，从而满足了计划热负荷的要求。但额定工况汽耗从 4.384kg/kWh 增加到 8.241kg/kWh。

783. 试举例对中型凝汽式汽轮机的供热改造。

答：河南平顶山煤业集团坑口电厂 55MW 纯凝汽机组为满足矿井下降温及热负荷需要，决定将其改为抽汽供热机组。

机组改造前后主要参数规范：

机组改造前，型式为 K-55-8.8 型单缸凝汽机组：额定功率 55MW；主蒸汽额定压力 8.8MPa（绝对压力）；主蒸汽额定温度 535℃；主蒸汽额定流量 213t/h；主蒸汽最大流量 230t/h；排汽压力 0.00502MPa（绝对压力）；级数 22 级；额定转速 3000r/min。

机组改造后，型式为高压、单缸、单抽、凝汽式机组；额定抽汽量 50t/h；额定抽汽压力 1.257MPa 其他参数不发生变化。

机组改造方案：

（1）额定纯凝工况下，机组二段抽汽（第 9 压力级后）压力 1.81MPa。为满足供热要求，打孔抽汽位置选在高压段第 9 级后，在原有二段回热抽口旁边沿圆周方向左右各开一个方孔口，如图

13-34 所示。

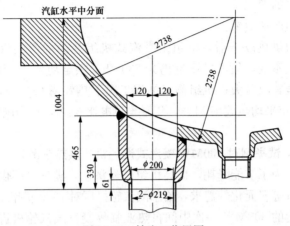

图 13-34　抽汽口位置图

（2）两根抽汽管与原 2 号高压加热器抽汽管共同进入一个联箱，该联箱作为抽汽母管，在抽汽母管后装有一个调节阀，一个快速关断阀，一个液压抽汽止回阀和一个电动碟阀。然后再连接到热网系统，如图 13-35 所示。

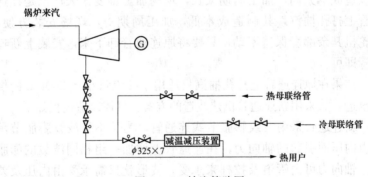

图 13-35　抽汽管路图

（3）汽轮机部件的强度核算：

第 8、第 9 级导叶应力超过许用应力，重新进行更换。第 8910级隔板最大挠度不符合要求，重新设计和更换三级隔板。重新设计 3 号隔板套，增大 2、3 号隔板套之间的间隙，保证通流面积满足抽汽量的变化。

机组改造效果：

机组供热改造后，机组由凝汽式机组变为抽汽凝汽式机组，进汽参数不变，最大进汽量仍为 230t/h，额定功率 55MW，机组运行安全，收益大；机组额定抽汽工况下热效率 62.6%，热电比 101%；年平均热效率 51%，年平均热电比 61%，符合国标要求。

784. 试举例对 300MW 凝汽式汽轮机的供热改造。

答：为了节能降耗，提高机组的经济性，满足电厂供热采暖，工业抽汽等多元化的需求，哈尔滨汽轮机厂对 1980 年年末 1990 年年初投运的 300MW 一次中间再热亚临界凝汽式汽轮机进行改造。该厂对该机型机组进行优化改造，特别是在连通管上打孔抽汽，成功地实现了凝汽式机组供电与供暖同时兼得的可喜成果，极大提高了机组的经济性。

机组供热改造方案有两种：一是在高中压汽缸上进行打孔抽汽，重新设计高、中压内缸，在设计时留出抽汽管即可。但该方案改造成本太高，加工周期太长，现场加工难度太大；二是在连通管上打孔抽汽，其制造成本低，加工周期短，现场安装方便，汽轮机其余部套保持不动，只要将原连通管卸下来，安装上新连通管即可。

如果在原连通管上打孔抽汽只适用于抽汽量小于 200t/h 的供热改造，故采用新连通管供热改造的方案。具体改造过程如下：

新连通管采用波纹膨胀节式连通管，为了不让波纹膨胀节承受由内压而引起的轴向力，在连通管上增加一组相同波数的膨胀节。轴向力可由管道及拉杆来承受，波形就只需承受由内压及差胀引起的负荷。碟阀和抽汽管布置在连通管的立管上，解决了机组在抽汽过程中产生的振动问题。并将原来的导流叶栅的直管改为热压 90°弯头，解决了导流叶栅脱落的问题。如图 13-36 所示。

新连通管解决了抽汽量大的问题，常规抽汽量为 300t/h，满足更多用户需求。改造后机组多运行在供热工况下，部分蒸汽被

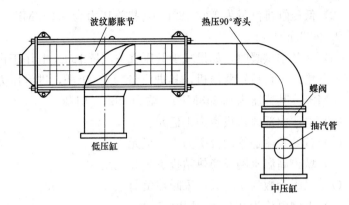

图 13-36　新连通管供热改造示意图

抽走，对汽轮机而言，减小了冷源损失，降低了热耗值，极大地提高了机组的经济性。

785. 试举例对 600MW 凝汽式汽轮机的供热改造。

答：某城市为了满足热电发展规划，计划将 1 台 600MW 亚临界凝汽机组改造为热电机组，可供热 1100 万 m²，替代现有的供暖锅炉和小型热电厂，并且今后几年可以不再建设小锅炉房。

该机组为亚临界一次中间再热、单轴三缸三排汽纯凝汽汽轮机组，只发电不供热。汽轮机的高、中、低压缸布置在同一根主轴上。主蒸汽先进入高压缸，高压缸排汽导入锅炉再热器，再热后进入中压缸，中压缸排汽进入低压缸。

供热改造方案：不改动汽轮机本体设备核心部件/通流部件，只在低压导管上增加阀门，在供热支管上增加阀门、背压机、后置机及相应的控制设备。改造后，在机组不供热时低压导管上的阀门全开，供热支管上的阀门全关，仍为原有设计纯凝汽工况。在热电联产方式运行时，低压导管上的阀门全关，供热支管上的阀门全开，运行背压机和后置机，实现热电联产。

供热改造的假设条件：

（1）低压缸进汽量为 1507.22t/h，进汽压力为 0.8765MPa，进汽焓为 3135.7kJ/kg。

（2）低压缸排汽量为 1303.82t/h，排汽压力为 0.013MPa，排汽焓为 2423.6kJ/kg。

（3）在冬季供暖时，如果减少低压缸进汽量 1000t/h 用于供暖用汽，并增加一台后置背压机，其进汽量为 1000t/h，进汽压力为 0.8765MPa，其背压为 0.343MPa，焓为 2921.1kJ/kg。

（4）电厂内部改造投资为 1 亿元。

（5）首站及输送管网投资为 1.7 亿元。

（6）城市高温水网及换热站投资为 2 亿元。

（7）采暖天数为 167 天，采暖热负荷系数为 0.6658。

（8）上网电价为 0.24 元/kWh。

由于供热时低压缸减少 1000t/h 进汽量，少发电量及少收入电费为

少发电量/小时 = 0.98×0.99×1000×1000×（2921.12—2423.6)/3600 = 134076.2kW，年少发电量 = 134076.2×167×24×0.6658 = 35778.6 万 kWh，其中 0.98 为汽轮机效率，0.99 为发电机效率。

由于少发电而少收入电费量 = 35778.6 万×0.24 = 8586.9 万元。

该地区 1000t/h 蒸汽可供 1100 万 m^2 采暖面积，采暖收入为 24 元/m^2，则供暖收入为 24×1100 万 = 2.64 亿元。

另外，计入电费：3500 万元/年；水费：460 万元/年；人工工资：380 万元/年。

可计算得：财务内部收益率为 20.55%，财务净现值为 37318 万元，动态投资回收期为 6.5 年。

第十一节　亚临界机组的改造

786. 什么是临界、亚临界、超临界、超超临界机组？

答：临界机组是指锅炉工作情况下承受的一定温度和压力的蒸汽状态，水的临界压力为 22.565MPa，此压力对应下的状态叫临界状态；压力低于 25MPa（对应蒸汽温度低于 538℃）时的状态

为亚临界状态；压力在 25MPa 时的状态（对应蒸汽温度高于 538℃）为超临界状态；而压力在 25～28MPa 之间（温度在 600℃ 以上）则称为超超临界。

787. 试述我国亚临界燃煤发电机组的现状。

答：我国亚临界机组始于 20 世纪 70 年代，平均能效水平较低，至 2014 年底，全国 300MW 及以上在运机组共计 1263 台，其中：300MW 亚临界机组 744 台，装机容量为 23456 万 kW。600MW 亚临界机组 199 台，装机容量为 12293 万 kW。300MW 以上机组中，亚临界机组共 943 台，装机容量共计 35749 万 kW，约占火电装机容量的 39%。

788. 亚临界机组的不提高进汽参数如何节能？

答：国内实施业绩最多的是汽轮机通流改造方案；

不改变汽轮机的进汽参数；

采用全三维技术优化设计汽轮机通流部分；

采用新型高效叶片和新型汽封技术改造汽轮机；

除汽轮机通流改造外，汽轮机本体、锅炉本体及主要辅机均不需要改造。

789. 亚临界机组的小幅提高进汽参数如何节能？

答：进汽参数从 16.7MPa/538℃/538℃ 提高为 16.7MPa/542℃/538℃，主蒸汽温度仅提高 4～5℃；汽轮机本体不需要进行改造，通流部分改造范围与常规方案相同；锅炉不用增加受热面面积；主要辅机变化不大，但对旁路及四大管道需要重点复核强度，必要时需要部分更换；锅炉、旁路等部分改造后，可进一步将进汽参数提高为 16.7MPa/542℃/542℃。

790. 亚临界机组的大幅提高进汽参数如何节能？

答：（1）该方案目前处于技术研发阶段。

（2）汽轮机本体需要大范围改造：高、中压外缸，高、中压主汽门、调门均需更换，只有低压外缸可以保留。

（3）锅炉本体需要进行大范围改造：锅炉受热面需进行改造，需增加过热器、再热器等受热面面积。

791. 试比较 300MW 亚临界湿冷机组通流部分的改造方案。

答：表 13-9 给出了 300MW 亚临界湿冷机组通流部分的改造方案的比较表。

表 13-9　300MW 亚临界湿冷机组通流部分的改造方案比较

项目	单位	方案 1 不改变进汽参数	方案 2 小幅提高进汽参数	方案 3 大幅提高进汽参数
改进前进汽参数	MPa(a)/℃/℃	16.7/533/538		
进汽参数	MPa(a)/℃/℃	16.7/538/538	16.7/542/538	16.7/566/566
改进后供电标煤耗	g/kWh	311.8	311.4	308.1
供电煤耗降低值	g/kWh	15.4	15.8	19.1
改进设备总投资	万元	4933	5033～5433	11387～12387
单位降耗成本	万元/（g/kWh）	320	319～344	596～649

792. 试比较 600MW 亚临界湿冷机组通流部分的改造方案。

答：表 13-10 给出了 600MW 亚临界湿冷机组通流部分的改造方案的比较。

表 13-10　600MW 亚临界湿冷机组通流部分的改造方案比较

项目	单位	方案 1 不改变进汽参数	方案 2 小幅提高进汽参数	方案 3 大幅提高进汽参数
改造前进汽参数	MPa(a)/℃/℃	16.7/539/538		
进汽参数	MPa(a)/℃/℃	16.7/538/538	16.7/542/538	16.7/566/566
改进后供电标煤耗	g/kWh	308.9	308.5	305.1
供电煤耗降低值	g/kWh	10.3	10.7	14.1
改造设备总投资	万元	9400	9700～10200	19500～21100
单位降耗成本	万元/（g/kWh）	913	907～953	1390～1436

793. 从表 13-9 和表 13-10 中可得出什么结论?

答:(1)方案 1(不改变进汽参数)单位降耗成本总体上最低。

(2)改造机组配置及运行情况较好时,方案 2(小幅度提高进汽参数)的单位降耗成本可能低于方案 1。

(3)对于热耗率明显偏离保证值,尚在还贷期内的亚临界机组推荐采用方案 1 或方案 2,方案的最终确定需根据机组的已服役年限、运行情况综合分析。

(4)方案 3(大幅度提高进汽参数)改造后指标最先进,但单位降耗成本高,因此不推荐此方案。

794. 试对亚临界汽轮机的通流部分改造进行技术经济分析。

答:表 13-11 给出了亚临界汽轮机的通流部分改造的技术经济性分析表。

表 13-11 亚临界汽轮机的通流部分改造的技术经济性分析

序号	方案	单机容量(MW)		供电标煤耗(g/kWh)		静态投资(万元)	动态回收期(年)	单位降低煤耗投资[万元/(g/kWh)]	单位年节煤量投资(元/kg)
		改造前	改造后	改造前	改造后				
1	方案一	600	600	319.2	308.9	9400	6.68	913	3.04
2	方案二(下限)	800	600	319.3	308.4	9700	6.74	907	3.02
	方案二(上限)	800	600	319.3	308.4	10200	7.07	953	3.18
3	方案三(下限)	600	600	319.2	305.1	19600	11.11	1390	4.63
	方案三(上限)	600	600	319.2	305.1	21100	11.37	1496	4.99

795. 试对亚临界纯凝机组改造为供热机组进行技术经济分析。

答：表 13-12 给出了亚临界机组改造为供热机组的技术经济分析表。

表 13-12　亚临界机组改造为供热机组的技术经济性分析

项目	单位	300MW 机组	600MW 机组
进汽参数	MPa（a）/℃/℃	16.7/538/538	16.7/538/538
改造后供电标煤耗	g/kWh	276.5	272.2
供电煤耗降低值	g/kWh	42.0	38.0
改造当事设备总投资	万元	3000	4000
年发电量	10^2 kWh	15	30
供热负荷	MW	214	429
年采暖供热量	10^3 GJ/a	27.8	55.7
单位煤耗成本	万元/(g/kWh)	71	105

计算条件：采暖期按 150 天，机组年运行小时数 5000h，300MW 机组平均采暖供汽量 300t/h，600MW 机组平均采暖供汽量 600t/h。

796. 从表 13-11 和表 13-12 中可得到什么结论？

答：（1）纯凝汽机组供热改造可降低供电煤耗 40g/kWh 左右，投资较少，投资回收期短，是提高机组能效水平和经济性的最佳途径。城市（工业园区）周边具备集中供热条件的亚临界纯凝发电机组应优先实施供热改造。

（2）汽轮机通流部分改造是提高机组效率的有效途径，从单位降耗成本、单位年节煤量成本看，"不改变进汽参数方案"与"小幅提高进汽参数方案"基本相同。对于热耗率明显偏离保证值，尚在还贷期内的亚临界机组可根据具体情况选用上述方案之一。

（3）汽轮机通流部分改造能够使亚临界机组供电煤耗降低约 15g/kWh，改造后供电煤耗降至 311g/kWh 左右，但仍然高于超临界和超超临界机组平均供电煤耗。

第十二节 高压除氧器的乏汽回收

797. 高压除氧器乏汽回收的原理是什么？

答：除氧器乏汽回收系统中具有一定剩余压力的蒸汽或水作动力，使流体产生射吸流动，同时进行水与乏汽的热与质直接混合，使低温流体被加热，并在后续过程中，恢复加热后的流体压力，进入系统，以维持连续流动。回收器中设有多个文丘里吸射混合装置，水汽通过吸射器后，得到充分混合。混合冷却水进入气液分离罐，分离罐输出凝结水可远距离输送到低压除氧器或其他用水设备，分离除空气减压排出。

798. 试述高压除氧器乏汽回收装置的组成。

答：高压除氧器乏汽回收装置主要由抽吸乏汽动力头、气液分离罐、排水装置、排气装置组成。

799. 试画出高压除氧器乏汽回收的系统图。

答：高压除氧器乏汽回收的系统图如图 13-37 所示。

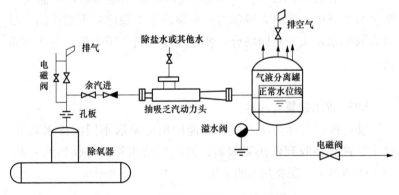

图 13-37 高压除氧器乏汽回收系统图

800. 什么是抽取乏汽动力头？

答：抽取乏汽动力头的工作原理是基于两相流体场理论的最

新成果。进入该交换器的蒸汽在喷管中进行绝热膨胀后，以很高的流速从喷嘴中喷射出来，在混合室与低压进水混合，此时产生了压力"激波"，压力剧烈增大。其结果是，乏汽热能迅速传送入冷水，输出混合物的压力等同或超过进水的输入压力，可达到输出热水增压和瞬时加热的效果，输出热水可无泵输送。

801. 什么是气液分离罐？

答：气液分离罐设计为小容积、大流量的液位调节对象。其难点是液位波动大且不稳定，要求调节系统稳定可靠。分离罐内液位与压力稳定性直接影响到动力头的工作稳定性。

分离出较高的浓度 O_2、CO_2 等气体通过减压装置排空，当罐内压力低于设计值时，减压装置单向阀关闭，保证外界空气不进入罐中，而影响除氧。两相流液位自动调节系统保证了系统的稳定运行。

802. 什么是排气装置？

答：对于水质要求高的场合，如锅炉给水除氧器乏汽回收，回收水中有较高浓度 O_2、CO_2 等气体，必须排除后，才能回到除氧水系统中。同时，排除对分离罐内压力稳定起重要作用。混合后的热水，根据不同场合，恢复或提升热水压力后，再送回系统中。

803. 排水装置有几种？

答：根据实际情况，回收热能的用途采取不同的排水装置。排水装置有回收到低压除氧器；回收到疏水箱；回收到除氧器；用于生活热水等需要热水的系统。

804. 乏汽回收方式有几种？

答：乏汽回收的方式有：两台同时回收到疏水箱；高压除氧器乏汽回收到低压除氧器；大气式除氧器乏汽回收等三种方式。

805. 两台同时回收到疏水箱的系统是什么样的?

答: 图 13-38 表示了两台同时回收到疏水箱的系统图。

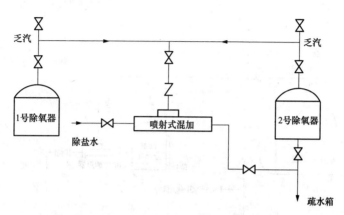

图 13-38 两台同时回收到疏水箱的系统示意图

806. 高压除氧器乏汽回收到低压除氧器的系统是什么样的?

答: 图 13-39 表示了高压除氧器乏汽回收到低压除氧器的系统示意图。

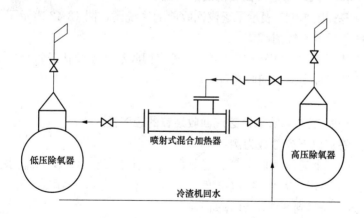

图 13-39 高压除氧器乏汽回收到低压除氧器系统示意图

807. 大气式除氧器乏汽回收的系统是什么样的?

答: 图 13-40 表示了大气式除氧器乏汽回收的系统示意图。

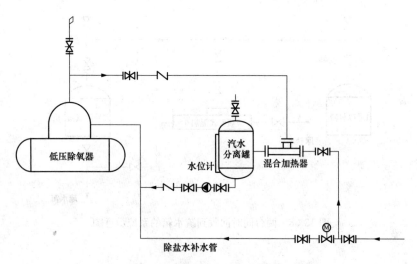

图 13-40　大气式除氧器乏汽回收系统示意图

808. 试对比乏汽回收前后的系统。

答: 图 13-41 表示了乏汽回收前的系统图, 图 13-42 表示了乏汽回收后的系统图。

从图 13-41 和图 13-42 可见, 乏汽回收后的系统比乏汽回收前的系统增加了乏汽回收装置。

809. 试计算除氧器乏汽回收装置的经济性。

答: 以下列参数为例:

除氧器乏汽回收装置: 已知除盐水补水每天 350t, 除盐水压力按 0.5MPa 设计, 排汽温度 110℃, 排汽压力 0.02MPa, 除盐水由 20℃加热到 60℃, 计算如下:

（1）除氧器乏汽回收装置回收除盐水的计算:

由公式: $G_H = G_P (h_{p2} - h_{p1})/(h_H - h_{p2})$

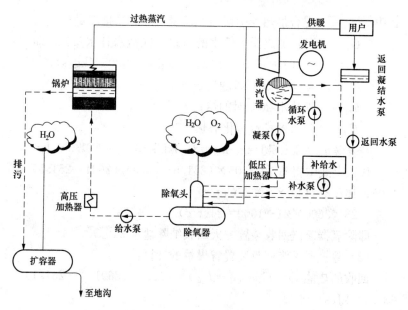

图 13-41 乏汽回收前的系统图

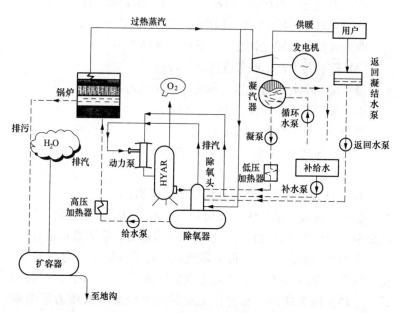

图 13-42 乏汽回收后的系统图

式中 G_H——混合加热器引射蒸汽流量（除氧器排汽量）；

$\quad\quad G_P$——混合加热器工作水的流量（除盐水补水量），即 G_P
$= (350 \times 1000)/(24 \times 3600) = 4.05$（kg/s）；

$\quad\quad h_{p2}$——除盐水 60℃时的焓；

$\quad\quad h_{p1}$——除盐水 20℃时的焓；

$\quad\quad h_H$——除氧器排汽汽化潜热。

查表得 $h_{p2}=251.5$kJ/kg，$h_{p1}=84.3$kJ/kg，$h_H=2691.3$kJ/kg。

代入上式中得 $G_H=4.05 \times (251.5-84.3)/(2691-251.5) = 4.05 \times 167.2/2439.8 = 0.28$(kg/s)

$0.28 \times 3600 \times 24 \div 1000 = 24$(t/d)

即除氧器乏汽回收装置一天回收纳除盐水 24t。

（2）除氧器乏汽回收装置省煤量的计算：

回收的热能 $Q=G_H(h_H-h_{p2})=0.28 \times (2691.3-251.1) = 683.14$(kJ/s)

$683.14 \times 24 \times 3600 = 59023641.6$（kJ/d）

折算为每公斤 6000cal（1cal=4.18J）标准煤，日节煤：
$59023641.6 \div (6000 \times 4.18) = 2353.4(kg/d)=2.4$(t/d)

即除氧器乏汽回收装置一天节省标准煤 2.4t。

（3）除氧器乏汽回收装置经济性分析：

每年按 8000h 运行计算，每吨煤按 300 元计算：

则年节煤 $2.4 \times 8000 \div 24 = 800$(t)

年节资 $800 \times 300 = 24$（万元）

年回收除盐水 $24 \times 8000 \div 24 = 8000$(t)

810. 试说明高压除氧器乏汽回收的实例。

答：大唐长春第二热电公司共有 6 台 200MW 热电联产机组，供暖期 6 台机组同时运行，非供暖期 3 台运行。除氧器正常运行压力 0.6MPa，温度 159℃，除氧器乏汽经过节流后压力为 0.4MPa，排汽量为 1.5t/h 左右。为了对乏汽的回收利用，采用两种运行方式，一种是供暖期时，通过在工业抽汽上安装蒸汽压力匹配器，将除氧器乏汽回收向所有热用户供汽；另一种是非供暖期时，因热用户用汽量少，蒸汽压力匹配器无法投入，可以将除氧器乏汽直接向热水厂或浴池供汽。两种方式可以通过操作阀门进行切换，系统简单，操作简便。

经济效益。除氧器乏汽压力 0.4MPa，温度 159℃，蒸汽焓值 $h=2772.3$kJ/kg，6 台机组运行时每小时的出力 $G_1=9$t/h，3 台机组运行时，每小时的出力 $G_2=4.5$t/h，供暖期和非供暖期各运行 4320h。化学除盐水全年平均温度 15℃，焓值 $h_1=63$kJ/kg，则全年除氧器乏汽回收的热量

$$Q=G(h-h_1)=(9+4.5)\times4320\times(2772.3-63)\times10^3$$
$$=1.58\times10^5(GJ)$$

如果将此热量直接供给用户，按 48 元/GJ 计算，则产生效益为 15.8 万×48＝758.4 万元。

811. 试述高压除氧器乏汽回收新技术在热电厂的应用。

答：某热电厂采用 KLAR 除氧器乏汽回收技术产生巨大的经济效益和节能降耗。

该热电厂装有两台 75t/h 锅炉和配有两台出力为 100t/h 的大气式热力除氧器，共排出蒸汽（乏汽）0.5×2＝1t/h。采用 KLAR 除氧器乏汽回收装置，成功地将除氧器排出的乏汽全部进行了回收利用。

812. 试述 KLAR 除氧器乏汽回收技术原理。

答：KLAR 装置的原理。它是采用进除氧器的除盐水进入其动力头，在动力头中由除盐水压力喷射时产生的负压，抽吸除氧器排出的蒸汽并与之混合，提高了锅炉的给水温度，减少了除氧器用汽量，达到了利用废热蒸汽和节能降耗的目的。

813. 试简介 KLAR 装置。

答：KLAR 装置的简介：

图 13-43 为 KLAR 装置方式示意图。

该装置由三个模块组成，即由抽吸乏汽动力头、气液分离排

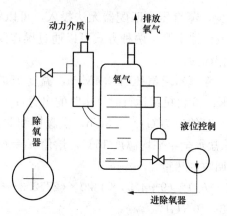

图 13-43　KLAR 装置方式示意图

放单元、稳定回输单元构成一个整体，它可根据不同对象，专门设计，对低位热能连同冷凝水全部回收，既可作加热其他介质的热源，也可回到热网系统中，其特点是：

（1）抽吸乏汽动力头。不消耗额外动力，只利用系统中的剩余压头，只要系统正常运行，就可以保持足够低的排汽背压，而不影响原系统的运行参数。

（2）气流分离排放单元。除具有普通气液分离设备的功能外，还由于温升、浓度扩散、解吸及停留时间的优势，可以保证回收水中的溶解氧充分逸出而分离，相应含氧浓度低于进除氧器的给水含氧浓度。

（3）稳压回输单元。由压力恢复、调压装置及液位控制等共同制约，以保证有足够的复归回输压头，进入待除氧系统。

814. 试述除氧器乏汽回收的工艺流程。

答： 除氧器乏汽回收系统工艺流程简图如图 13-44 所示。

从图 13-44 可见，除氧头乏汽经 KLAR 装置抽吸后，与工作水混合加热，然后经分离装置排出氧气，同时经分离装置经过调压装置，将热水回输到除氧水系统中，冷凝水及乏汽热能 100% 回收。

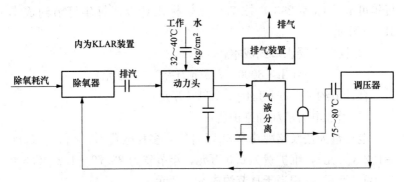

图 13-44　除氧头乏汽回收系统工艺流程简图

815. 试述除氧器乏汽回收的经济效益。

答：（1）除氧器除氧效果统计表见表 13-13。

表 13-13　　　　　　　　除氧器除氧效果统计表

名称	分析次数	最高	最低	平均
单位	次	μg/L	μg/L	μg/L
数值	496	11	2	6.5

（2）回收蒸汽、冷凝水效益

1）回收蒸汽量见表 13-14。

表 13-14　　　　　　　　回收蒸汽量

名称	进水流量	进水温度	罐内水温	泵出压力	回收乏汽量
单位	t/h	℃	℃	MPa	t/h
1	10.7	12	36	0.32	0.42
2	11.6	12	35	0.32	0.42
3	9.6	12	39	0.32	0.42
4	10.5	12	37	0.32	0.42
5	8.4	12	42	0.32	0.41
6	9.5	12	40	0.32	0.42
平均	10.05	12	38	0.32	0.42

每小时回收的蒸汽量实际平均为 0.42t，按年运行 8000h 计，

每年可节约标煤 293t，按 730 元/t 标煤计算，每年可节约成本 21.39 万元。

2）回收冷凝水节约成本：

$$0.4t/h \times 8000 \times 7.5 \text{ 元}/t = 2.4 \text{（万元）}。$$

合计节约 21.39＋2.4＝23.79（万元）。

3）增加电力消耗和维护费：

电耗量为按泵铭牌功率 3kW 计算，多耗电费为 $3 \times 0.5 \times 8000 = 1.2$（万元），维护费为 0.5 万元，年节省为 23.79－1.2－0.5＝22.09（万元），相当于日节约成本 662 元。

第十三节　热力及疏水系统改造

816. 热力及疏水系统改进的效果是什么？

答：改进热力及疏水系统，可简化热力系统，减少阀门数量，治理阀门泄漏，取得良好节能提效果，预计可降低供电煤耗 2～3g/kWh，技术成熟，适用于各级容量机组。

817. 试举例说明热力疏水系统的改造。

答：国产 350MW 汽轮机组疏水系统的疏水阀门为 60～80 个，由于疏水阀门前、后差压大，阀门出现不同程度的内漏。机组启停次数越多，这些阀门内漏的几率越大，越容易出现门芯吹损、弯头破裂、疏水扩容器焊缝开裂等故障。为此，对该机组的疏水系统进行了改进如下：

（1）主、再热蒸汽疏水：改造前、后系统如图 13-45 所示。

取消主再热蒸汽管道三通前疏水，合并左右主蒸汽管道疏水，合并左右再热蒸汽管道疏水，如图 13-46 所示。

（2）高压导汽管：取消高压导汽管通风管及阀门。将左右二侧导汽管疏水在疏水门前合并，在疏水总管上增加一个手动门，改进前后示例如图 13-47 所示。

（3）中压导汽管：将左右二侧再热导汽管疏水门前合并，在疏水总管上增加一个手动门，如图 13-48 所示。

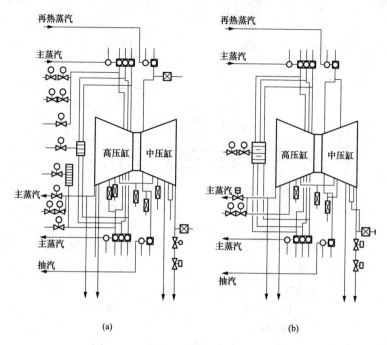

(a)   (b)

图 13-45 主蒸汽系统改造前、后示意图

（a）改造前；（b）改造后

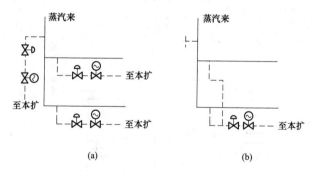

(a)   (b)

图 13-46 主再热蒸汽疏水的改进前、后系统图

（a）改进前；（b）改进后

（4）旁路系统疏水：合并再热蒸汽疏水和低压旁路前疏水，如图 13-49 所示。

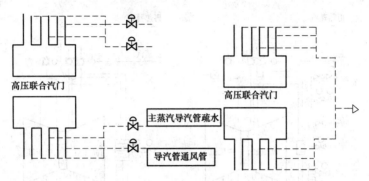

图 13-47　改进前、后高压导汽管系统

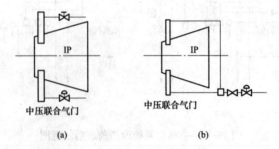

图 13-48　改进前、后中压导汽管疏水

（a）改造前；（b）改造后

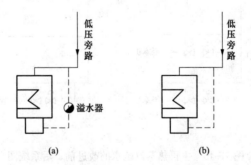

图 13-49　改进前、后低压旁路后疏水

（a）改进前；（b）改进后

（5）中压缸排汽区疏水及中部疏水：取消该区域的疏水，在

汽缸根部割除，如图 13-50。

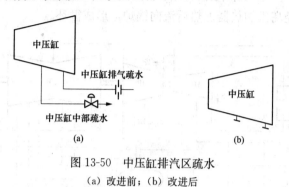

图 13-50　中压缸排汽区疏水

（a）改进前；（b）改进后

818. 试说明超临界供热机组热网加热器疏水系统优化的目的。

答：超临界蒸汽参数机组采用直流锅炉，没有排污系统，冬季采暖期，热网加热器疏水如果直接进入除氧器，将造成机组汽水系统大部分工质不经过精处理除盐净化再次进入系统循环，对锅炉的安全运行带来威胁。为保证锅炉给水系统中绝大部分循环水能够正常经过化学精处理系统，保证汽水品质，采用对热网加热器疏水系统优化方案，即通过增设热网加热器疏水冷却器，降低热网疏水温度，并将冷却后热网疏水送入凝结水系统精处理装置前，和凝结水泵出口水混合以满足精处理设备进水要求，既避免了由疏水直接进入除氧器引起的水质不合格造成的停炉隐患，又避免了疏水进入凝汽器引起的背压升高、机组效率下降的弊端。

第十四节　给水回热系统的经济性

819. 什么是电厂的热力系统？

答：图 13-51 是凝汽式汽轮机发电厂的 300MW 机组热力系统简图。燃料在锅炉中燃烧，给水在锅炉中加热成蒸汽，经管道送入汽轮机内做功，从汽轮机出口排入凝汽器，被冷却水冷却后排汽（即乏汽）冷凝成主凝结水，又被凝结水泵升压送入低压加热器加热，再送入除氧器，从除氧器流出的给水由给水泵升压至高压力，经高压加热器加热后流向锅炉，形成循环。

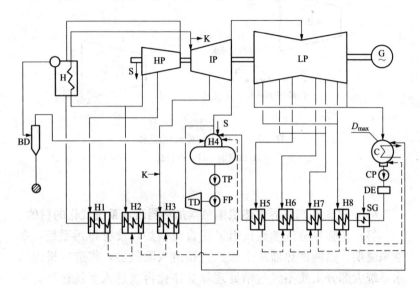

图 13-51　300MW 机组的发电厂热力系统简图

H—锅炉；HD—锅炉排污器；HP—汽轮机高压缸；IP—汽轮机中压缸；

LP—汽轮机低压缸；G—发电机；C—凝汽器；CP—凝结水泵；DE—除盐装置；

SG—轴封冷却器；H5～H8—低压加热器；H4—除氧器；TP—前置泵；

FP—给水泵；TD—给水泵汽轮机；H1～H3—高压加热器

820. 什么是给水的回热系统。

答：发电厂锅炉给水的回热系统是指从汽轮机某中间级抽出一部分蒸汽，送到给水加热器中对锅炉给水进行加热，与之相应的热力循环和热力系统称为回热循环和回热系统，加热器是回热循环过程中加热锅炉给水的设备。

821. 试举例说明给水回热系统。

答：图 13-52 和图 13-53 分别表示了 600MW 和 1000MW 汽轮机组的回热系统。

600MW 超临界机组的回热系统采用八级抽汽，分别抽汽至三

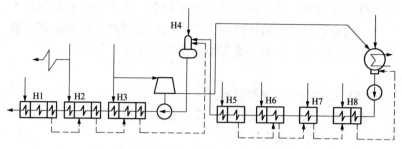

图 13-52　600MW 机组回热系统图

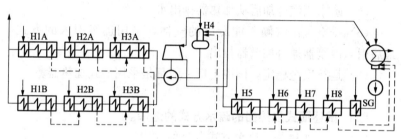

图 13-53　1000MW 机组回热系统图

个高压加热器、一个除氧器、四个低压加热器。低压加热器均为面式加热器，采用逐级自流方式，卧式 U 形管的布置方式，高压加热器逐级自流至除氧器，低压加热器逐级自流至凝汽器，加热器备有 5% 的堵管裕量。

　　1000MW 超超临界机组的回热系统采用"三高、四低、一除氧"方式。高压加热器内部都设有蒸汽冷却段，利用过热的蒸汽加热给水，获得较高的经济性。而低压加热器没有蒸汽冷却段，抽汽直接进入凝结段进行加热。

822. 回热加热的作用是什么？

　　答：做功后的排汽从汽轮机排出至凝汽器时还有相当多的热能，在凝汽器内传给了冷却水而白白浪费掉了。这部分被损失的热能占燃料热能的 60% 左右，使燃料热能转化为电能的有效热能仅占 30% 左右。为了提高循环热效率，减少汽轮机排汽损失的热量，就要从汽轮机内抽出一部分已做过功的蒸汽用以加热给水，它不排入凝汽器，其热量不被冷却水带走，几乎全部被利用而无损失。这种利用回热加热的热力系统比没有回热过程的循环热效率高出 10%～15%，其中高压加热器所占增益 3%～6%。

823. 试述面式加热器的特点。

答：（1）水侧承受凝结水泵或者给水泵的压力。

（2）汽侧承受抽汽压力。

（3）水侧在管内，汽侧在管外。

（4）疏水蒸汽冷却后从加热器排出水。

（5）排空气：汽侧不能凝结的气体，采用逐级引入的方式，最后引入冷凝器通过抽汽器排出。

（6）运行安全稳定，国内电厂一般都是采用面式加热器。

824. 试述面式加热器的疏水方式的选择。

答：面式加热器的疏水方式有三种方式：

（1）疏水逐级自流。热经济性最差，但系统安全可靠。

（2）加疏水冷却器。热经济性较高。

（3）加疏水泵。热经济性最高，但投资最大，系统复杂。

825. 加热器有哪些保护装置？

答：加热器的保护装置有：给水旁路管道、危急疏水装置、电动止回阀、水位报警等。

826. 什么是加热器给水旁路管道保护？

答：高压加热器内部铜管破裂时，水位升高到一定数值，其进出口水门关闭，切断进水，让给水经旁路送往锅炉，这就是高压加热器给水旁路管道。此时降低了锅炉的给水温度，增加了燃料消耗量；同时进入高压加热器的抽汽继续在汽轮机内流通，使汽轮机的缸体与转子间的膨胀差增大，威胁汽轮机的安全，故高压加热器停运时应降低负荷 10%～15%。

827. 什么是加热器危急疏水装置保护？

答：当加热器的水位异常升高时，危急疏水装置动作，将加热器内部的疏水排出，并保持一定的水位，同时防止蒸汽随之漏出。其水位高度定值在加热器的高水位点以上，旁路保护装置水位点以下，它可以延长高压加热器满水时间，弥补保护装置给水进口阀门动作时间长的缺陷。

828. 什么是加热器防爆安全阀保护？

答：高压加热器汽侧装设防爆安全门，当发生管子破裂或严重泄漏事故时，高压水冲入壳内，使壳内的蒸汽压力升高，安全阀动作，从而保护壳体防止超压爆破。

829. 什么是加热器水位报警保护？

答：高、低压加热器运行中应保持一定的水位，水位太高时会淹没铜管，减少蒸汽与铜管的接触面积，影响热效率，甚至造成汽轮机进水；水位太低时使部分蒸汽经疏水管进入下一级加热器，降低了下一级加热器的热效率。而汽水冲刷疏水管降低了管子的寿命。故应安装水位报警装置。

830. 如何用等效热降法诊断回热加热器的经济性？

答：某厂的 2 台 330MW 燃煤发电机组，其回热系统如图 13-54 所示。

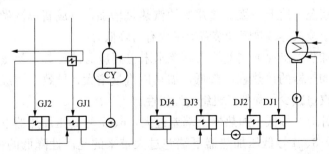

图 13-54　330MW 机组回热系统简图

从运行情况看，由于存在燃用煤质不稳定、设备制造质量不良和运行方式不合理等问题，机组具有很大的节能降耗空间。

表 13-15 表示了该机组在 330MW 工况下加热器的运行状态。

表 13-15　　　　　330MW 工况下加热器的运行状态

项目		7 号高压加热器	6 号高压加热器	除氧器	4 号低压加热器	3 号低压加热器	2 号低压加热器	1 号低压加热器
上端差（℃）	设计值	2.0	4.0		1.0	3.0	3.0	3.0
	标准值	1.9	4.8		1.1	3.1	4.3	3.6
	试验值	0.9	1.3		2.3	0.4	10.1	2.1
	偏差值	−1.0	−3.5		1.2	−2.7	5.8	−1.5
下端差（℃）	设计值	8.0	8.0		8.0	8.0		
	标准值	5.9	7.4		9.6	6.9		
	试验值	39.2	31.6		13.3	14.4		
	偏差值	33.3	24.2		3.7	7.5		

从表 13-14 可以看出：

（1）各加热器的上端差除了 2 号低压加热器有较大偏高外，其余各加热器与标准值偏差不是很大。

（2）各加热器的下端差与标准值相比均有较大偏高，各加热器的疏水冷却段基本没有发挥作用，尤其是 6、7 号高压加热器更为明显。

加热器出现上端差，说明加热器在运行中出现了给水加热不足的情况。使上一级加热器的抽汽热量增加，造成新蒸汽做功减少，新蒸汽等效热降和装置效率也有所降低。

加热器出现下端差增大，疏水未得到应有的冷却，使蒸汽在本级加热器的放热程度降低，加热用汽量增大；导致下一级加热器用汽量减少，降低了机组的经济性。

针对 2 号低压加热器上端差过大，6、7 号高压加热器下端差过大，3、4 号低压加热器下端差过大带来的经济性降低的情况，检查出远方水位计工作不稳定和就地水位计数据偏差过大，造成就地水位过低，经重新校正后，保持了加热器的正常水位运行，未出现加热器疏水段进蒸汽的现象。

计算表明，加热器端差偏大对机组的经济性造成很大的影响，标准煤耗率上升达 10.7g/kWh，经过设备检修和加强运行调整，机组的经济性得到明显提高。

831. 什么是无除氧器给水回热系统？

答：目前，国外 300MW 机组应用较多的原则性无除氧器给水回热系统如图 13-55 所示。

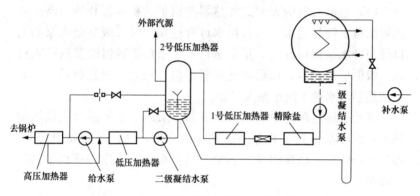

图 13-55　原则性无除氧器给水回热系统图

与有除氧器的系统相比，它具有以下优点：

（1）取消了除氧器，前置泵及疏水泵，用 2 号混合式低压加热器代替了原系统中 2 号表面式加热器，同时对凝汽器和 2 号低压加热器水位控制及连锁保护做了改进，为了保证启动时给水的加热及除氧效果，该低压加热器接有外部汽源。混合式低压加热器与给水泵出口管之间通过再循环管相连，凝汽器的水位调节阀装在补水管上，混合式低压加热器的水位调节阀装在 1 号低压加热器入口处的主凝结水管道上，启动时，先开启补水泵，通过凝汽器水位调节阀向凝汽器注水，当水位达到一定值时，再开启凝结水泵，同时将外部汽源引入 2 号混合式低压加热器对给水进行加热和除氧及净化，当该系统中水温和水质达到要求时，再投入给水泵向锅炉上水，当机组低负荷运行或甩负荷时，为了确保给水泵的安全运行，可自动打开给水泵的最小流量再循环阀，将给水泵出口的部分水排至 2 号混合式低压加热器，在该回热系统中，凝汽器内进行主凝结水的初步除氧，2 号混合式低压加热器在机组运行时进行凝结水的深度除氧。

（2）为了最大限度地提高无除氧器热力系统运行的可靠性和经济性，该系统所采用的混合式低压加热器由隔板分为上、中、下三部分，上部与汽轮机相应段抽汽相连，中部与汽轮机轴封相连，下部与疏水及抽气管相连。

（3）给水泵前的表面式加热器与锅炉的扩容器相连，高压加热器的疏水管与给水泵入口给水母管连接，第二级凝结水泵的入口管与补水泵出口相连，正常运行时，来自扩容器的蒸汽排入最后一级低压加热器，而后再通过管道将蒸汽送至汽轮机轴封，高压加热器疏水送至给水泵入口处。

在给水回热系统中取消了除氧器，采用了 2 号混合式低压加热器，使给水得到了充分加热及深度除氧，这种系统简单可靠，而且经济性好，已在国外大容量机组上得到了应用并获得了良好的效果。

第十四章

冷却水系统的经济运行与改造

第一节　冷却水塔结构和原理

832. 冷却水塔有哪几种类型？

答：（1）按通风方法分有自然通风冷却塔、机械通风冷却塔和混合通风冷却塔。

（2）按热水和空气的触摸方法有湿式冷却塔、干式冷却塔和干湿冷却塔。

（3）按热水和空气的活动方向分有逆流式冷却塔、横流式冷却塔和混流式冷却塔。

（4）按用处分为空调用冷却塔、工业用冷却塔和高温型冷却塔。

（5）按噪声等级分为普通型冷却塔、低噪型冷却塔、超低噪型冷却塔和超静音冷却塔。

（6）别的如喷流式冷却塔、无风机冷却塔和双曲线冷却塔等。

833. 试述自然通风冷却塔的结构。

答：图 14-1 表示了自然通风冷却塔的结构。

从图 14-1 可见，自然通风冷却塔由下列部分组成：填料、除水器、配水系统、塔筒、蓄水池、进风口等组成。塔体采用双曲线型，其作用是创造良好的空气动力条件，减少通风阻力，将湿热空气排至大气层，减少湿热空气回流，使冷却效果较为稳定。

834. 试述自然通风冷却塔的原理。

答：循环冷却水在塔内从上而下喷溅成水滴或水膜泻下，空气则由下而上或水平方向在塔内流动和冷却水进行充分热交换，

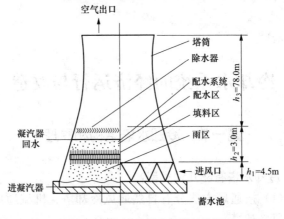

图 14-1　自然通风冷却塔结构图

冷却后的水落在塔底池内，以备再循环使用，空气由塔顶排向大气。

835. 冷却塔填料的作用是什么？

答：冷却塔填料的作用是：增加水和空气的接触面积与接触时间，有利于水和空气的热交换，使进入的热水尽可能地形成细小的水滴或形成薄的水膜，因而填料是冷却塔的重要组成部分。

836. 冷却塔填料如何分类？

答：冷却塔的填料分为水泥网格板、PVC 塑料填料和陶瓷填料三种类型。水泥网格板通风性能差，冷却效率低，易结垢堵塞、破损、塌陷和脱落，不易清除等缺点；PVC 塑料填料的单位体积散热面积大，热力及阻力性能好，同样工况下和水泥网格板比，循环水出水水温低，对汽轮机满发和经济运行有利，质量轻，运输、安装和检修方便，但 4 年后会老化变形，影响冷却效率，冬季结冰使填料变为碎片，阻塞滤网或凝汽器，影响机组的经济运行；陶瓷填料的特点是防老化，不易发生变形，不脆裂，防腐蚀，耐酸、耐碱性能好，防冻性能好，寿命长（约 20 年），初投资较大，运行和维护费用较低。

837. 冷却水塔的配水系统的作用是什么？

答： 冷却水塔的配水系统的作用是：保证在一定的水量变化范围内将热水均匀分布于整个填料面积上，提高冷却水塔的冷却效果；设计时应尽量少消耗动能，维护管理和水量调节方便，应具有较小的通风阻力。

838. 管式配水系统的特点是什么？

答： 管式配水系统配水均匀，水滴细，冷却效果好，安装质量易于保证，管内不易生长藻类，但喷嘴要求供水压力较大，水质差时会堵塞管道。

839. 槽式配水系统的特点是什么？

答： 槽式配水系统供水压力低，清理较方便，但槽内易淤积及生长藻类，构造复杂，气流阻力大且在小流量下，配水槽远端回出现无水的状况，填料不能被充分利用。

840. 试述除水器的原理。

答： 当飘滴被冷却塔内气流携带做上升运动时，遇到除水器后，接近饱和状态的空气流穿过除水器弧形通道继续上升，而随气流上升的飘滴相对质量较大，运动惯性大，当进入除水器弧形通道后，在惯性力的作用下，其运动轨迹不能立即随气流改变方向，则撞击到除水器弧片上后被接收回来。

841. 举例说明除水器的节能改造。

答： 某厂的玻璃钢弧片除水器经多年运行后，部分弧片发生变形，有的有水解现象，通风阻力大，影响除水效果，决定更换新的除水器。采用双波除水器，弧片为聚氯乙烯（PVC），该材质不易变形和老化。改造后，除水效率从74.19%提高到98.3%，飘滴损失水量可节约34.123t/h，按年运行6000h计算，全年节约水204756t。

第二节　引射汇流技术的节能应用

842. 引射汇流装置的原理和结构是什么?

答: 引射汇流装置的原理是利用高压蒸汽流经喷嘴后产生高速汽流进入混合室,使混合室的压力降低到低于低压蒸汽压力,此时,低压蒸汽被吸入混合室,在混合室内高低压蒸汽进行动量交换,使混合后的蒸汽达到一定的流速,进入扩压管,蒸汽的速度变为压力能。其结构如图 14-2 所示。

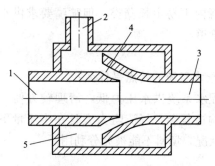

图 14-2　引射汇流装置结构图

1—高压缸排汽蒸汽入口; 2—四段抽汽入口; 3—汇流出口;

4—环形喷嘴; 5—环形腔室

从图 14-2 可见,高压蒸汽进入环形腔室 5,经环形喷嘴 4 导向后,射入汇流管中,与低压蒸汽汇合,并对低压蒸汽产生引射作用,在扩压管中升压。

843. 引射汇流装置在供热方面如何应用?

答: 某发电有限公司在 330MW 供热机组上加装了引射汇流装置,利用部分高压缸排汽的引射能力,抽取部分四段抽汽供应工业用户,达到用低能位蒸汽替代高能位蒸汽的目的。实现高低压蒸汽同时供汽,产生节能效益;并且对除氧器排汽进行回收,达到优化生产用热网络,实现能源梯级利用和废汽回收。

844. 引射汇流装置在辅助蒸汽系统上如何应用？

答： 某发电有限责任公司1号和2号机组在实际运行时，当机组负荷低于85%额定负荷时，由于四段抽汽压力下降，不能满足辅汽参数要求，电动门自动关闭，四段抽汽停用，辅助蒸汽完全由高排汽源供给，一方面高压缸排汽的做功能力不能得到充分利用，造成机组经济性下降；另一方面高排抽汽量的增加，引起再热蒸汽量减少，需投入减温水调节再热汽温，增加了机组的煤耗。加装引射汇流装置后，实现了高排汽和四段抽汽的联合供汽，提高了机组的经济性。

第三节　循环水系统的经济运行

845. 如何降低冷却水的温度？

答： 对于开式循环系统来说，外界因素很容易对冷却水温度产生影响，而对于闭式循环系统来说，影响冷却水温度的因素，除了外界自然条件外，还需要做好对设备运行条件的分析。因此，需要安排专业人员对循环水进行定期检查，结合实际情况来采取处理措施，必要时可以加入适量药品处理。如果冷却水塔运行有问题，会造成水口出水温度增高，在日常管理中需要观测出水温度，并严格落实维护工作，定期对水塔内部填料，排水槽及喷嘴等运行状态进行检查，确保不存在堵塞情况，提高冷却水塔运行稳定性与可靠性。

846. 全速循环水泵如何优化运行？

答： 循环水泵有三种，即轴流泵、离心泵和混流泵。单元制时，采用2台泵经切换，启停满足负荷要求；母管制时，经过增开或停用泵的台数满足负荷要求。

当循环水泵运行时，（其水温不变）增加水量将使机组背压减小，汽轮机真空升高，从而增加功率，但循环水泵的功率也增加。采用并联运行时，当循环水入口温度和汽轮机排汽量一定时，采用增加或停用泵的台数，使机组增发的功率和泵消耗的功率差达

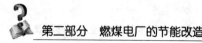

到最大，则机组获得最大净效益，从而实现了优化运行。

847. 变速循环水泵如何优化运行？

答：将循环水泵的电动机进行变频改造，根据机组负荷和真空的变化，实时调节转速，从而调节循环水流量，就会节约大量的厂用电。例如一台 300MW 机组对其 2 台循环水泵进行变频改造，改造后的节能效果十分显著，见表 14-1。

表 14-1　　　　　　　　　　　改造前后节能效果

项目	单位	改造前					变频优化后			
海水潮位	—	高					高			
水泵运行		仅甲泵运行				双泵运行	仅甲泵运行		双泵运行	
甲循泵转速	r/min	370	370	370	370	370	300	330	360	310
负荷	MW	125	125	87.5	87.5	125	87.5	125	125	87.5
大气压力	kPa	102.02	100.8	102.37	100.31	100.79	102.37	102.02	100.79	100.79
真空	kPa	97.85	92.35	99.1	92.8	93.5	98.35	97.33	93.4	95.3
循泵进水温度	℃	4.8	25.0	4.9	25.1	25.0	4.9	4.8	25	25
甲泵电耗	kW	553.5	576	571.2	595.5	606+454	318.7	428.4	570+451	342+452
实际循环水量	t/h	11646	13419	11886	13093	17525	7887	10490	17403	15754
理想循环水量	t/h	10391	17550	7493	15603	17550	7493	10391	17550	15603

从表 14-1 可见，仅甲泵运行时，改造前甲泵转速为 370r/min，当负荷为 125MW 时，其电耗为 553.5kW；而改造后甲泵转速为 330r/min，负荷为 125MW 时，其电耗为 428.4kW。双泵运行时，改造前甲泵转速仍为 370r/min，负荷为 125MW，其电耗为 606kW+454kW＝1060（kW）；而改造后双泵转速为 360r/min，负荷为 125MW，其电耗为 570kW+451kW＝1021（kW）。可见采用变频改造可节约大量的厂用电。

第四节　热泵供热技术的应用

848. 什么是热泵供热技术？

答：热泵（heat pump）是一种将低位热源转移到高位热源的装置，它是先从自然界的空气、水或土壤中获取低品位热能经过电力做功，然后再向人们提供可被利用的高品位热能，实质上热泵是一种热量提升装置，工作时它本身消耗一部分电能，却从环境介质中提取 4～7 倍于电能的装置，提升温度进行利用，这就是热泵节能的原因。

849. 空气源热泵的构成和原理是什么？

答：空气源热泵是当今世界上最先进的能源利用产品之一。它以空气、水、太阳能等为低温热源，以电能为动力从低温侧吸收热量来加热生活用水，热水通过循环系统直接送入用户作为热水供应或利用风机盘管进行小面积采暖。其构成如图 14-3 所示。

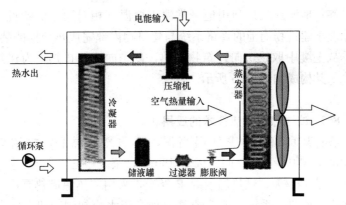

图 14-3　空气源热泵供热系统图

850. 水源热泵的构成和原理是什么？

答：水源热泵热水机是一种利用热泵机组将地下水、废热废水、调冷却塔水中的热量，转换成 50～60℃ 的热水，其能效比高于空气源热泵 20%～30%，运行更加节能。它不受空气环境温度的影响，一年四季运行稳定，产热水量不受天气的变化而增减。其构成如图 14-4 所示。

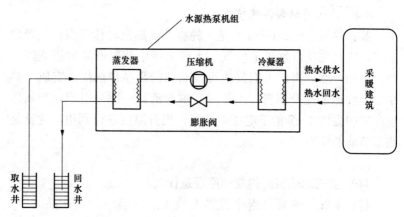

图 14-4　水源热泵机组供热系统图

851. 地源热泵的构成和原理是什么？

答：地源热泵是利用地下常温土壤温度相对稳定的特性，通过深埋于建筑物周围的管路系统与建筑物内部完成热交换的装置。冬季从土壤中取热，向建筑物供热，夏季向土壤排热，为建筑物制冷。其构成如图 14-5 所示。

852. 试述热泵供热技术的应用。

答：某宾馆，冬季低温高湿，夏季高温酷暑，空调面积 2300m²，其中客房 80 间，大堂 150m²，茶艺中心 95m²，生活热水需求量 15t/天，供热温度要求 28℃，采用"热源塔热泵冷热空调热水三联供"系统，该系统是一种介于水冷却制冷机节能与无霜空气源热泵之间的组合制冷与热泵系统。热源塔热泵夏季为高效水蒸发冷却制冷机，冬季为高效宽带无霜空气源热泵，无需辅助热源，节能环保，高效，且初投资合理，总造价为 44500 万元。经过实际运行，经受住南方 50 年一遇的冰冻期考验，客房温度为 30℃，热水温度为 45℃以上。

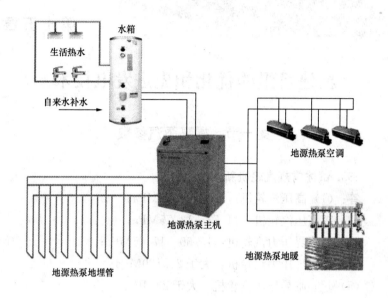

图 14-5　地源热泵系统示意图

第十五章

新建机组的优化和先进发电技术

第一节　提高蒸汽参数

853. 试述常规汽轮机新蒸汽压力。

答：（1）高压汽轮机：5.88～9.81MPa；

（2）超高压汽轮机：11.77～13.75MPa；

（3）亚临界压力汽轮机：15.69～17.65MPa；

（4）超临界压力汽轮机：大于22.129MPa；

（5）超超临界压力汽轮机：大于28MPa。

854. 试述常规汽轮机新蒸汽温度。

答：（1）高压汽轮机：510℃；

（2）超高压汽轮机：535℃；

（3）亚临界压力汽轮机：540℃；

（4）超临界压力汽轮机：567℃；

（5）超超临界压力汽轮机：600℃。

855. 提高汽轮机进汽参数的好处是什么？

答：主蒸汽压力提高至27.28MPa，主蒸汽温度维持在600℃，热再热蒸汽温度提高至610～620℃，可进一步提高机组效率。主蒸汽压力大于27MPa时，每提高1MPa进汽压力，降低汽机热耗0.1%左右。热再热蒸汽温度每提高10℃，可降低热耗0.15%。预计相比常规超超临界机组可降低供电煤耗1.5～2.5g/kWh。

第二节 二 次 再 热

856. 什么是一次再热？

答：一次再热技术是一种常用的提高热效率的方法。图 15-1 表示了一台 125MW 汽轮机组的基本热力系统图。

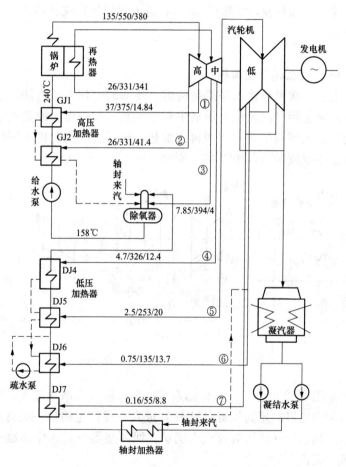

图 15-1　125MW 汽轮机组热力系统图

从图 15-1 可见，自锅炉来的压力为 13.23MPa，温度为 550℃

的新蒸汽进入高压缸，在高压缸内膨胀做功后，压力降到
2.56MPa，温度降到 331℃左右，回到锅炉再热器中再次加热到
550℃，然后送入中压缸，向车尾方向依次流经各级膨胀做功，中
压缸的排汽由上部两根连通管分别排入低压缸，然后排汽入凝汽
器。凝结水由凝结水泵升压，经轴封加热器和 4 个低压加热器，
进入除氧器，水温从 144.54℃加热至 158℃，再经给水泵升压，流
经 2 个高压加热器，加热到 240℃，进入锅炉加热成过热蒸汽，送
入汽轮机，如此形成循环。

857. 什么是二次再热?

答: 二次再热技术是提高机组热效率的一种有效方法。蒸汽
中间再热是指将汽轮机高压缸中膨胀至某一中间压力的蒸汽全部
引出，送入到锅炉再热器中再次加热，然后送回汽轮机中压缸或
低压缸中继续做功，如图 15-2 所示。

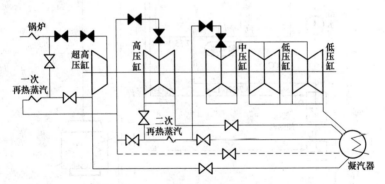

图 15-2　二次再热汽轮机热力系统图

从图 15-2 可见，二次再热系统的蒸汽流程为串联流程，即主
蒸汽由汽轮机的超高压缸（VHP）进入→排汽至锅炉一级再热器
→进入高压缸→高压缸排汽至锅炉二级再热器→进入中压缸→低
压缸→凝汽器。

858. 二次再热技术有什么好处?

答: 二次再热技术可以提高蒸汽的做功能力，通过蒸汽的二

次回炉，降低煤耗，其供电煤耗达到每千瓦时低于 270g。

859. 二次再热技术在哪些国家有应用？

答： 目前，美国、德国、日本、丹麦等国家部分 300MW 以上机组已有应用，国内有 1000MW 二次再热示范工程。

第三节 管道系统优化

860. 什么是管道系统优化？

答： 管道系统优化是指通过适当增大管径，减少弯头，尽量采用弯管和斜三通等低阻力连接件等措施，降低主蒸汽、再热、给水等管道阻力。机组热效率可提高 0.1%～0.2%，可降低供电煤耗 0.3～0.6g/kWh。

861. 试举例说明管道系统优化的效益。

答： 小口径管道设计的优化设计。小口径汽水管道存在下列问题：整体布置不美观，检修和操作不方便，存在安全隐患，设计单位开列材料量和实际安装量有较大偏差。针对上述问题，采用三维模型布置管道，使得大、小管道整体上布置最优化，使小口径管道在现场集中布置，工艺美观，走线短捷，布局合理，膨胀自由。并列的管道和支吊架材料量准确无误，避免了施工单位因随意安装而造成的工程量超标，有效地控制小管道的安装材料量，对高温管道的应力分析确保管道的安全运行。

第四节 外置蒸汽冷却器

862. 什么是外置式蒸汽冷却器？

答： 外置式蒸汽冷却器是汽轮机高压加热器回热系统中重要的设备之一，它利用汽轮机抽汽加热锅炉给水的一种装置，如图 15-3 所示。

从图 15-3 可见，锅炉给水由给水进口进入经换热管被加热后，

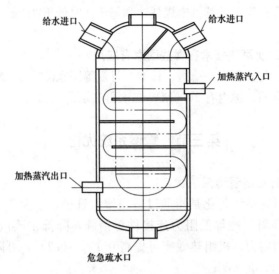

图 15-3　蒸汽冷却器结构图

从给水出口流出，加热蒸汽从蒸汽入口进入，经反复折流后，加热换热管内的给水。

863. 外置蒸汽冷却器的作用是什么？

答：1000MW 超超临界机组的运行参数很高，节能降耗效果明显，已经成为火电机组发展的方向，使用外置蒸汽冷却器是充分利用抽汽过热度，提高系统经济性的有效手段。

864. 试述外置蒸汽冷却器的系统布置。

答：图 15-4 表示了某电厂外置蒸汽冷却器系统布置图。

某电厂外置蒸汽冷却器改造后，在 3 号机组汽轮机房零米层增加一个外置蒸汽冷却器，高过热度的汽轮机 3 号抽汽进入外置蒸汽冷却器管侧，1 号高压加热器的部分疏水进入外置蒸汽冷却器的壳侧。外置蒸汽冷却器壳侧疏水被加热后产生的饱和蒸汽再引回到 1 号高压加热器进汽管道，管侧 3 号抽汽被冷却后成为低过热度的蒸汽再供给 3 号高压加热器。

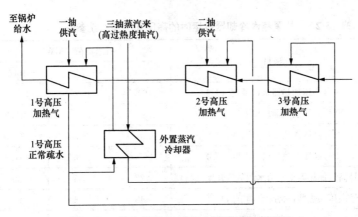

图 15-4 某电厂外置蒸汽冷却器系统布置图

865. 外置蒸汽冷却器是如何提高机组的经济性的?

答: 某电厂外置蒸汽冷却器投运前后的高压加热器系统参数,见表 15-1 和表 15-2。

表 15-1 外置蒸汽冷却器未投运时高压加热器系统参数

项目	机组负荷 (MW)		
	500	750	1000
3 号高压加热器入口温度 (℃)	165.0	177.7	190.3
3 号高压加热器出口温度 (℃)	190.5	207.5	216.3
2 号高压加热器出口温度 (℃)	239.3	257.0	270.6
1 号高压加热器出口温度 (℃)	254.5	274.3	291.8
1 号高压加热器正常疏水调节门开度 (%)	28	40	49
2 号高压加热器正常疏水调节门开度 (%)	45	57	64
3 号高压加热器正常疏水调节门开度 (%)	44	55	64
1 号高压加热器抽汽压力 (MPa)	4.034	5.706	7.338
1 号高压加热器抽汽温度 (℃)	398.4	400.7	398.0
2 号高压加热器抽汽压力 (MPa)	3.002	4.300	5.597
2 号高压加热器抽汽温度 (℃)	358.6	363.6	355.9
3 号高压加热器抽汽压力 (MPa)	1.177	1.755	2.140
3 号高压加热器抽汽温度 (℃)	460.8	466.3	465.9

表 15-2　　外置蒸汽冷却器投运时的高压加热器系统参数

项目	机组负荷（MW）		
	500	750	1000
3 号高压加热器入口温度（℃）	164.7	176.2	190.1
3 号高压加热器出口温度（℃）	187.4	200.5	213.5
2 号高压加热器出口温度（℃）	238.9	256.5	271.0
1 号高压加热器出口温度（℃）	255.0	273.1	291.2
1 号高压加热器正常疏水调节门开度（%）	22	33	39
2 号高压加热器正常疏水调节门开度（%）	43	56	62
3 号高压加热器正常疏水调节门开度（%）	44	54	63
1 号高压加热器抽汽压力（MPa）	4.126	5.641	7.515
1 号高压加热器抽汽温度（℃）	359.7	364.8	374.9
2 号高压加热器抽汽压力（MPa）	3.045	4.217	5.604
2 号高压加热器抽汽温度（℃）	360.6	350.5	355.5
3 号高压加热器抽汽压力（MPa）	1.164	1.605	2.123
3 号高压加热器抽汽温度（℃）	258.0	274.4	293.7
外置蒸汽冷却器进水温度（℃）	240.6	259.9	278.2
外置蒸汽冷却器产汽温度（℃）	253.6	273.8	291.4

由表 15-1 和表 15-2 可见，机组负荷 500～1000MW 之间，外置蒸汽冷却器投运前后，1 号高压加热器的温升变化较小，在 ±1℃ 以内；2 号高压加热器的温升变化较大，上升 2.7～6.5℃；3 号高压加热器温升变化也较大，下降 2.6～5.5℃；1 号高压加热器出口温度，即省煤器入口给水温度，在外置蒸汽冷却器投运前后，变化较小，在 ±1℃ 以内。

在进行了外置蒸汽冷却器系统改造后，机组运行工况稳定，省煤器入口的给水温度在改造前后基本不变；高压加热器系统相关参数发生了明显的有利变化，造成 1 号高压加热器抽汽量减少，2 号高压加热器抽汽量增加，3 号高压加热器抽汽量不变，这种不同能量品位抽汽之间的排挤效应有利于提高整个系统热循环效率和机组出力裕量。另外，3 号高压加热器抽汽经过外置蒸汽冷却器换热后，蒸汽过热度大幅下降，3 号高压加热器换热温差明显减小，其导致的换热过程不可逆的热量损失降低，有效降低了热耗。

第五节　低温省煤器

866. 什么是低温省煤器?

答：低温省煤器（也称为低压省煤器）是一种节能的换热器，它能提高机组效率，节约能源。其结构图如图 15-5 所示。

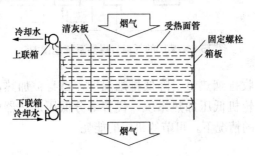

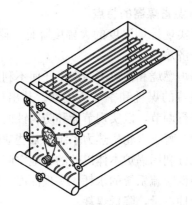

图 15-5　低温省煤器结构图

867. 试述低温省煤器系统（一）。

答：图 15-6 所示为某厂的低温省煤器系统图。

从图 15-6 可见，低温省煤器加装在锅炉尾部，凝结水在低温

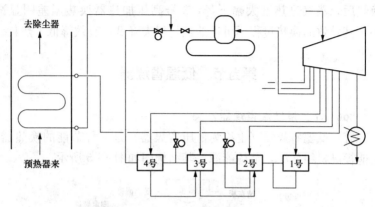

图 15-6　某厂的低温省煤器系统连接图

省煤器内吸收排烟热量，降低排烟温度，自身被加热，升高温度后再返回汽轮机低压加热系统，代替部分低压加热器的作用，在发电量不变的情况下，可节约机组的能耗。

868. 试述低温省煤器的特点。

答：（1）可实现排烟温度的大幅度降低，降低 30～70℃，获得显著的节能经济效益。

（2）对于锅炉燃烧和传热不会产生任何不利影响。

（3）具有独特的煤种和季节适应性。其出口烟温可以根据不同季节和煤种进行调节，以实现节能和防腐蚀的综合要求。

（4）可以同时解决汽轮机热力系统的某些缺陷。

（5）可以充分利用锅炉本体以外的场地空间，便于检修。

（6）大大降低脱硫系统的水耗，实现深度节能。

（7）可减少抽汽量，降低煤耗。

869. 试述低温省煤器系统（二）。

答：在除尘器入口或脱硫塔入口设置有 1 级或 2 级串联低温省煤器，回收烟气余热，降低烟气温度，也可用于加热空气预热器的空气，提高机组效率，预计可降低供电煤耗 1.4～1.8g/kWh。其系统如图 15-7 所示。

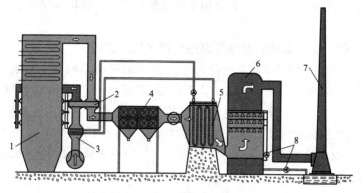

图 15-7 低温省煤器技术流程图

1—锅炉；2—省煤器；3—空气预热器；4—除尘器；

5—低温省煤器；6—脱硫塔；7—烟囱；8—泵

870. 带有低温省煤器的脱硫系统的优点是什么？

答：（1）除尘效率提高，粉尘比电阻降低 1 个数量级，提高除尘性能。

（2）当灰硫比大于 100 时，二氧化硫去除率可达到 95％以上。

（3）节能效果明显，脱硫系统水耗低，风机电耗减小 10％。

（4）灰分利用价值与常规电除尘器相同。

第六节 700℃超超临界

871. 什么是 700℃超超临界？

答：在新的镍基耐高温材料研发成功后，蒸汽参数可提高至 700℃，大幅度提高机组热效率，供电煤耗可达到 246g/kWh。这种技术称为 700℃超超临界。

872. 什么是镍基耐高温材料？如何应用？

答：镍基耐高温材料是一种以镍为基本成分的合金材料，它含有较高的含铬量（一般在 18％～30％）和较高的含钼量（可高达 17%）或铜（2%）。它可用于电站的锅炉和汽轮机等设备上。

873. 如何实现超超临界电站锅炉过热器管材？

答：我国于 2006 年底投入首台 1000MW 超超临界电站锅炉，其蒸汽参数为 600℃，26.25MPa。为了保证锅炉过热器管材在 650℃，10^5h，持久性能达到 100MPa 以上的要求，国内外都已广泛使用 Super304H 管材。这种管材是在 304 奥氏体钢中加入 3% Cu 以及少量的 Nb（0.4%）和 N（0.1%），而获得优异的 650℃ 长时持久强度。

874. 如何实现超超临界电站蒸汽透平叶片材料？

答：上海汽轮机厂与德国西门子公司合作，于 2007 年生产首台 1000MW 蒸汽参数为 600℃ 的超超临界汽轮机投运以来，现已批量生产。为保证汽轮机叶片的高温长期持久强度以及耐蒸汽腐蚀而选用了 NiCr20TiAl 镍基合金。

875. 如何实现核电站设备用耐高温材料？

答：核电站压水堆蒸发器的管材使用了一种叫作 INCONEL690 的高 Cr（铬）镍基耐腐蚀高温合金。这种合金显著的特点是优良的抗应力腐蚀开裂能力。

876. 如何实现大型烟气轮机涡轮盘和叶片用耐高温材料？

答：利用石化工业中催化裂化装置排放的高温尾气（约 700℃）来推动烟气轮机作为动力发电，是环保和节能双丰收的一项重大措施。我国烟气轮机的涡轮盘采用的材料为 WASPALOY。现已生产并投入运行了最大级别功率为 33000kW 的烟气轮机组，其涡轮盘为 ϕ1380，采用了优质高强的改型 WASPALOY 合金。